新时代大学计算机通识教育教材

赵宏 主编

闫晓玉 高裴裴 李妍 编著

# 数据分析入门
## ——思维、认知与创新

清华大学出版社

北京

<h2 align="center">内 容 简 介</h2>

智能化时代背景下，教育重心已由"知识＋能力"偏移到"能力＋认知"，本书以智能化时代下人类必备的数字素养和能力——"数据分析"为媒介，帮助读者构建"问题逻辑认知模式"，并在 AI 陪伴下提升读者解决问题和创新的能力。全书要完成两个任务：一是描述性数据分析案例——数据分析师岗位情况分析；二是综合数据分析案例——气候变化对生物多样性的影响分析。每个案例都通过 5 个环节去分析问题：①提出要解决的问题；②探索问题本质；③学习解决问题的方法；④对问题进行求解；⑤对求解情况进行评价和反思。使读者始终浸润在为解决问题而进行学习和探索的氛围中。读者不仅围绕解决一个一个问题而开展学习，而且不断收获数据分析最基本的知识和方法之鱼（知识），还掌握了获得"授人以鱼不如授人以渔"中"渔"的能力，更重要的是构建起问题逻辑认知模式（认知思维）。读者在"能力＋认知"方面的训练和形成的思维模式，为智能化时代中的创新做好准备，打下基础。

本书适合高等学校文理科各专业特别是学科融合专业学生，在学习数据分析的同时，培养创新和解决问题的能力，也适合有此类需求的读者学习。读者需要具备最基本的 Python 编程能力。

**图书在版编目（CIP）数据**

数据分析入门：思维、认知与创新／赵宏主编；
闫晓玉，高裴裴，李妍编著. -- 北京：清华大学出版社，
2024.9. --（新时代大学计算机通识教育教材）．
ISBN 978-7-302-67338-5

Ⅰ. O212.1
中国国家版本馆 CIP 数据核字第 20245XS006 号

**责任编辑**：张瑞庆
**封面设计**：常雪影
**责任校对**：申晓焕
**责任印制**：沈　露

**出版发行**：清华大学出版社
　　　　网　　　址：https://www.tup.com.cn，https://www.wqxuetang.com
　　　　地　　　址：北京清华大学学研大厦 A 座　　　　　邮　　编：100084
　　　　社 总 机：010-83470000　　　　　　　　　　　邮　　购：010-62786544
　　　　投稿与读者服务：010-62776969，c-service@tup.tsinghua.edu.cn
　　　　质量反馈：010-62772015，zhiliang@tup.tsinghua.edu.cn
　　　　课件下载：https://www.tup.com.cn，010-83470236
**印 装 者**：三河市铭诚印务有限公司
**经　　销**：全国新华书店
**开　　本**：185mm×260mm　　　**印　　张**：18　　　**字　　数**：441 千字
**版　　次**：2024 年 10 月第 1 版　　　　　**印　　次**：2024 年 10 月第 1 次印刷
**定　　价**：59.00 元

产品编号：107599-01

# 前　言

　　2022年年底ChatGPT的横空出世、2024年2月发布的火爆全球的Sora以及2024年5月ChatGPT 4.0的发布，标志着人类已经步入智能化时代，给人类经验的所有领域带来冲击和变革。冲击和变革最终将发生在人类理解世界的方式上，以及人类在世界中扮演的角色上。人类过去从来没有受到如此巨大的威胁，甚至担心将被自己创造的力量操控。全世界的产业结构和产业生态都有可能面临重塑，人类社会将面临颠覆性变革。人们可以预见的趋势包括可约定的事、相对稳定的事、能标准化的事，都会被AI替代。

　　这强大的智能化使得未来教育面临巨大的冲击和挑战，教育已成为智能化时代背景下变革的核心。党的"二十大"强调要推动人工智能和教育深度融合，促进教育变革创新。AI将在什么样的广度和深度上影响教育？未来的教育将是什么样的？教育工作者将如何迎接挑战、适应变革？这些都是当下需要重点关注和研究的课题。

　　前教育部部长陈宝生在《ChatGPT：教育的未来和未来的教育》一文中认为未来教育因为强大的智能化将面临巨大冲击，未来教育要坚定对人之为人的本质规律认识，未来教育要解答智能化给人类带来的时代之问；教育是传道的，各种学科都是讲道的，讲的都是自然演进的道，是社会发展的道，是工具理性的道，是文化传承的道。无论时代如何变迁，技术如何发展，人类的教育教学之道是横亘不变的。那么，教育教学之道又是什么呢？

　　"为学日益，为道日损。损之又损，以至于无为，无为而无不为。"(《道德经》第四十八章)。老子认为学习是积累知识、提升自我的过程；而修道则是净化心灵、回归本真的过程。通过不断的学习和修道，人们可以逐渐提升自己的境界和能力，达到"无为而无不为"的高度。在智能化时代，人类更应该顺应自然、洞察先机，从而在行事中表现出高度的智慧和效能。于教育学科而言，真正的"有效"教育既非灌输浩如烟海的知识，也非追求教学手段的形式创新，而是在抽丝剥茧后回归人类学习的自然之道，即学习的本质是解决问题，这里的问题包括科学、社会、个人心性成长和生活工作中的各种问题。

　　"钱学森之问"还没有得到有效回答，我国大学生仍然普遍缺乏解决问题的能力和创新能力，其症结就在于普通教育阶段延续至大学，在学生大脑中形成的"知识逻辑认知模式"。这种认知模式，使得学生更关注以成绩为表征的知识积累，忽略了人类学习的本质是为了解决问题。学生所掌握的大部分知识仅仅停留在书本和卷面上，是概念、公式、原理、案例或道理。知识不一定能给我们带来认知能力，而认知能力必然包含有效的知识，这部分有效的知识能帮助我们判断、选择、行动、改变和解决问题。在智能化时代下，当几千年积累的知识已经被大模型记住的时候，人类最需要改变的就是对"知识"的渴望与崇拜，更应该去提升洞察世界的思维、智慧和能力。

　　教育面向大众，传统教育的重心是让更多的人能够获得知识，有能力去解决日常问题，只有少数人能够参与创新与创造,即传统教育目标的重心是"知识+能力"。然而,大数据、元宇宙、AI 等新技术的发展,特别是 GPT 系列模型、讯飞星火、通义千问、文心一言等大语言模型的问世,使人类进入了知识贬值、创新升值的时代。人类对于事实性、概念性和程序性知识的获取越来越容易,对于已有问题也能快速得到求解方法。面对新技术和 AI 的发展对教育带来的巨大挑战,教育目标必须发生改变,才能不落后于时代的发展。当几乎所有人都可以很容易获得知识的时候,教育目标的重心就自然向更高层偏移,即向"能力+认知"偏移,改变和提升认知以实现创新将成为智能化时代教育的主要目标。

本书是基于上述对智能化时代教育目标的认知编写的新形态教材。智能化时代下的教育,创新是主题。作者研究了传统的以知识传递为主要教学目标的教学过程,提出了传统教学构建的是学生的"知识逻辑认知模式",由于直接告诉结果,存在缺少知识联系生活、理论联系实际的先天缺陷,很难培养出学生的应用之道,更不用说创新之道。高等教育要培养能够探索未知、解决问题的创新性人才。从脑科学的视角出发,就必须要将某种不同于传统的模型植入学生最深层的大脑中,使之成为学生认识世界、探索未知的一种认知模式,我们将其命名为"问题逻辑认知模式"。这种认知模式包括如何应用已有知识、如何探索解决问题的实践性知识以及如何发现新知识等综合能力,而它的形成必须通过大量问题导向的训练才可以获得。因此,提出了基于问题逻辑认知模式的成果导向教育(Outcome Based Education of Problem Oriented Thinking,POT-OBE),通过为解决问题和探索未知而进行的一系列学习活动,在构建学生问题逻辑认知模式的过程中,使他们逐步具备能够探索未知、解决问题的能力和创新能力,有能力去应对智能化时代的各种挑战。

智能化时代的最大特点是学科融合,将新技术与传统学科融合,从新的视角发现和解决各领域中的问题,AI 和大数据等新技术的运用已经成为人才的标配。虽然"四新"专业已经提出了很多年,但无论教师还是学生都没有充分做好准备,我国很多高校仍然存在这类课程教师开课难和学生学习难的问题。因此,作者特地编写了两本满足此类需求的通识基础教材,《Python 程序设计基础——思维、认知和创新》和《数据分析入门——思维、认知与创新》,并同步建了两门课程,为读者在智能化时代步入应用新技术解决问题和创新的大门提供必要的敲门砖,做好能力和认知的准备,构建起创新与 AI 之桥。

两本教材的统一特色如下:

(1) 迎接 AI 挑战。聚焦智能化时代下解决问题、探索未知、创新思维的认知模式养成。

(2) 非系统的学科知识的积累逻辑。基于 POT-OBE 教育理念,聚焦探索的全过程,通过从发现问题到求解问题全过程的探索路径,不但完成问题的求解,还学习、掌握并能运用知识和方法。

(3) 对教师、学生和 AI 进行了角色定位。

● 教师是编剧和导演,确定教学目标、教学内容和教学方式;

● 学生是主演,围绕创新性地发现和解决问题进行自主学习;

● AI 工具是剧务,始终陪伴师生并随时提供帮助。帮助学生养成在 AI 工具陪伴下学习、解决问题并进行创新的习惯。

(4) 教材与课程同步:同步建设了课程及教材以外的资源,满足当下高校对课程及教材的需要:

● 教师容易开课。理念创新、资源完整、思维升级、聚焦引领、两性一度。

- 学生容易学习。问题驱动、平台支撑、认知觉醒、聚焦能力、内化创新。

本书围绕探索完成易于学生理解的两个数据分析任务进行：第一个任务是聚焦描述性数据分析的案例——数据分析师岗位情况分析；第二个任务是综合数据分析案例——气候变化对生物多样性的影响分析。读者参与共同完成两个数据分析任务的探索之旅，在探索完成案例任务时，通过对一个个子任务提出需要解决的问题、探索问题本质、学习解决问题的方法、对问题进行实际求解、对求解情况进行评价和反思5个环节(5E教学范式)，使读者始终浸润在为解决问题而进行学习和探索的氛围中，构建读者基于问题探索的思维和认知，并为未来深入学习和使用数据分析、解决问题打下基础。

本书共分10章，具体内容如下：

第1章介绍理念、目标与要完成的任务，使读者了解数据分析的基本步骤和方法，初步具有应用AI工具辅助学习和工作的意识。

第2章了解在数据分析中如何明确分析目的，完成"数据分析师岗位情况分析"案例的第一步——明确分析目的、提升批判性地使用AI工具的意识。

第3章了解在数据分析之前如何进行数据预处理，完成"数据分析师岗位情况分析"案例的第二步——数据预处理。

第4章明确描述性数据分析要做什么以及怎么做，并完成"数据分析师岗位情况分析"案例的第三步——描述性数据分析与数据可视化。

第5章通过分析"气候变化对生物多样性的影响分析"案例的分析目的，进一步掌握明确分析目的的方法，完成"气候变化对生物多样性的影响分析"案例的第一步——明确分析目的、采集分析数据。

第6章根据特征工程的思想对原始数据开展一系列的数据预处理工作，以提高数据的质量，完成"气候变化对生物多样性的影响分析"案例的第二步——预处理数据。

第7章明确探索性数据分析要做什么以及怎么做，完成"气候变化对生物多样性的影响分析"案例的第三步——探索数据相关性与分布情况。

第8章了解和初步掌握常用的几种机器学习模型及其构建方法，完成"气候变化对生物多样性的影响分析"案例的第四步——预测性分析。

第9章了解和初步掌握一种时间序列预测模型及其构建方法，完成"气候变化对生物多样性的影响分析"案例的第五步——指导性分析。

第10章了解和初步掌握根据数据分析结果撰写数据分析报告的基本方法，完成"气候变化对生物多样性的影响分析"案例的第六步——撰写数据分析报告。

同步建设的课程在南开大学已经面向工商和经管类学生进行了一个学期的教学实践。在教学过程中，直接使用了有统一的编程环境、计算资源和支撑教学管理的和鲸(ModelWhale)平台，将学生从安装Python环境和资源包的工作中抽离出来，聚焦解决问题思维和能力的训练。选课学生普遍认为：课程使他们形成了一种不同以往的思维方式，提升了解决实际问题能力、团队协作能力和表达能力；他们切身感觉到知识不只是应对考试，更是解决生活中难题的钥匙；课程的教学过程让他们能够更清晰、更有逻辑地思考问题，追本溯源，不再被复杂的现象所迷惑。

本书作者来自南开大学计算机学院，赵宏教授和闫晓玉老师编写了全书的初稿；李妍老师对全书进行了文字校对；高裴裴副教授和李妍老师负责书中二维码虚拟人教学视频的录制;闫晓玉老师对全书代码进行了测试和验证;助教张括和研究生董吉旺参与了部分问题的设计和代码初稿的编写并制作了 PPT 初稿;赵宏教授对全书进行了系统编撰和统稿。本书还得到了清华大学出版社张瑞庆编审的大力支持,在此表示真诚感谢。

　　面对 AI 对教育、教学和课堂的冲击和挑战,积极拥抱 AI,主动寻变是本书的宗旨。由于作者对 AI 背景下教育教学问题的认识和把握还存在偏差,加之自身能力的限制,书中会有不足甚至错误之处,请读者指正。

作　者

2024 年 5 月于南开园

# 目　　录

# 第1章　　　目标与任务

## 使　命

①了解为什么要学习数据分析；②了解数据分析的基本步骤和方法，初步具有应用 AI 工具辅助学习和工作的意识；③了解一种新的认知模式——"问题逻辑认知模式"及基于问题逻辑认知模式的成果导向教育 POT-OBE；④了解 5E 的学习路径以及完成两个案例任务的步骤。

## 1.1 数据时代与当代社会

人类社会经历了农业时代、工业时代、信息时代、人工智能时代，现已进入 21 世纪的数字时代，数据驱动标志着这个时代的到来。数据无处不在，人类每天都在创造和消费着巨量的数据，数字时代的最大特征是数据已成为社会的生产要素、战略资源和核心资产。数据的充分挖掘和有效利用，可以优化资源配置和使用效率，对价值创造和生产力发展有着广泛的影响。对数据的分析和处理，已成为解决问题与科学研究的重要方法和手段。

### 1.1.1 从"互联网＋"迈向"数据要素×"

我国提出的《"数据要素×"三年行动计划（2024—2026 年）（征求意见稿）》，是为了深入贯彻落实习近平总书记关于发挥数据要素作用的重要指示精神和党中央、国务院的决策部署，发挥数据要素乘数效应，赋能经济社会发展，特制订的行动计划。"数据要素×"12 项行动计划包括：数据要素×智能制造、数据要素×智慧农业、数据要素×商贸流通、数据要素×交通运输、数据要素×金融服务、数据要素×科技创新、数据要素×文化旅游、数据要素×医疗健康、数据要素×应急管理、数据要素×气象服务、数据要素×智慧城市、数据要素×绿色低碳。国务院印发《关于积极推进"互联网＋"行动的指导意见》（国发〔2015〕40 号），围绕转型升级任务迫切、融合创新特点明显、人民群众最为关切的领域，提出了"互联网＋"11 项行动计划，包括：互联网＋创业创新、互联网＋协同制造、互联网＋现代农业、互联网＋智慧能源、互联网＋普惠金融、互联网＋公共服务、互联网＋高效物流、互联网＋电子商务、互联网＋

便捷交通、互联网＋绿色生态、互联网＋人工智能。两项行动计划的变化标志着我国正在从"互联网＋"时代迈向"数据要素×"时代。"互联网＋"为"数据要素×"发展奠定了坚实基础，"数据要素×"是"互联网＋"的升级和升华。从"＋"到"×"的变化，体现了更多领域的智能化，而智能则来自对数据这一生产要素的加工和处理。

目前，人们还处于努力提高对数据认识的阶段。数据要素是我国引领数字经济潮流的重大创新。梅宏院士指出(2023)："把数据确立为重要的生产要素是中国的首创。"江小涓亦言(2023)："我国是首个将数据列为生产要素的国家，国际上亦无先例。"数据被称为"新石油"(Clive Humby，2006)和"世界上最有价值的资源"(经济学人，2017)。然而，数据还在沉睡，有待开发。全球90％的数据从未得到分析使用(IBM，2015；DASA R&T，2016)，欧洲80％的工业数据从未被使用过(欧盟委员会，2022)。因此，充分挖掘数据潜力，大力推动"数据要素×"，必要且紧迫。

### 1.1.2　数据与数据驱动

数据不是传统意义上的信息和知识。数据是一种客观存在，是关于事物的事实描述，可通过测量、记录、发现等方式获得。数据因使用而产生，会不断被创造，会越来越多，因此会呈现出数据大爆炸的特征。"数据将成为最基本的客观产物，无论做什么，我们都在产生数据"(Paul Sonderegger，2017)。江小涓(2023)用"三多一快一大"来概括数据的独特性质，即多主体生产、多场景复用、敏感信息多、减损贬值快、诉求差异大。

**1. 个人生活中的数据与数据驱动**

人们每天通过智能手机、可穿戴设备、在线服务等产生大量数据。这些数据反映了人们的生活习惯、消费偏好、健康状况等。

**2. 企业运营中的数据与数据驱动**

对于企业来说，数据是理解市场趋势、客户需求、优化运营和提高竞争力的关键。从顾客交易数据到供应链信息，企业正在积极利用这些数据来驱动决策。

例如，亚马逊公司作为电子商务巨头，通过分析消费者的购买行为、搜索习惯和用户反馈来优化其产品推荐系统。据估计，这一系统对公司销售额的贡献高达35％。星巴克公司使用数据分析来决定新门店的位置，并优化产品组合。通过分析当地市场的人口统计数据和现有客户的消费行为，星巴克公司能够预测新门店的潜在成功率。健康保险公司利用数据分析来评估风险和定价策略。通过分析客户的健康数据和历史索赔记录，这些公司能够更准确地预测未来的索赔风险，并据此调整保险费率。

**3. 政府和公共服务中的数据与数据驱动**

政府机构通过数据来提高服务效率，进行城市规划。在紧急情况下，如突发自然灾害和公共卫生危机时，用数据来制定响应策略。

例如，数据正在重塑人们生活的方方面面，从个人决策到商业策略，从公共政策到科学研究。掌握数据分析技能，理解和利用数据的能力，将是未来社会的重要竞争力。

### 1.1.3　数据分析的应用场景

在一个由数据驱动的时代，数据分析的技能已成为职场中的一种重要能力。无论是小型创业公司还是大型跨国企业,对于能够理解、处理和分析数据的专业人士的需求都在迅速增长。数据分析的需求在职场中是一个不可逆转的趋势。随着数据量的持续增长和分析技术的不断进步,掌握数据分析技能将成为未来职业发展的关键。无论是个人职业发展,还是企业的竞争优势,数据分析都扮演着至关重要的角色。

国际数据公司(IDC)的报告指出,大数据和业务分析服务的市场预计到 2021 年达到2100 亿美元。这一增长不仅在技术领域,还涉及金融、医疗、教育、零售等多个行业。美国劳工统计局报告指出,到 2029 年,数据科学和分析领域的就业机会预计将比平均水平增长更快。数据分析师、数据工程师和数据科学家等职位正成为市场上最抢手的工作之一。

下面是数据分析在不同行业实际应用的场景。

### 1. 零售行业:库存优化

大零售商面临的主要挑战之一是库存管理。过多库存会导致成本上升,而库存不足则会错失销售机会。零售行业可运用复杂的预测模型来优化库存管理。这些模型通过分析历史销售数据、季节性变化、地区差异、促销活动和天气模式等因素实现更高效的库存管理,减少过剩和缺货情况。这样不但优化降低库存成本,还能保持较高的客户满意度。例如,全球最大的零售商沃尔玛公司通过优化降低了 15% 的库存成本。

### 2. 金融行业:信用评分模型

在金融服务行业,评估客户的信用风险是核心任务之一。传统的信用评分方法可能无法准确反映申请人的实际风险,因此金融机构开始使用机器学习模型来提高信用评分的准确性。这些模型通过分析申请人的交易历史、还款记录、社交媒体行为和其他相关数据,能够更精准地评估贷款申请者的风险,减少违约率,从而为更多的客户群体提供服务。例如,一些银行引入这些新模型,将贷款违约率降低了约 20%。

### 3. 健康保健行业:疾病预测与防控

健康保健行业面临的一个重要挑战是如何有效预测和防控疾病的发生。医疗机构和研究机构使用数据分析来识别疾病发展的模式和风险因素。通过分析病人历史记录、生活方式数据和遗传信息,专家能够预测个人患某些疾病的风险。这种方法不仅帮助医生更早地诊断和治疗疾病,还有助于制订更有效的公共卫生政策。例如,通过对大量病人数据的分析,某些医疗机构成功预测了 Ⅱ 型糖尿病的发病率,并据此调整了预防策略。

### 4. 政府部门:行政决策

在保证数据充足、质量可靠的前提下,大数据能够对政府管理服务中的相关要素实施全过程精确分析,使行政决策的目标确立、方案制订、动态调整都能以深度数据分析结果为依据,从而更具精准性、更有针对性。例如,为了更好地保障民生,有的地方将来自不同部门的困难群众信息汇集起来,通过大数据分析研判,在相关人员触发救助条件时自动预警,从而实现对困难群众的精准画像、精准救助。

### 5. 学校的教学、科研和管理

以高校为例,高校管理信息化的三条主线是教学、科研和管理,而支持这三条信息化主线的是校园网络关键基础设施。因此,高校数据分析的主要应用场景有 4 种类型:校园网络数据分析、教学数据分析、科研数据分析和面向校级宏观决策的综合数据分析。

在这个数据驱动的时代下,无论是哪个行业,掌握数据分析技能都极为重要。这不仅是一种技术能力,更是一种批判性思维和问题解决的方法。随着数据分析工具和技术的不断发展,终身学习和适应新技术将成为专业发展的关键。了解和掌握最新的数据分析趋势和技术,将使个人在职业生涯中保持竞争力。

## 1.2 数据分析的主要步骤及方法

数据分析是一个涉及多个阶段的复杂过程。从收集原始数据到最终做出数据驱动的决策,每一步都至关重要。

### 1.2.1 数据分析的主要步骤

#### 1.2.1.1 数据收集

(1) 定义需求:数据分析的第一步是确定收集目的(需要收集哪些数据)。明确数据需求可以帮助人类决定采用何种数据收集方法。

(2) 数据来源:数据来源多种多样,可归为内部系统(如销售记录、客户数据库)和外部源(如社交媒体、公共数据集)两类。

(3) 收集方法:数据收集方法可能包括自动数据抓取、问卷调查、实验设计等。选择合适的方法对于确保数据质量至关重要。

#### 1.2.1.2 数据清洗与预处理

(1) 数据清洗:是指移除或更正数据集中的错误和不一致的数据。这一步骤包括处理缺失值、重复数据和异常值。

(2) 数据预处理:包括格式化数据、创建新的数据字段(如从日期中提取年份)、标准化数据范围等。

(3) 数据质量保证:数据清洗和预处理的目标是提高数据质量,以便进行准确的分析。

#### 1.2.1.3 数据探索

(1) 初步分析:数据探索通常涉及对数据进行初步检查,以了解其基本特性。这可能包括计算描述性统计、检查数据分布、识别模式和异常。

(2) 数据可视化:数据可视化是一种有效的数据探索工具,它可以帮助人们更直观地理解数据。使用折线图、散点图和热图等可视化方法可以揭示数据中的趋势和关系。

#### 1.2.1.4 数据建模

(1) 选择模型:根据分析目标选择合适的统计或机器学习模型。模型的选择取决于数据类型、数据量以及所需的预测或分类精度。

(2) 训练与测试:使用历史数据训练模型,并使用独立的测试数据集来评估模型性能。

(3) 模型优化:根据测试结果调整模型参数,以提高预测或分类的准确性。

### 1.2.1.5　结果解释与应用

（1）解释结果：数据分析的最终步骤是解释分析结果，包括识别和解释数据中的关键发现、模式和趋势。

（2）做出决策：将数据分析的见解转化为实际的行动或决策。例如，基于顾客购买行为的分析，公司可以调整其产品策略或营销方法。

（3）结果分享：分享分析结果和见解，使决策者和相关利益方能够理解和利用这些信息。

## 1.2.2　数据分析的主要方法

数据分析的方法多种多样，每种方法都有其特定的应用场景和优势。理解这些不同的方法对于有效地运用数据进行分析至关重要。

### 1.2.2.1　描述性分析

描述性分析的目的是概述数据集的特点和模式，包括计算平均值、标准差、频率等统计指标，以及对数据进行基本描述。

例如，一家零售公司可能使用描述性分析来概括一季度的销售数据，包括总销售额、最畅销的产品以及每周的销售趋势。

### 1.2.2.2　探索性分析

探索性分析用于发现数据中的模式、关系和异常。它通常在数据分析的早期阶段进行，以指导后续的分析方向。常见的工具包括相关性分析、因子分析和数据可视化技术。

例如，通过散点图和相关性矩阵，分析师可以探索不同变量之间的关系。

### 1.2.2.3　预测性分析

预测性分析的目的是使用历史数据来预测未来事件。这种分析通常涉及构建统计模型或机器学习模型。

例如，金融机构可能使用历史交易数据来构建信用风险模型，预测贷款申请者违约的可能性。

### 1.2.2.4　规范性分析

规范性分析通过使用数据和算法（优化模型、模拟和决策树等）来制定策略并解决问题，用于确定最佳行动方案。

例如，物流公司可能使用规范性分析来优化运输路线和降低运输成本。

### 1.2.2.5　数据驱动的决策制定

在实际应用中，这些分析方法经常被结合使用，以便全面理解数据并做出明智决策。

例如，一家制造公司可能首先使用描述性和探索性分析来了解生产过程中的效率问题，然后应用预测性分析来预测不同改进措施的效果,最后利用规范性分析来确定最佳的生产策略。

## 1.3 利用 AI 工具辅助数据分析的学习与应用

2023 年,随着 ChatGPT 4.0 的问世,以 ChatGPT 为代表的 AI 工具越来越多地融入人们学习、工作和生活,以前所未有的速度改变着人类的学习、工作和生活的方式。AI 工具将人类已有的知识和智慧进行了很好的集成,我们可以在 AI 工具的辅助下进行数据分析知识的学习,并提高运用知识解决实际问题的能力。

### 1.3.1 使用 AI 工具示例

1.2 节对"数据分析的主要步骤及方法"进行了简单介绍,但仅仅停留在抽象的文字层面,初次接触数据分析的人对该领域没有更多认知,还不知道如何下手。此时我们就可以使用 AI 工具,希望它能给出的一些学习和探索的路径,帮助我们尽快步入这一领域。

【例 1-1】 由于 AI 的冲击,未来职场的变化成为我们的关注点。我们是否可以通过大学生考研的变化情况来预测职场的变化情况呢?

借助 AI 的简单方法:对于如何能够通过大学生考研的变化情况来预测职场的变化情况问题,可以进行数据分析。但不知道如何下手,可以向 ChatGPT 或文心一言发问,通过 AI 工具,先有一个宏观概念和对可能要进行的工作有一个大致认识。

提出问题:

能不能通过中国大学生考研的变化情况来预测未来职场的变化情况? 请分析一下,用近十年中国的相关数据,按照数据获取、数据预处理、数据描述性分析、建模预测等步骤进行。最好有代码和结果。

ChatGPT 的回答:

了解您的需求,我们可以更深入地探讨如何使用数据分析技术来预测考研趋势对中国职场的影响。首先,我们会详细探讨可能的数据源和收集方法,然后进入更具体的分析步骤,并提供更全面的代码示例。

```
###数据源与收集
(1) **教育部和国家统计局**: 获取官方的考研人数、专业分布、录取率、就业率等数据。
(2) **在线教育平台和社交媒体**: 收集关于考研热门专业、学生意向等非正式数据。
(3) **招聘网站和企业调查**: 获取行业需求、岗位空缺、薪资水平等职场相关数据。
(4) **学术研究和报告**: 利用已有的研究成果和分析报告补充数据和洞察。
###数据预处理
-**数据清洗**: 处理缺失值、重复数据。
-**数据转换**: 将分类数据转换为数值数据,如将专业名称编码。
-**特征工程**: 创建新的特征,如考研人数增长率、就业市场增长率等。
###描述性和探索性分析
-**趋势分析**: 使用时间序列分析考研人数和就业率的变化趋势。
-**专业分布分析**: 分析不同专业的考研人数分布和变化。
```

-**职场需求分析**：研究各行业对毕业生的需求变化。

### 相关性分析和假设测试

-**相关性检验**：利用统计方法检验考研数据与职场变化的相关性。

-**假设测试**：如考研人数增加是否与特定行业的就业率提高相关。

### 预测建模

-**回归分析**：使用线性回归、多元回归等预测模型。

-**时间序列分析**：如 ARIMA 模型，预测未来考研和职场趋势。

### 代码示例 (假设数据)

Python

```
import pandas as pd
import numpy as np
import matplotlib.pyplot as plt
import seaborn as sns
from sklearn.model_selection import train_test_split
from sklearn.linear_model import LinearRegression
from sklearn.metrics import mean_squared_error, r2_score
from statsmodels.tsa.arima_model import ARIMA
#假设数据加载
#data = pd.read_csv('path_to_your_data.csv')
#数据预处理
#processed_data = preprocess_data(data)
#描述性分析
#perform_descriptive_analysis(processed_data)
#相关性分析
#correlation_analysis(processed_data)
#建立回归模型
#regression_model(processed_data)
#时间序列分析
#time_series_analysis(processed_data)
#评估模型性能
#evaluate_model(model, test_data)
#结果解读和建议
#interpret_and_recommendations(model_results)
...
```

### 结果解读与政策建议

-**结果解释**：根据模型结果解释考研趋势与职场变化的关系。

-**政策建议**：基于分析结果提出教育政策和职场发展的建议。

### 注意事项

-数据分析和预测模型的准确性高度依赖于数据质量和完整性。

-模型和分析方法应根据实际数据和分析目标灵活选择和调整。

-预测模型的结果应结合专业知识和实际情况进行解读。

请提供具体数据，以便我们进行实际分析和更精确的建模。

生成数据进行代码编写和测试。

**(下面给出的是一种模拟场景及分析)**

了解您的需求。为了进行更深入的分析，我们将首先定义一个假设场景，并根据这个场景生成模拟数据。然后，我们将遵循数据分析的完整流程，包括数据预处理、描述性分析、相关性分析、建模预测以及结果解释。最后会提供完整的代码来执行这些步骤。

### 假设场景

假设我们想分析过去十年间(2010—2020 年)，中国大学生考研人数与就业市场之间的关系。我们会关注以下几方面：

-每年的考研人数。

-每年的就业率。

-这两者之间的关系。

### 数据生成

为了进行分析,我们首先需要生成模拟数据。我们将创建一个包含年份、考研人数和就业率的数据集。考研人数和就业率将随机生成,并假设它们遵循正态分布。

### 数据预处理

在数据预处理阶段,我们将进行必要的数据清洗,如处理任何异常值或缺失数据。

### 描述性分析

我们将计算基本统计量,如平均值、中位数、标准差,并绘制趋势图来直观显示数据随时间的变化。

### 相关性分析

我们将使用统计方法来检验考研人数和就业率之间的相关性。

### 建模预测

我们将使用线性回归模型来预测就业率与考研人数之间的关系,并评估模型的准确性。

### 结果解释

最后,我们将基于模型的结果对数据进行解释,并提出可能的解读和建议。

现在将提供一个完整的代码示例来执行上述步骤。

根据我们使用模拟数据进行的分析,以下是关键发现和结果。

(1) **描述性分析**:

  -我们观察到考研人数和就业率随时间的变化趋势。这些趋势由我们的模拟数据集中的年份、考研人数和就业率数据绘制得出。

(2) **相关性分析**:

  -考研人数与就业率之间的相关系数为 0.0676。这表明在我们的模拟数据中,两者之间的相关性非常弱,几乎可以忽略不计。

(3) **建模预测**:

  -使用线性回归模型预测就业率与考研人数之间的关系。

  -模型的均方误差 (MSE) 为 0.0081,$R^2$ 值为 -0.725。$R^2$ 值远小于 0,表明模型拟合不佳,这可能是因为在模拟数据中,考研人数与就业率之间实际上没有强关联。

### 结论和建议

-**数据解读**:在这个模拟案例中,考研人数与就业率之间的关系不明显。这表明在真实世界的复杂情况下,两者之间的关系可能受到多种因素的影响,且可能不是直接或显著的。

-**模型选择和改进**:由于线性回归模型在这个特定的模拟案例中表现不佳,实际应用中可能需要更复杂的模型,如多元回归、时间序列分析或机器学习模型,以更准确地捕捉和预测这些变量之间的关系。

-**真实数据的重要性**:本分析基于模拟数据进行。在实际应用中,应使用真实、准确和全面的数据来进行类似的分析,这可能揭示不同的洞察和趋势。

注意,以上分析完全基于模拟数据。真实情况可能会有很大不同,因此在进行实际分析时,应使用真实、准确和全面的数据。

相关代码:

```python
import pandas as pd
import numpy as np
import matplotlib.pyplot as plt
from sklearn.model_selection import train_test_split
from sklearn.linear_model import LinearRegression
from sklearn.metrics import mean_squared_error, r2_score
# 数据生成
np.random.seed(0)
years = np.arange(2010, 2021)
exam_takers = np.random.normal(1000000, 100000, len(years))
                                            # 考研人数,假设有正态分布
```

```
employment_rate = np.random.normal(0.80, 0.05, len(years))
                                    #就业率,假设有正态分布
data = pd.DataFrame({
    'Year': years,
    'ExamTakers': exam_takers,
    'EmploymentRate': employment_rate
})
#数据预处理
data['ExamTakers'] = data['ExamTakers'].round(0)
data['EmploymentRate'] = data['EmploymentRate'].round(2)
#描述性分析
plt.figure(figsize=(12, 6))
plt.subplot(1, 2, 1)
plt.plot(data['Year'], data['ExamTakers'], marker='o')
plt.title('考研人数趋势')
plt.xlabel('年份')
plt.ylabel('考研人数')
plt.subplot(1, 2, 2)
plt.plot(data['Year'], data['EmploymentRate'], marker='o', color='green')
plt.title('就业率趋势')
plt.xlabel('年份')
plt.ylabel('就业率')
plt.tight_layout()
plt.show()
#相关性分析
correlation = data['ExamTakers'].corr(data['EmploymentRate'])
#建模预测
X = data[['ExamTakers']]
y = data['EmploymentRate']
X_train, X_test, y_train, y_test = train_test_split(X, y, test_size=0.2, random_
state=0)
model = LinearRegression()
model.fit(X_train, y_train)
predictions = model.predict(X_test)
#评估模型
mse = mean_squared_error(y_test, predictions)
r2 = r2_score(y_test, predictions)
#打印相关性和模型评估结果
print("Correlation between Exam Takers and Employment Rate:", correlation)
print("Mean Squared Error:", mse)
print("Coefficient of Determination (R^2):", r2)
```

通过 ChatGPT 的回答,我们对数据分析的基本步骤和每一步的具体工作有了直观的了解,对数据分析有了初步的认识。未来的学习如果是攀登一座山,现在我们已经大致对要攀登的山的全貌以及要走的路径有了初步的了解。

## 1.3.2 关于 AI 的思考

### 1.3.2.1 从哲学的视角看 AI 等新技术的发展

新技术的产生和发展往往伴随着哲学思想的演变。康德哲学中的"否定之否定"理论揭示了技术进步的本质。这个理论指出,新的理论或概念的出现不是简单地取代旧的理论或概念,而是通过对旧的理论或概念的否定和超越,得到新的理论或概念。同样地,新技术的发展也是通过否定和超越旧技术的限制和不足,实现技术进步和发展。

"否定之否定"这一哲学理论同样适用于人工智能的产生和发展。AI 作为一门新兴技术,它的产生和发展也是通过对人类智能的否定和超越实现的。AI 技术的出现并不是为了取代人类智能,而是通过学习、理解和模仿人类智能,实现智能技术的进步和发展。

此外,哲学的这一理论也指出了技术发展的方向。AI 技术的发展不应该是简单地取代人类智能,而是通过与人类智能的结合和协同实现更高级别的智能。AI 技术和人类智能的结合可以更好地解决复杂的问题,促进科技和社会的进步。

### 1.3.2.2　AI 伦理

AI 技术的快速发展和使用,在提高工作学习效率的同时,也带来了一系列的伦理问题,如道德、责任、公正、透明度等。主要包含以下几方面。

(1)道德问题:AI 系统的决策是否符合道德标准,如是否会伤害人类利益、是否遵守伦理准则等。

(2)责任问题:AI 系统在决策过程中是否承担责任,如机器出现故障造成的后果应由谁负责等。

(3)公正问题:AI 算法是否能够公正地对待所有人,是否会存在算法歧视等问题。

(4)透明度问题:AI 算法是否具有可解释性,是否能够清晰地告诉用户决策过程的依据等。

为解决上述问题,目前已经出现了一系列的 AI 伦理框架和准则,如联合国 AI 道德准则、美国白宫人工智能政策、中国的《生成式人工智能服务管理暂行办法》等。这些伦理框架和准则都强调了 AI 算法的公正。

ChatGPT 的面世打开了通向人工通用智能 AGI(Artificial General Intelligence)之路,为其开启了更高的层次,使其实现自我学习、自我改进、自我调整,无须人为干预就可以解决问题。AGI 时代正在加速到来,"人工智能将淘汰人"的论调加剧了个体焦虑与危机感。这不但改变了生产力底层逻辑中工具与人类的关系,而且改变了个体的能力评价体系,产生了人的价值层次划分。未来,传统的"掌握通识知识、流程性工作能力等"要求会逐步成为隐藏的底层要求,更显性、高层次的要求则是"创造性价值以及高效利用工具解决问题"的能力。面对巨变,人类除了摒除焦虑、拥抱变革外,更应该心存敬畏。

### 1.3.2.3　AI 对人类的挑战

人工智能始终是科幻作品的热门选题,这也反映出 AI 的不断发展对人类的挑战。有人甚至认为 AI 的发展是硅基文明对碳基文明的挑战。我们不妨来问问 ChatGPT 的想法。

提问:

有人认为 AI 的发展是硅基文明对碳基文明的挑战,你怎么看?

回答:

将 AI 的发展描述为硅基文明对碳基文明的挑战,这种观点……(文本较长,略)

提问:

请将你的观点总结为 200 字左右的文本。

回答:

将 AI 发展视为硅基文明对碳基文明的挑战,是对人工智能快速进展和其深远社会影响的一种比喻。实际上,AI 应被视为人类智慧的延伸,与人类相互补充和协作,共同推动社会进步。这一进程伴随着伦理、隐私、就业等问题,需要社会全面适应和积极应对,包括技能转换和教育体系的更新。人类需要制定伦理准则和国际协议,确保 AI 技术的发展符合人类的共同价值观,最终实现与人类的和谐共存,而不是构成挑战。

## 1.4　新文科与数据分析

在数字时代,传统学科正在发生着改变,不断融合大数据、人工智能等新技术和新方法。目前,以大数据、人工智能为代表的与计算相关的新技术不但融入了数理化、工程、研发等专业领域,还融入心理学、法学、哲学、文学、旅游、经济和管理等多个文科领域。在其他学科原本的科学内容和科学理念的基础上,各学科能够利用计算机的先进技术更高效、更精确地进行问题求解,真正实现学科交叉和学科融合。

### 1.4.1　新技术催生新文科

《教育部高等教育司 2021 年工作要点》(教高司函〔2021〕1 号)表示,将深入推进"新工科""新医科""新农科""新文科"(即四新)建设,促进"四新"交叉融合,提升国家硬实力、全民健康力、生态成长力和文化影响力。其本质是要全面提升高等教育的根本质量,在改革中寻求突破,在创新中探索升华,最终将高等教育的质量提升到新的维度,加快高等教育强国的建设步伐。"四新"建设的初衷是通过基础学科与新兴学科的相互交融,调整并优化专业结构,优化实习与实验教学的组织结构,把基础学科的人才培养和专业紧缺人才培养相结合,培养全能型紧缺专业人才。

新文科的概念与传统意义不同,它的特殊性在于将诸如计算机、大数据、互联网等的新技术融入哲学、文学、历史、法学、经济学和管理学等文科领域。结合新文科的发展理念,突破学科壁垒,将新技术与传统文科专业有机融合,以培养具有科学思维和创新思维的新时代人才。

新文科是传统研究范式转变带来的。例如,随着大数据技术的推广,人文社会经管类科学通过对数据的发现、分析和处理,为传统文科带来了新的研究思路和研究方法。基于程序设计、大数据采集、分析和处理、机器学习和知识图谱等新技术的人文、社会、经管类问题的研究都已成为新文科研究的重点。随着 AI 技术的发展,目前 AI 的智能学科,如智能法学、智能社会学、智能伦理学、智能新闻学、智能教育学等,将成为新文科的重要组成部分。

新文科的特点是新技术的融入和学科的融合。新技术,如 AI、大数据等需要通过计算机处理数据来实现。新文科的一个重要任务是来自不同学科的科学思维的培养包括逻辑思维、实证思维、计算思维与数据思维。因此,新文科需要更多的数据处理能力的训练,更多的思维训练培养。

### 1.4.2　计算思维与数据思维

逻辑思维、实证思维是人们比较熟悉的传统的思维方式。计算思维和数据思维则是随着计算机技术和数据分析技术的发展,在近十几年被提出和引起重视的。

#### 1.4.2.1　计算思维

计算思维是运用计算机科学的基础概念进行问题求解、系统设计以及人类行为理解等涵盖计算机科学之广度的一系列思维活动。计算思维关注的是人类思维中有关可行性、可构造性和可评价性的部分,是用计算机模拟复杂现象的思维。所谓计算思维,就是不同于人的思维方式,是计算机的思维方式。一个人如果能站在计算机的角度想问题,就具有了计算思维。

【例 1-2】　用重要的计算思维之递归思想求 $n!$。

假设 $n=5$,则:

$$5!=1\times2\times3\times4\times5$$

在我们的生活中,如果求 $n!$,非常自然地会采用这种做法:从 1 乘到 $n$ 就行了。

计算思维中的递归思想是把这一过程倒过来。同样要计算 5!,先假定 4! 已知,则

$$5!=4!\times5$$

采用同样的方法,计算 4!、3!、2! 和 1!,直到 1!＝1 时,就不再继续扩展了,倒推回所有结果。从 1!、2! 已知,倒推回 5!。

图 1-1 是 5! 的递归求解过程。

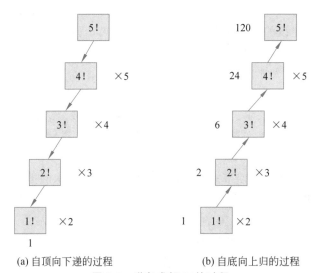

(a) 自顶向下递的过程　　　　(b) 自底向上归的过程

图 1-1　递归求解 5! 的过程

$n$ 的阶乘问题,从 1 乘到 $n$ 就解决了,为什么要倒着计算呢? 事实上,很多问题倒着想才能想明白。请看下面这个例子。

【例 1-3】　抢 20 游戏。两个人,第一个人先从 1 和 2 中选一个数字。第二个人在第一个人的数的基础上,选择加 1 或加 2。随后两个人轮流在总数上加 1 或加 2,谁先将总数加

到 20,谁就赢。

对于这个问题,从小向大思考,很难通过列举出所有情况来解决。

下面,倒过来思考。要想先抢到 20,就需要先抢到 17,因为你如果抢到 17,对方无论选择加 1 或加 2,你都能赢。要抢到 17,你就要先抢到 14,以此类推,你必须先抢到 11、8、5、2。因此,问题的解就是你只要先选择了 2,再选择到 5、8、11、14 和 17,就肯定赢了。以此类推,抢 50、抢 100 的游戏也可用此方法。

这就是计算思维中的递归思想。

### 1.4.2.2　数据思维

数据思维就是运用计算机对数据进行获取、处理、存储和分析,从数据中发现规律,并基于数据进行决策的思维方式。数据思维与大数据、IT 技术和 AI 技术相关。简而言之,数据思维就是用数据思考,用数据说话,用数据决策。

(1)用数据思考:就是要实事求是,坚持以数据为基础进行理性思考。

(2)用数据说话:就是要在输出结论时尽量减少"大概""可能""差不多"的词,而要以数据为依据,进行合乎逻辑的推论。

(3)用数据决策:就是要以事实为基础,以数据为依据,通过数据的关联分析、预测分析和事实推理得出结论,避免以往凭经验和直觉做出情绪化的决策。

在我们的日常生活中,每一次网购、每一次搜索、每一次翻看新闻、每一条社交网络中的信息,都在生成着大数据。大数据已经渗透到人们生活的方方面面,改变了我们看世界的方式,同时也为各个行业带来了深刻的影响。大数据的应用广泛,涵盖了社会经济生活的方方面面。例如,在医疗健康方面,通过分析大量的病例数据,可以预测疾病的趋势,优化诊疗方案,甚至在早期阶段就发现患者的健康问题。人工智能和机器学习技术的发展,使得这种预测能力越来越精确。在商业决策方面,商家可以通过消费者行为数据,制定更精准的营销策略和产品开发方向。例如,亚马逊和 Netflix 公司就通过用户的浏览和购买记录,为用户推荐他们可能感兴趣的产品和电影。在公共服务方面,政府可以利用大数据分析社会问题,优化公共服务,提高行政效率。例如,通过分析交通数据,可以优化交通路线,减少拥堵;通过分析环境数据,可以预测并应对各种环境问题。

【例 1-4】　一个基于数据的精准营销案例。

2012 年,《纽约时报》的一篇文章讲述了企业如何利用手中的数据趣闻。美国一名男子闯入他家附近的一家零售连锁超市 Target 店铺(美国第三大零售商)抗议:"你们竟然给我 17 岁的女儿发婴儿尿片和童车的优惠券"。店铺经理立刻向这位父亲承认错误。一个月后,这位父亲来道歉,因为这时他才知道他的女儿的确怀孕了。其实"发婴儿尿片和童车的优惠券"的行为是总公司运行数据挖掘的结果,Target 比这位父亲知道他女儿怀孕的时间足足早了一个月。

Target 从 Target 的数据仓库中挖掘出 25 项与怀孕高度相关的商品,例如他们发现女性会在怀孕 4 个月左右,大量购买无香味乳液,制作"怀孕预测"指数。以此为依据,通过分析女性客户购买记录"猜出"哪些是孕妇,推算出预产期后,就抢先一步将孕妇装、婴儿床等折扣券寄给客户来吸引客户购买。

如果不是在拥有海量的用户交易数据基础上实施数据挖掘,如果没有用数据说话和决策的思维,Target 不可能做到如此精准的营销。

### 1.4.3 适合新文科的数据分析工具——Python

文科学生学习数据分析,首先要解决的就是如何让计算机按要求对数据进行数据处理与分析的问题。Python 是一门更易学、更严谨的程序设计语言,是文科学生学习数据分析方法和技术的最好的工具之一。Python 语言由荷兰国家数学与计算机科学研究中心的吉多·范罗苏姆于 1990 年代初设计,能让用户编写出更易读、易维护的代码,能让用户专注于解决问题而不是去搞明白语言本身。

Python 有如下特点:

(1) Python 的设计目标之一是让代码具备高度的可阅读性,像读英语一样。

(2) 对于常见问题的处理,Python 已经通过标准库的形式提供了完美的解决办法,用户只要直接使用即可。

(3) 有更多的扩展库。当你发现 Python 标准库的有些功能无法实现你的要求,你就可以找一些扩展库(也称第三方库)来安装使用,也可以将自己的代码封装打包为库,供自己或他人使用。由于有了扩展库的存在,现在 Python 已经在各个领域都有很好的应用,特别是在大数据处理、人工智能等领域,都使用强大的扩展库。表 1-1 是 Python 常用的扩展库。

表 1-1　Python 常用的扩展库

| 扩 展 库 | 应 用 场 景 |
|---|---|
| openpyxl | 读写 Excel 文件 |
| open-docx | 读写 Word 文件 |
| numpy | 数组计算和矩阵计算 |
| scipy | 科学计算 |
| pandas | 数据分析 |
| matplotlib | 数据可视化 |
| sklearn | 机器学习 |
| tensorflow | 深度学习 |

【例 1-5】　一个机密房间平时不允许有人进入,因此有监控摄像头实施监控,在监控室需要有人不间断在屏幕上查看摄像头发来的监控视频。由于人的疏忽(如打盹),很可能没有注意显示器,导致没有及时发现有人进入机密房间,造成巨大损失。有没有什么办法能解决这个问题?

这是一个看起来很难的问题。这个问题的本质是能够在一帧帧的图像中识别是否有人脸。如果识别有人脸,说明有人进入机密房间,则立即报警。然而,使用 Python 的扩展库 cv2,只用几行代码就可以完成在一个图像中识别出人脸的任务。程序代码如下:

```
import cv2                              #导入第三方库 cv2
#定义一个检测人脸的工具
```

```
face_patterns = cv2.CascadeClassifier(r'C:\Users\53421\AppData\Local\Programs
\Python\Python39\Lib\site-packages\cv2\data\haarcascade_frontalface_default.
xml')
yourfaces = cv2.imread('D:\\PIC1.jpg')          #识别 PIC1.jpg 图片中的人脸
faces = face_patterns.detectMultiScale(yourfaces,scaleFactor=1.1,minNeighbors=5,
minSize=(100, 100))                             #进行人脸识别
for (x, y, w, h) in faces:                      #在识别出的人脸周围画出矩形
    cv2.rectangle(yourfaces, (x, y), (x+w, y+h), (0, 255, 0), 2)
    print(x, y, w, h)
cv2.imwrite('D:\\detected.png', yourfaces)      #将识别结果保存为图片
```

通过代码中的注释，相信读者已经能够猜出每一条语句的功能。这个例子说明很多非常复杂的问题，由于使用了 Python 的第三方库，就可以很容易地解决。在数据分析领域，同样有大量的第三方库，我们可以使用这些成熟的工具，聚焦解决自己的数据分析问题。

### 1.4.4　Python 的编程环境

Anaconda 是 Python 的一个集成开发环境，支持 Linux、Mac、Windows 等操作系统，自带了 Python、Jupyter Notebook、Spyder、Conda 等工具，可以很方便地解决多版本 Python 并存、切换以及各种第三方包的安装问题。使用 Anaconda 可以一次性地获得几百种用于科学和工程计算相关任务的 Python 编程库支持，避免很多后续安装 Python 各种包的麻烦。

#### 1.4.4.1　Anaconda 个人版的下载与安装

Anaconda 个人版的下载与安装步骤如下：

（1）进入 Anaconda 官网的安装包下载页面（https://www.anaconda.com/download），如图 1-2 所示。

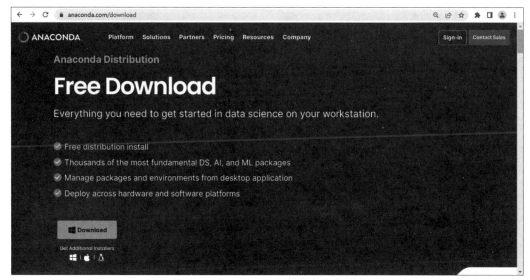

图 1-2　Anaconda 官网下载安装包页面

（2）将光标放到图 1-2 上左下方的"Download"按钮上，按钮会变色，并在其下方自动地显示出符合你的系统的最新 Anaconda 版本的下载信息。单击"Download"按钮下载该软件。以 Windows 为例，下载的安装包是 Anaconda3-2023.09-0-Windows-x86_64.exe。

图 1-3　下载 Anaconda 安装包

（3）下载完成后，双击安装包文件 Anaconda3-2023.09-0-Windows-x86_64.exe，然后按照安装向导设置安装路径完成安装。其过程如图 1-4 所示。

① 在图 1-4(d)中，建议安装路径选择 C 盘外的其他盘（本书是默认路径），还可以重新设置安装路径。如果软件安装到 C 盘，可能让计算机系统变卡顿。

② 图 1-4(f)是安装进度显示，这一步时间较长。

③ 在图 1-4(i)中，取消两个☑勾选，然后单击"Finish"按钮，完成安装。

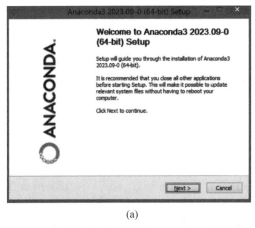

(a)

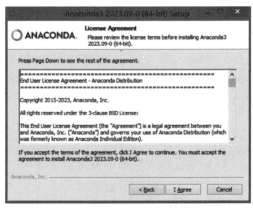

(b)

(c)

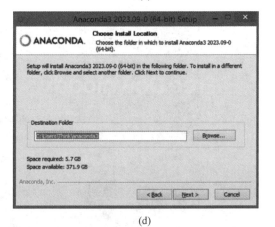

(d)

图 1-4　安装 Anaconda

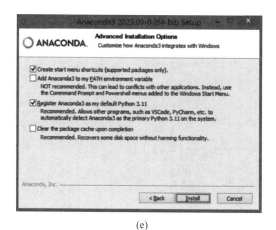

(e)

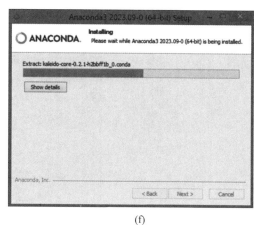

(f)

(g)

(h)

(i)

图 1-4　（续）

Anaconda 安装完成后，开始菜单的 Anaconda3（64-bit）文件夹下会出现以下几个新的应用，如图 1-5 所示。

- Anaconda Navigator：用于管理工具包和环境的图形用户界面，其中提供了 Jupyter Notebook、Spyder 等编程环境的启动按钮。

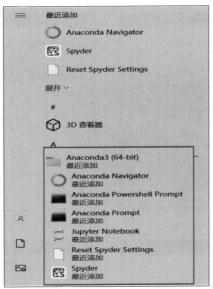

图 1-5　安装 Anaconda 后新添加的应用

- Anaconda Powershell Prompt：在 Powershell 下运行的管理工具包和环境的命令行界面。可简单地理解为比下面的"Anaconda Prompt"功能更强大。
- Anaconda Prompt：用于管理工具包和环境的命令行界面。
- Jupyter Notebook：基于 Web 的交互式编程环境，可以方便地编辑并运行 Python 程序，用于展示数据分析的过程（提示：本书中的全部示例程序都是基于 Jupyter Notebook 运行并展示其运行结果）。
- Spyder：基于客户端的 Python 程序集成开发环境。在 Jupyter Notebook 中进行程序调试需要使用 pdb 命令，使用起来很不方便。如果读者需要通过调试解决程序中的逻辑错误，则建议使用 Spyder 或 PyCharm 等客户端开发环境，利用界面操作即可完成调试，并可方便地查看各种变量的状态。

### 1.4.4.2　安装第三方库

安装 Anaconda 时会默认安装很多第三方库。但是，如果用户需要使用新的第三方库，就需要自己安装了。既可以在"Anaconda Navigator"下安装，也可以在"Anaconda Prompt"下使用 pip 命令安装。建议读者使用第二种安装第三方库的方法。

【例 1-6】　在"Anaconda Prompt"下使用 pip 命令安装机器学习库 scikit-learn 和绘图库 matplotlib。

（1）图 1-5 所示的开始菜单中选择"Anaconda Prompt"选项后启动该应用。

（2）安装 scikit-learn 库，在命令行下输入命令：

```
pip install scikit-learn
```

或

```
pip install scikit-learn -i http://pypi.douban.com/simple/ --trusted-host
pypi.douban.com
```

第一个 pip 命令是从默认的国外网站获取 scikit-learn 安装包。第二个 pip 命令是从国内的镜像网站获取 scikit-learn 安装包,使用国内镜像可以减少安装包的获取时间,本命令使用的是 douban 镜像。

（3）查看已经安装的包,在命令行下输入命令:

```
pip list
```

图 1-6 是在"Anaconda Prompt"安装 scikit-learn 和查看已经安装的库的情况。

图 1-6　从默认网站安装 scikit-learn

（4）安装 matplotlib 库,在命令行下输入命令:

```
pip install matplotlib
```

或

```
pip install matplotlib - i http://pypi.douban.com/simple/ --trusted-host pypi.
douban.com
```

同样,第二个 pip 命令使用了国内镜像可以减少安装包的获取时间。

图 1-7 是从国内镜像网站安装的 matplotlib 库。

图 1-7　从国内镜像网站安装的 **matplotlib** 库

### 1.4.4.3 使用 Jupyter Notebook 编辑和运行 Python 程序

Jupyter Notebook 是基于浏览器的程序开发环境。在 Jupyter Notebook 下可以非常方便地编辑和运行 Python 程序。在系统开始菜单中找到图 1-5 所示 Jupyter Notebook，运行该应用后，出现图 1-8 所示的界面，然后自动启动系统默认浏览器显示 Jupyter Notebook 开发界面。如果启动 Jupyter Notebook 后未自动启动系统默认浏览器显示 Jupyter Notebook 开发界面，则可根据 Jupyter Notebook 启动界面中的提示，将网址复制并粘贴到浏览器的地址栏中访问。Jupyter Notebook 的开发界面如图 1-9 所示。

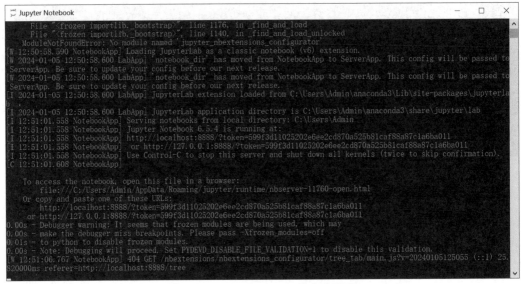

图 1-8　Jupyter Notebook 的启动界面

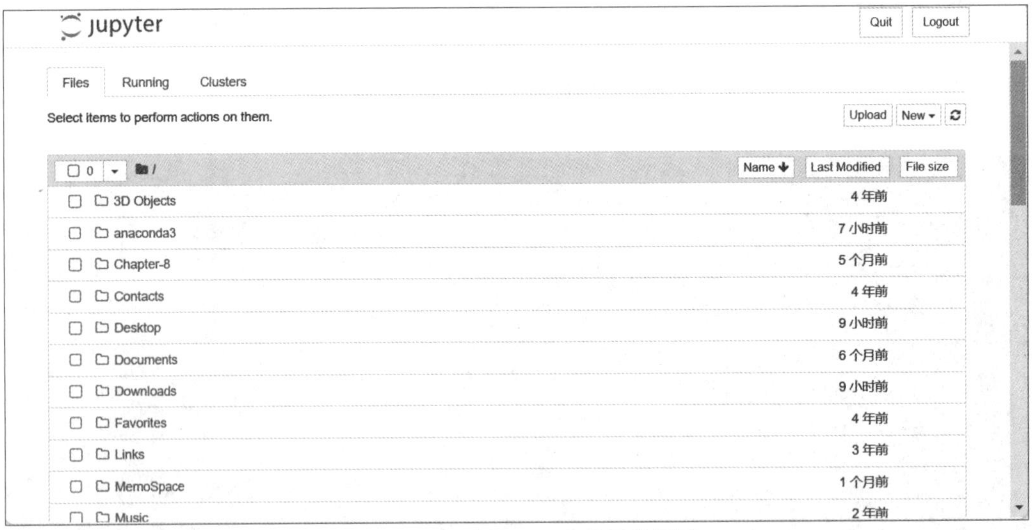

图 1-9　Jupyter Notebook 的开发界面

【例 1-7】　在 Jupyter Notebook 中编辑并运行下面的 Python 程序。

```
#计算任意两个整数的加减运算
x=eval(input('请输入第一个整数 x:'))
y=eval(input('请输入第二个整数 y:'))
result1=x+y
result2=x-y
print('两数之和为:%d'%result1)
print('两数之差为:%d'%result2)
```

完成例 1-6 的步骤如下：

（1）启动 Jupyter Notebook，在图 1-9 所示的 Jupyter Notebook 开发界面中单击右上方的"New"按钮，在图 1-10 所示的快捷菜单中选择"Folder"选项，新建一个名字为"Untitled Folder"的文件夹。

（2）勾选"Untitled Folder"文件夹前面的复选框，左上方出现"Rename"按钮，单击该按钮，在弹出的对话框中输入新的文件夹名称（如 MyFolder）并单击"重命名"按钮即可完成，如图 1-11 所示。

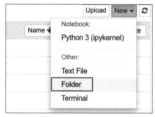
图 1-10 新建文件夹

图 1-11 给文件夹命名

（3）单击新创建的文件夹名称，进入该文件夹。

（4）单击右上方的"New"按钮，在图 1-10 所示的快捷菜单中选择"Python 3 (ipykernel)"选项，弹出一个默认名称为"Untitled"的新页面。单击该页面上方 Jupyter 图标右侧的"Untitled"按钮，弹出重命名对话框，修改要编写代码的名称（如 test），然后单击"重命名"按钮，如图 1-12 所示。

图 1-12 给 Python 3 代码重命名

（5）在 In[ ]后面的区域输入 Python 代码，如图 1-13 所示。

（6）编辑好代码后，单击图 1-13 代码区上方工具栏中的 ▶运行 按钮，即可在代码区下面的按程序提示输入两个数，并输出运行结果，如图 1-14 所示。

图 1-13　编辑 Python 代码

```
1  x=eval(input('请输入第一个整数x：'))
2  y=eval(input('请输入第二个整数y：'))
3  result1=x+y
4  result2=x-y
5  print('两数之和为：%d'%result1)
6  print('两数之差为：%d'%result2)
```
请输入第一个整数x：10
请输入第二个整数y：5
两数之和为：15
两数之差为：5

图 1-14　运行 Python 程序

## 1.5　问题逻辑认知模式及基于问题逻辑认知模式的成果导向教育

　　人的行为是由大脑指挥的。在后天的不断学习过程中，会有一个一个的模式被固化到头脑中，人对很多事能够快速产生行动，就是这些模式在起作用。这就是为什么人们学会了骑自行车，再坐到自行车上就可以骑走，不需从头再学习。同样，人类学习新知识的模式在经过若干年的学习实践后也会被固化在大脑中，并且在未来学习中发挥作用。

### 1.5.1　人脑及人的认知过程

#### 1.5.1.1　人脑

　　构成人类大脑的基本单位是神经元（neuron）。神经元具有独特的形态和生理学特性，是人脑基本的信息传递和处理单位。一个神经元是由细胞体（cell body）、树突（dendrite）、轴突（axon）三部分构成的，基本结构如图 1-15 所示。

**1. 细胞体**

　　细胞体是神经元的主体，由细胞核、细胞质和细胞膜三部分构成，负责大脑中信息的加工。

**2. 树突**

　　树突是由细胞体伸出的较短而分支多的神经纤维。树突负责接收其他神经元传入的信息，具体接收部位是突触（synapse），因此树突也被称为突触后（post-synaptic）。

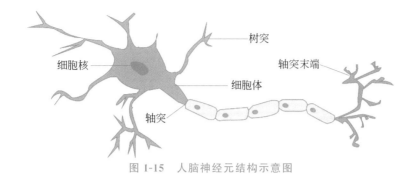

图 1-15　人脑神经元结构示意图

**3. 轴突**

轴突是由细胞体伸出的一条神经纤维。轴突负责将信息传出神经元,也被称为突触前(pre-synaptic)。轴突可以向多个神经元传出信号。

人脑大约有 $1.4 \times 10^{11}$ 个神经元,每个神经元通过 $10^3 \sim 10^5$ 个突触与其他多个神经元连接形成庞大而复杂的神经网络,即生物神经网络。

### 1.5.1.2　人脑智力的形成过程

神经元一般有两种状态,即兴奋(激活)状态和抑制(非激活)状态。当神经元细胞处于激活状态时,会发出电脉冲。电脉冲会沿着轴突和突触传递到其他神经元。生物神经网络中各神经元之间连接的强弱会随着外部刺激信号发生变化,每个神经元会综合按照接收到的多个刺激信号呈现出激活或非激活状态。每个神经元都是复杂神经网络的一个元件,这些神经网络发挥着多种信息处理功能,包括感知和行为控制等。

神经网络的连接方式是可以不断地通过学习来丰富的,智力就是通过增加不同的连接方式来提高的。每当人们学习新东西时就会形成新的突触,如果不重复练习新的突触即会消失。只有当人们不断地重复练习,突触才会长久存在。因此,人们学习游泳、跳舞、学习外语、数学等,只讲解动作要领、基本原理是没有用的,需要不断地重复练习,当形成的突触长久存在于大脑后,就不再忘记了。

### 1.5.1.3　受人脑启发的人工神经网络

人工神经网络的构建和研究受到了人类大脑的启发。人脑是自然界最复杂的神经网络之一,它具有高度的并行性、适应性和学习能力。构建人工神经网络模型就是尝试模拟人脑的基本工作原理,从而更好地理解人类大脑的运行机制。通过人工神经网络的研究,可以深入探索一些基本的认知和学习过程。人工神经网络的训练和学习算法,提供了一种方法来理解信息的传递、特征提取和决策过程。通过观察和分析人工神经网络的行为,可以研究人类大脑中类似的认知过程,揭示人类思维和行为的机制。

同时,对人类大脑的研究和理解,可以为人工神经网络的设计和改进提供灵感和指导。人脑具有许多独有的特征和优势,如神经可塑性、分层抽象和感知与行动的紧密耦合等。借鉴这些特点,可以改进人工神经网络的结构、学习算法和适应性能力,使其更接近人类大脑的表现和功能。

人工神经网络的构建和研究受到人类大脑的启发,帮助我们理解大脑的基本机制。同时,对人类大脑的研究和理解也为人工神经网络的设计和改进提供了重要的指导和灵感。这种相互促进的关系推动着深入探索人自身奥秘的进程,进一步推动了神经科学和人工智能领域的发展。

## 1.5.2　"知识逻辑认知模式"与"问题逻辑认知模式"

大脑的学习过程就是神经元之间连接接收外部刺激相应地做出自适应变化的过程,各神经元所处状态的整体情况决定了大脑处理信息的结果。在人类的后天生活里,就是通过不断地"重复"(如经验、秩序、练习、学习、从众心理等),把一个个需要的模型内置到大脑神经元里面,未来就可以用该模型快速地解读世界。

20 世纪 80 年代,密歇根州立大学的语言学学者 Susan Gass 在对二语习得理论的研究中,结合社会语言学、心理语言学和语言学领域的研究成果,集成已有理论提出了 IIO 三段模型。在该模型中,Gass 将语言从学习到运用的过程概括为输入(Input)、内化(Intake)和产出(Output)三阶段。二语习得研究关注人在学习语言的过程中心理状态和大脑机制产生的变化,与认知科学、神经科学密不可分,其成果对认知模式的研究具有重要参考价值。

人类的学习行为是获取信息,然后对信息进行加工,从而获得新的理解、知识、行为、技能、价值观、态度和偏好的过程。认知模式则是指人类如何学习,即如何对信息进行获取、处理的模式。学生在长期的学习过程中形成的认知模式同样固化于大脑中,学生未来的学习会自动运用该模式。

### 1.5.2.1　知识逻辑认知模式

在我国幼儿园、小学、中学阶段及高等教育教学中占据主导地位学习方式的是来自书本的事实性知识的传递,采用的是接受式学习模式,即由教师单向传授知识、学生通过反复记忆,练习和考查的是学生是否记住所学知识的解释性意义。在此,我们将这种认知模式命名为"知识逻辑认知模式"。

基于"知识逻辑认知模式"的教学是最传统的教学方式,这种教学方式强调知识的系统性,将完成知识传授作为基本的教学目标,在学生大脑当中植入的是"类比性思维"的认知模式。在基础教育阶段,"知识逻辑认知模式"为学生积累知识打下了良好的基础。表 1-2 是"知识逻辑认知模式"的 IIO 三段模型。

表 1-2　"知识逻辑认知模式"的 IIO 三段模型

| 模　　型 | 内　　涵 |
| --- | --- |
| 输入 | 系统性、事实性知识 |
| 内化 | 记住知识的解释性意义,进行知识积累 |
| 产出 | 构建起类比性思维,遇到类似的问题,可通过举一反三的推理得到问题的答案 |

具有类比性思维学习的前提是前人已经解决过类似的问题,学生通过举一反三的推理就能够得到新问题的答案,但对于如果没有见过的问题往往就束手无策。这是由于学生缺少主动发现解决问题的方法,缺乏主动获取知识的意识和能力。其主要原因是在"知识逻辑

认知模型"下,教师直接告知的是结果(知识)——填鸭,学生习惯于被投喂——被动吸收,缺少了如何解决问题,并运用和发现知识这一过程的能力训练,即实践性知识。在大学阶段,如果还延续这种认知模式,学生在解决问题和创新能力和批判性思维方面将存在先天缺陷。

### 1.5.2.2　问题逻辑认知模式

在基础教育阶段形成的"知识逻辑认知方式"固然是人类学习未知世界的重要途径之一。在高等教育阶段,如果还仅仅延续这种认识模式,由于忽视了学习知识的根本目的是解决问题,缺少对解决问题的意识和能力的训练,那么学生面对需要深度创新、发明创造才能解决的"卡脖子"问题时就往往束手无策了,因此,也很难培养出具有创新能力的人才。

第一性原理(First Principle)最早由亚里士多德在《形而上学》一书中提出,指任何一件被获知的事情都存在的最基本的命题或假设。运用第一性原理进行思考的方式被称为"像科学家一样思考"。在物理学中,第一性原理指从最基本的定律出发,不外加假设与经验拟合进行推导与计算,又称从头计算法(abinitiomethod)。埃隆·马斯克(Elon Musk)是公认的创业与创新奇才,他在接受采访时将第一性原理从自然科学的领域引入大众视野。马斯克认为根据第一性原理,而非"类比性思维"来解决问题非常重要。在生活中,人们往往习惯了"举一反三"的思维方式,即通过类比的方式来进行推论,但这种思维却不适用于需要深度创新才能解决问题的情境。根据第一性原理思考,则是先剥开事物的表象,去探寻问题最底层的本质,然后再通过层层分析与推理,寻找最有效的解决方案。

从认识论的角度来说,实践是人类对客观世界的认识和理论的来源。人类学习的本质不是记住知识,而是应用知识解决问题,并且在解决问题的过程中发现和积累新知识。传统的"知识逻辑认知模式"由于存在缺少知识联系生活、理论联系实际的先天缺陷,很难培养出学生的应用之道,更不要说创新之道。高等教育要培养能够探索未知、解决问题的创新性人才,从脑科学的视角出发,就必须要将某种不同于传统的模型植入学生最深层的大脑中,使之成为大学生认识世界、探索未知的一种认知模式。

没有实践的基础,没有感性经验的积累,很难真正理解相关对象在实际层面相互作用的过程,也很难准确理解在此基础上进行的理论抽象,更不用说灵活地运用这些理论去指导实践、解决实际问题了。我们探索的认知模式应该包括如何探索解决问题的实践性知识、如何应用已有知识以及如何发现新知识等综合能力的培养,而它的形成必须通过大量问题导向的训练才可以做到。在此,我们将这种认知模式命名为"问题逻辑认知模式",是为解决问题和探索未知而进行的一系列学习活动。表 1-3 是"问题逻辑认知模式"的 IIO 三段模型。

表 1-3　"问题逻辑认知模式"的 IIO 三段模型

| 模　　型 | 内　　涵 |
| --- | --- |
| 输入 | 问题 |
| 内化 | 体验解决问题和探索未知的全过程,获得理论性和实践性知识,同时实现知识的积累和发现 |
| 产出 | 构建起第一性原理思维和批判性思维,遇到新问题,通过理论学习和实践性知识对问题进行求解,并能够探索发现新知识 |

### 1.5.3　基于问题逻辑认知模式的成果导向教育

"知识逻辑认知模式"是以记住知识为目标的一系列学习行为的认知模式,其核心是让学生更好地掌握已有知识。该模式已长久构建在学生大脑中。"问题逻辑认知模式"是以解决问题为目标的一系列学习行为的认知模式,其核心是对学生解决问题和探索未知的综合能力的培养,这是需要在学生大脑中重新构建的模式。

#### 1.5.3.1　POT-OBE

为了回答著名的"钱学森"之问,同时应对 AI 对教育和人类的挑战,我们提出了基于问题逻辑认知模式的成果导向教育(POT-OBE),从本质上提高学生的解决问题和创新能力。

POT-OBE 是以构建学生新的认知模式——"问题逻辑认知模式"为根本目标,为解决问题和探索未知而进行的一系列学习活动的教育方法。有了教育的最终产出,在进行POT-OBE 时,还要考虑采用什么路径才能更容易实现这一产出的问题。

#### 1.5.3.2　以提升认知为目标的教学新范式——5E

为了有效进行 POT-OBE,本书采用以提升认知为目标的教学新范式——5E。

**1. Excitation**(激发兴趣、提出问题)

AI 时代,需要培养学生养成一种与之匹配的习惯,这就是提问、不断提问,提问必然会成为人类最基本也是最有价值的行为之一。牛顿由一颗苹果的掉落发现万有引力定律,奠定了经典力学的基础;爱因斯坦对"如果一个人站在火车上,那么他们能否判断自己是在静止的地面上,还是在匀速运动的火车上"的实验保有兴趣与好奇,开始思考时间和空间的本质,在 26 岁时提出狭义相对论,重塑了物理学的基石。如牛顿和爱因斯坦,永不满足的好奇心是驱动科学技术发展与人类文明进步的原动力。

5E 教学范式的第一步是重建问题逻辑认知模式的基础。无论是对身边的实际生活,还是专业学科中的前沿进展,能够时刻保持好奇心,随时关注并提出问题,是一切探索和发现的重要前提。

**2. Exploration**(运用第一性原理探索问题本质)

第一性原理发源于哲学,由亚里士多德提出。用第一性原理思考,即剥开事物的表象,去探寻问题最底层的本质。正如爱因斯坦曾说过的:"如果我有一个小时来解决一个问题,我会花 55 分钟思考这个问题,再花 5 分钟思考解决方案。"

5E 教学范式的第二步,强调对第一步提出的问题的本质的探索和抽象,最终形成求解问题的方案。在教学过程中要反复的训练,塑造学生探索问题本质的意识,提升洞察底层逻辑的能力。这种运用第一性原理探索问题本质的思维方式将使学生受用终身。

**3. Enhancement**(拓展求解问题必备的知识和能力)

在探明了问题本质,寻找并确定最有效的解决方案之后,还要引导学生通过深度思考、学生之间讨论及师生之间讨论等,明确解决问题所需的知识和方法,并进行相关知识、方法和工具的学习。这种根据求解问题的需要而有针对性的学习,常常有更好的效果。

**4. Execution**（实际动手解决问题）

有了解决问题的方案和相关知识、方法和工具的储备，就可以实际动手解决问题了。学生按照前面阶段所设计的解决方案，运用学到的新知识、方法和工具，实际动手解决问题。

**5. Evaluation**（评价与反思）

深度思考和反思是一种重要的能力，是人类发现知识、提升认知的关键。教师要引导学生对问题求解的整个过程和结果进行评价与反思。若问题得到有效解决，则是否存在新的知识发现？反之，是否有更好的问题求解路径？可能需要多轮过程迭代，最终找到现阶段最有效的解决方案。

下面通过一个使用 5E 模型来培养问题逻辑认知模式的例子，体会各步骤的主要内涵和需要完成的工作。

【例 1-8】　在《少年班》电影第 6 分 58 秒，孙红雷向王大法提出一个问题：有 20 级阶梯，每次只能上 1 级或 2 级，共有多少种走法？

（1）Excitation 步骤：

我们怀有好奇并将问题难度增大，有 $n$ 级阶梯，每次只能上 1 级或 2 级或 3 级，上去后不允许下来，共有多少种走法呢？

（2）Exploration 步骤：

下面分析这个提问的本质是什么。

① 当 $n=1$，上 1 级即到达，即只有 1 种走法。

② 当 $n=2$，可以上 1 级然后再上 1 级，也可以直接上 2 级，即有两种走法。

③ 当 $n=3$，情况变得复杂了，但仍可以比较容易地找到所有的 4 种走法：

- 每次都上 1 级。
- 直接上 3 级。
- 先上 1 级，然后再上 2 级。
- 先上 2 级，然后再上 1 级。

④ 当 $n=4$ 时，情况越发复杂，穷举所有的走法比较困难了，但仍然可以把所有的走法找到，即有 7 种。

⑤ 当 $n$ 很大时，穷举就非常困难了。此时，我们需要探索，是不是有规律可循？假设 $n-1,n-2,n-3$ 的走法我们已经知道了，分别是 $f(n-1)$、$f(n-2)$ 和 $f(n-3)$。要踏上第 $n$ 级台阶，运用计算思维中的递归思想，倒着想这个问题，可以有 3 种走法：

- 从第 $n-1$ 级，上 1 级。
- 从第 $n-2$ 级，上 2 级。
- 从第 $n-3$ 级，上 3 级。

那么，踏上第 $n$ 级台阶的走法数量是上面 3 种走法的和，即分别是走到 $n-1$ 级的走法数量、走到 $n-2$ 级的走法数量和走到 $n-3$ 级的走法数量的和。因此，我们发现其规律是：

$$f(n)=\begin{cases} 1 & n=1 \\ 2 & n=2 \\ 4 & n=3 \\ f(n-1)+f(n-2)+f(n-3) & n\geqslant 4 \end{cases} \tag{1-1}$$

用 $n=4$ 验证：

$$f(4)=f(3)+f(2)+f(1)=4+2+1=7$$

正确。

（3）Enhancement 步骤：

设计求解公式（1-1）的算法。当 $n=1$、2、3 时，直接给出结果，当 $n\geqslant4$ 时，需要由 $f(n-1)+f(n-2)+f(n-3)$ 计算得到。通过自主学习和查找资料，发现这个问题与斐波那契数列类似，可以参考斐波那契数列的算法求解。既可以设计迭代算法，又可以设计递归算法。由于递归算法比较直接，几乎是公式的直接翻译，因此设计递归算法求解这个问题。用伪代码描述该算法。

f(n)：
    if(n==1) return 1
    if(n==2) return 2
    if(n==3) return 4
    return f(n-1)+f(n-2)+f(n-3)

（4）Execution 步骤：

可以用任何一种高级语言实现上面的算法。下面是使用 Python 语言编程实现这个算法。

```python
def f(n):
    if n==1:return 1
    if n==2:return 2
    if n==3:return 4
    return f(n-1)+f(n-2)+f(n-3)
n=eval(input("请输入要登上的最高台阶数(整数):"))
if type(n) == int:
    result=f(n)
    print("有",n,"级阶梯,每次只能上1级或2级或3级,总共有",result,"种走法")
else:
    print("你太马虎了,输入的不是整数!")
```

（5）Evaluation 步骤：

针对孙红雷提出的问题，发现了问题本质，给出了问题的数学表达，并设计算法，通过 Python 编程实现了该问题的求解。进一步分析我们设计的递归算法，发现该算法有明显的缺陷，存在重复计算的问题。图 1-16 示意了 $n=6$ 时函数调用关系。从图中可以很明显地

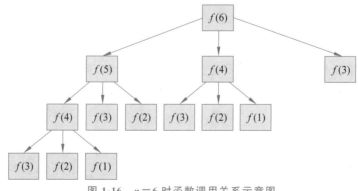

图 1-16　$n=6$ 时函数调用关系示意图

看出, $f(1)$ 和 $f(4)$ 计算了 2 次, $f(3)$ 计算了 4 次, $f(2)$ 计算了 3 次。台阶数越多,重复计算的问题越严重,导致算法效率不高。因此,还需要学习优化算法的相关方法、重新设计或优化算法。

## 1.6　本书的使命

依照 POT-OBE 理念,本书将采用 5E 的学习路径入门数据分析。我们将围绕解决两个具体问题展开学习,在解决问题的过程中,会遇到一个个小问题,按照 5E 路径,通过对小问题的求解,读者在解决问题和探索未知的一系列学习活动中,不仅仅掌握了使用 Python 进行数据分析的基本方法,更重要的是构建起问题逻辑的认知模式,为未来解决问题和创新打下基础。

未来要完成两个任务:

(1) 数据分析师岗位情况分析。

(2) 分析气候变化对生物多样性的影响。

未来聚焦数据思维的形成和数据分析方法的学习,尽量将初学者从安装环境和扩展库的工作中抽离出来,降低工具的使用难度,即站在巨人的肩膀上,忽略造车细节,聚焦开车技能的训练。可以使用一个将计算基础设施、模型开发环境和团队管理环境进行了深度的集成的平台,提高使用数据、建模型、做业务的工作效率。

## 1.7　动手做一做

(1) 参考 1.4.4 节,在自己的计算机上安装 Anaconda,并安装机器学习库 scikit-learn 和绘图库 matplotlib。

(2) 认真阅读例 1-8,并在 Jupyter Notebook 上编辑和运行 Python 代码。

① 体会如何运用 5E 方法,出于好奇心提出一个感兴趣的话题 Excitation,然后在 Exploration、Enhancement、Execution 和 Evaluation 阶段对该话题进行本质问题发现,通过学习和研究设计求解方法,通过对工具的学习动手解决问题以及对问题的求解情况进行总结与反思,发现新问题或进一步的研究方向。

② 熟悉编程环境的使用。

(3) 组成项目小组,充分调动自己的好奇心,尝试提出几个感兴趣的话题或问题。

# 第2章 数据分析师岗位情况分析

## ——提出问题、明确分析目的

### 使 命

①了解在数据分析中如何明确分析目的;②完成"数据分析师岗位情况分析"案例的第一步——明确分析目的;③提升批判性地使用 AI 工具的意识;④沉浸于"问题逻辑认知模式"中,通过 5E 路径围绕解决问题开展学习。

## 2.1 Excitation——提出问题

### 2.1.1 背景

人们在日常生活中不断地产生数据,如每次购物、每条社交媒体上的评论、每次搜寻的关键词等,这些数据如同一滴滴水,聚集起来就构成了一片浩瀚的海洋。而在这片数据的海洋中,有一群专家,他们就是"数据分析师"。

数据分析师好比宝藏猎人。他们使用各种工具和技术,深入这片数据的海洋,寻找有价值的"宝藏"。这些"宝藏"可能是消费者的购买习惯,或是新产品的市场趋势,也可能是公司运营中的效率瓶颈。数据分析师不仅仅是"寻宝"专家,他们还需要具备一定的业务知识,以确保找到的"宝藏"真的有价值,帮助企业或组织做出更好的决策。

🎮小故事

20 世纪初,纽约的出租车业务一直由各大公司根据自己的经验进行管理。这些公司通常根据过去的乘车记录和经验安排车辆的位置和数量。

但随着 Uber 和 Lyft 等共享出行服务的兴起,一切都开始改变。这些新兴公司并不完全依赖经验,而是利用大量的数据进行分析,以确定在何时何地需求最大。例如,通过分析用户的出行数据,Uber 可以预测在特定的天气、节日或活动时,某个地区的乘车需求会增加,并据此调整车辆分布。

这种基于数据的决策方式,使得 Uber 和 Lyft 能够更有效地满足乘客的需求,而传统的出租车公司却面临挑战。

　　看到这一变化,一些传统出租车公司也开始招聘数据分析师,希望通过数据分析来提高业务水平。

　　上面这个出租车公司的转变案例再次证明数据分析师的角色在当今社会越来越重要,其影响力已经渗透到各个行业和领域。

## 2.1.2　AI 助学

　　为了充分了解数据分析师岗位的情况,我们还可以看看 AI 工具给出的答案。

　　问题:

　　请问,当下数据分析师岗位情况如何?

　　文心一言回答:

　　数据分析师岗位在当下非常热门,并且是一个具有广阔发展前景的岗位。随着大数据时代的到来,企业对于数据分析的需求越来越大,数据分析师成为企业中不可或缺的角色。

　　首先,数据分析师能够在海量数据中提取有价值的信息,为企业提供决策支持和风险评判。他们通过数据分析和展现,将复杂的数据转化为清晰、准确且有数据支撑的报告,帮助企业了解现状、竞争环境和市场趋势。因此,数据分析师不仅是简单的 IT 人员,而是可以参与制定企业发展决策的核心人物。

　　其次,数据分析师的薪资待遇通常较为优厚。在美国,数据分析师的平均年薪高达 17.5 万美元。在中国,知名互联网公司中同一级别的数据分析师的薪酬可能要比其他职位高 20%～30%。此外,数据分析师的需求量也非常大,北京、上海、广州、深圳、杭州、南京、武汉、成都、长沙等城市是数据分析师需求量大的城市。

　　此外,数据分析师岗位的发展空间也很大。随着企业对于数据分析的需求不断增长,数据分析师的职业发展路径也越来越广阔。他们可以通过不断学习和提升自己的能力,逐步晋升为高级数据分析师、数据分析主管、数据分析经理等职位,或者在数据分析领域深耕细作,成为行业内的专家。

　　同时,互联网时代的数据分析师需要不断在数据研究的方法论方面进行创新和突破,以适应快速变化的市场环境和业务需求。在新闻出版行业等内容产业中,数据分析师可以发挥内容消费者数据分析的职能,为改善客户服务提供关键支持。

　　综上所述,数据分析师岗位在当下非常热门,具有广阔的发展前景和优厚的薪资待遇。同时,随着大数据技术的不断发展和应用,数据分析师的职业发展路径也将越来越广阔。因此,对于想要入职数据分析师岗位的人来说,这是一个值得考虑的优先选择。

## 2.1.3　提出问题

　　正如 AI 工具所言,数据分析师岗位在当下具有广阔的发展前景和优厚的薪资待遇。同时,随着大数据技术的不断发展和应用,数据分析师的职业发展路径也将越来越广阔。这对大学生的职业选择有着极大的吸引力。因此,我们提出感兴趣的话题:

　　我现在是一名在校大学生,对数据分析师岗位非常感兴趣。能否通过数据分析的手段,全面地了解我国企业对数据分析师的需求情况、数据分析师的待遇情况,以及要成为数据分析师应该具备的能力？

## 2.2　Exploration——探索问题本质

### 2.2.1　探索问题本质——找准靶心

在电影《银河补习班》中，邓超饰演的马浩文对他的儿子说：

"人生就像射箭，梦想就像箭靶子。如果连箭靶子也找不到的话，你每天拉弓有什么意义？"

对于数据分析工作而言，如果没有目标，工作结果很可能没有意义，甚至误入歧途。

在 Excitation 中，我们希望运用数据分析的手段分析数据分析师岗位的整体情况，首先就要明确分析目的，即需要确定希望通过数据分析能回答的问题或能达到的目标，这是本章的任务。

### 2.2.2　AI 助学

当我们完全不知道如何确定分析目的时，可以首先考虑寻求 AI 的帮助。

问题：

在数据分析时如何明确分析目的？

文心一言回答：

在数据分析时，明确分析目的是非常重要的，因为它决定了整个分析过程的方向和方法。以下是一些步骤和方法，可以帮助你明确数据分析的目的。

（1）了解业务背景和目标。

① 与相关团队（如业务、产品、市场等）进行沟通，了解他们当前面临的挑战和需要解决的问题。

② 深入了解公司的业务目标和战略方向，确保你的分析目的与这些目标保持一致。

（2）定义问题或假设。

① 识别需要解决的具体问题或验证的假设。

② 这些问题或假设应该与业务目标直接相关，并具有明确的可衡量指标。

（3）明确分析目的。

① 将问题或假设转化为具体的数据分析目的，例如，如果问题是"如何提高用户留存率"，那么分析的目的可能就是"识别影响用户留存的关键因素"。

② 确保分析目的具有明确性、可衡量性和可行性。

（4）确定所需数据类型和来源。

① 根据分析目的，确定需要收集或访问的数据类型和来源。

② 考虑数据的可用性、质量和可靠性，以及获取数据的成本和时间。

（5）设定分析框架和方法。

① 选择适合的分析框架和方法，如描述性分析、预测模型、因果推断等。

② 确保所选框架和方法与分析目的相匹配,并能有效地解决问题或验证假设。

（6）与利益相关者沟通。

① 与利益相关者(如业务领导、团队成员等)分享分析目的和初步计划,以确保大家对齐。

② 收集他们的反馈和建议,以便在必要时调整分析目的和方法。

（7）定义成功标准。

在分析开始前,定义成功的标准或期望结果。这有助于在分析过程中保持焦点,并在完成后评估分析的价值。

（8）迭代和优化。

① 在分析过程中,根据分析结果和反馈不断迭代和优化分析目的和方法。

② 保持灵活性和适应性,以应对数据或业务环境的变化。

通过遵循这些步骤和方法,你可以更有效地明确数据分析的目的,并确保分析过程与业务目标和战略方向保持一致。这将有助于提高分析的效率和价值,为业务决策提供有力的数据支持。

思考:分析 AI 工具的回答,它基本给出了“数据分析时如何明确分析目的”这一问题的解决方案。这对我们有很大的启发。我们可以结合自己的问题和实际情况,对其进行取舍和整合。

## 2.2.3　关于数据来源

要进行数据分析,必须有数据或有能够获取到的数据,结合数据的分析目标才有可能实现。因此,需要首先考虑拟分析数据的来源。

用于分析的数据来源一般分为两类:内部数据和外部数据。

### 1. 内部数据

内部数据是企业或者机构内部收集和产生的数据。例如,企业的销售数据、库存数据、客户数据等。这些数据通常是最直接、最相关的,因为它们直接反映了企业或者机构的运营情况。当前数据分析场景是一个企业或者机构的业务分析需求,分析的是企业或者机构内部的业务运行规律并据此进行决策。例如,小故事中 Uber 出租车公司的数据来源就是过去的乘车记录。数据分析师通过分析用户历史出行数据,预测在特定的天气、节日或活动时,某个地区的乘车需求会增加,因此会调整车辆分布,以提高出租车的利用率和企业的服务水平。

### 2. 外部数据

外部数据是从其他来源获取的数据。例如,来自政府或公共部门、行业协会与组织、市场研究与咨询公司、专业数据服务机构、学术研究机构、互联网和社交媒体的数据,以及商业数据库、公开出版物等的数据。

我们的这个数据分析问题是根据个人兴趣提出的,是要全面了解目前数据分析师岗位的情况。如果数据分析师岗位的相关数据仅来自一个企业或机构的内部数据,分析的结果不能代表这一职业的整体情况。因此,要完成这个分析任务,用于分析的数据要尽可能地覆盖不同地区、不同行业。这些数据来源属于外部数据。

### 2.2.4 明确目标要完成的任务

如果我们已经有了用于分析的数据，那么在此基础上确定的数据分析目的会更加清晰准确，实现目标的可能性也就越大。因此，我们首先要保证能够获取到用于分析的外部数据，然后再根据所获取的数据特征确定具体的分析目的。

我们后面要完成的工作如下：

(1) 确认数据来源及数据的特征。

(2) 正确地定义问题。

(3) 明确具体需求。

(4) 合理地分解问题。

(5) 抓住关键的问题。

## 2.3 Enhancement——拓展求解问题必备的知识和能力

### 2.3.1 如何获取外部数据

选择数据来源时，需要考虑数据的权威性、准确性、时效性和相关性。同时要注意，在获取和使用数据时，需要遵守相关法律法规和道德规范。

获取外部数据的主要渠道是公开数据集，也可通过网络爬虫爬取网页信息。

#### 2.3.1.1 公开数据集

政府部门、学术机构等公开发布的数据集称为公开数据集，包含各种领域的信息，供分析使用。下面是我国政府公开的主要数据网站。

(1) 国家统计局：作为中国政府的主要统计机构，国家统计局提供了大量关于中国宏观经济、社会、民生等方面的数据。这些数据通常以统计公报、统计年鉴、阶段性发展数据、统计分析等形式发布，如图 2-1 所示。

(2) 中国统计信息网：是集合了各级政府有关国民经济和社会发展的统计信息的网站，数据内容丰富，包括统计公报、统计年鉴、阶段性发展数据等。

(3) 中国国家数据中心：提供了全面的、权威的数据信息，包括最新的数据法规及制度。

上述网站是获取中国政府公开数据的重要来源，对于了解中国宏观经济、社会、民生等方面的情况非常有帮助。同时，这些网站也提供了数据下载和 API 接口等服务，方便用户进行数据分析和挖掘。

#### 2.3.1.2 网络爬虫

网络爬虫可以从网站、社交媒体、新闻源和论坛等多种数据来源中采集数据。

网络爬虫是一种自动化的数据采集方法，它可以从互联网上抓取数据，并将其转换为可

图 2-1　国家统计局公开数据网站

分析的格式。网络爬虫的优点是速度快、效率高,可以自动化采集大量数据。使用爬虫爬取网络数据时,必须遵守一些规则,例如,不应爬取个人隐私数据、国家安全数据、尖端领域机密数据等;更不能恶意爬取数据,影响网站正常使用等。时刻谨记,务必在合法范围内爬取数据。

爬虫由易到难分为 3 类,分别是爬虫软件、爬虫程序和爬虫框架爬虫。爬虫软件提供了可视化的操作界面,大多是点击式操作,用户不需要编程也能轻松爬取部分网页上的数据。目前比较流行的爬虫软件包括八爪鱼、火车头、后羿采集器等。有需要或感兴趣的读者可以下载爬虫软件使用。

扫描二维码获得八爪鱼爬虫软件的使用方法。

下面编写 Python 爬虫程序进行网页信息的爬取。

【例 2-1】　使用 Python 的 Requests 库,爬取南开大学新闻网新闻标题。

(1) Requests 库:Python 的 Requests 库可以轻松地与 Web 服务进行交互,获取数据或提交数据,被广泛应用于 Web 开发、数据分析、爬虫等领域。我们使用 Requests 常用的请求方法包括 get()方法和 post()方法。get()方法主要用于从服务器获取数据;post()方法主要用于提交数据。

由于 Requests 是第三方库,需要使用如下命令安装:

```
pip install requests
```

安装成功之后即可将其导入程序中使用。

(2) re 模块:是 Python 独有的匹配字符串的模块,该模块中提供的很多功能是基于正则表达式实现的,而正则表达式是对字符串进行模糊匹配,提取自己需要的字符串部分,它对所有的语言都通用。re 模块是 Python 的内置模块,直接使用 import 导入即可。

(3) 正则表达式(Regular Expressions,简称 regex):是用于在文本中查找匹配特定模式字符串的工具,它允许我们自定义一个搜索模式来识别文本中的字符组合。

正则表达式的基本原理如下:

① 字符匹配。可以通过特定的符号来指定应该匹配的字符类型。

② 位置匹配。可以指定字符的位置,如字符串的开始或结束。

③ 数量限定。可以指定一个字符或字符组合出现的次数。

④ 逻辑操作。可以包含逻辑运算符,用于组合多个条件。

表 2-1 是正则表达式常用符号及其用法。

表 2-1　正则表达式常用符号及其用法

| 符号 | 说　明 | 示　例 |
| --- | --- | --- |
| . | 匹配任意单个字符(除了换行符) | a.c 可以匹配 "abc" |
| ^ | 表示行的开始 | ^abc 匹配以 "abc" 开头的字符串 |
| $ | 表示行的结束 | abc $ 匹配以 "abc" 结尾的字符串 |
| * | 前一个字符可出现零次或多次 | ab * c 匹配 "ac"、"abc"、"abbc" 等 |
| + | 前一个字符至少出现一次 | ab+c 匹配 "abc"和"abbc",但不匹配 "ac" |
| ? | 前一个字符可出现零次或一次 | ab? c 匹配 "ac" 和 "abc" |
| {$m$} | 前一个字符恰好出现 $m$ 次 | a{3} 匹配 "aaa" |
| {$m,n$} | 前一个字符至少出现 $m$ 次,但不超过 $n$ 次 | a{2,4} 匹配 "aa" "aaa" "aaaa" |
| [abc] | 匹配方括号内的任一字符 | [abc] 匹配 "a"、"b" 或 "c",使用时也可以用[a-c] [0-9]这样的用法,表示匹配范围中的任一字符 |
| [^abc] | 匹配不在方括号内的任一字符 | [^abc] 匹配除 "a"、"b"、"c" 之外的任意字符 |
| (abc) | 匹配括号内的字符串 | (abc) 匹配 "abc" |
| \ | 转义符,用于匹配特殊字符 | \. 匹配实际的点 "." |
| ` | ` | 逻辑或,匹配多个表达式中的一个 |

扫描二维码获得正则表达式的使用示例。

(4) 爬虫算法设计:使用 Python 的 Requests 库爬取南开大学新闻网新闻标题的流程图如图 2-2 所示。

具体步骤如下:

① 导入爬虫所需要的库文件 Requests 库和 re 模块。

② 设置浏览器请求头参数 headersParameters。

图 2-2　爬取南开大学新闻网新闻标题的流程图

请求头参数的设置方法：使用任意浏览器打开南开大学新闻网网页（https://news.nankai.edu.cn/）；在页面任意位置右击，选择检查，打开网页调试工具；选择调试工具中的 Network→All→刷新网页（见图 2-3 中的①、②、③），选择 Name 中任意一个 HTTP 请求（见图 2-3 中的④）；选择这个请求的请求头 Headers（见图 2-3 中的⑤），往下拖曳找到 User-Agent（见图 2-3 中的⑥），将其值复制到代码 headersParameters 字典中即可。

图 2-3　网页中的请求头数据

③ 设置爬取网页的网址 URL。

④ 使用 Requests 的 get 方法向服务器请求数据，得到新闻网页源代码。

⑤ 使用 re 模块解析网页源代码,得到新闻标题。

⑥ 输出新闻标题。

Python 代码实现如下:

```
#导入处理正则表达式的标准库 re
import re
#导入 HTTP 请求库
import requests
#设置浏览器请求头参数
headersParameters={
        'Connection':'Keep Alive',
        'Accept':'text/html,application/xhtml+xml, * / * ',
        'Accept-Language':'en-US,en;q=0.8,zh-Hans-CN;q=0.5,zh-Hans; q=0.3',
        'Accept-Encoding':'gzip,deflate',
        'User-Agent':'Mozilla/6.1(Windows NT 6.3;WOW64;Trident/7.0; rv:11.0)
like Gecko'
        }
#设置爬取网站的网址
url='http://news.nankai.edu.cn/ywsd/index.shtml'
#记录网页标题的空列表
news_titles=[]
#获取目标网页
request=requests.get(url)
request.encoding='utf-8'
#获取网页源代码
html=request.text
#解析网页,提取当前页所有新闻标题
titles=re.findall(r'<div align="left">([\s\S] * ?)</div>',html)
for i in range(len(titles)):
    temp=re.sub(r'<[^<]+>','',titles[i])
    news_titles.append(temp.strip())
#输出新闻标题
no=1
for title in news_titles:
    print(str(no)+':'+title)
    no+=1
```

程序部分运行结果如图 2-4 所示。

1:新年新气象,整装再出发!
2:学校开展财务专题培训
3:"南开–牛津文中奖学金项目"启动 推动培养具有全球胜任力的...
4:新春送暖 学校慰问留校学生和在岗职工
5:习近平总书记在天津考察时的重要讲话引发南开大学干部师生热...
6:市领导看望慰问卜显和院士
7:市委组织部有关负责同志看望慰问张伟平院士
8:南开-镁信健康精算科技实验室筹建讨论会举行
9:陈敏尔张工看望慰问南开大学院士专家
10:南开团队在二维拓扑磁性材料及其超快调控领域取得重要进展

图 2-4　南开大学新闻网部分新闻标题

### 2.3.1.3　其他来源

外部数据也可有其他来源。例如,第三方数据提供商提供商业化的数据服务,他们通过在线平台与数据收集相关的人员合作,帮助收集、整理或标记数据的数据众包、社交媒体API和一些开源的数据集仓库、调查问卷等。在此不再展开,读者可以根据数据分析任务的需求,查找这一类数据的获取方法。

## 2.3.2　如何正确地定义问题

科学巨匠爱因斯坦指出:"提出一个问题往往比解决一个问题更重要,因为解决问题也许仅仅是一个数学上或实验上的技能而已,而提出新的问题、新的可能性,从新的角度去看待旧的问题,却需要有创造性的想象力,而且标志着科学的真正进步。"在数据分析领域,正确地定义问题同样是非常重要的一步。

**小故事**

小齐喜欢收藏咖啡杯。她认为每个咖啡杯都有独特的价值和故事,所以她每次旅行时都会购买一个新的咖啡杯,将其添加到她的收藏中。

有一天,小齐决定对她所收藏的咖啡杯进行一次分析。她把所有的咖啡杯都放在桌子上,开始思考如何定义她的问题。她说:"我想知道哪个咖啡杯是最好的。"

小齐的朋友听了笑了起来。问她:"小齐,你说的'最好'是什么意思呢?你是想知道哪个咖啡杯最贵?还是最漂亮的?或者是最有纪念意义的?"

小齐想了一会儿,意识到她并没有明确定义她的问题。她只是说了一个模糊的目标,但并没有说明她究竟关心什么方面"最好"。她的朋友帮助她更清晰地定义了问题。朋友问她是否关心咖啡杯的美观度、历史背景、珍稀度、情感价值或其他因素。

小齐开始思考,最终决定她更关心每个咖啡杯的情感价值,因为每个咖啡杯都代表着她旅行的回忆和故事。有了这个更明确的问题定义,小齐能够更有针对性地分析她收藏的咖啡杯。她可以考虑每个咖啡杯与她的回忆相关程度、情感联系等因素,从而更好地理解哪个咖啡杯对她来说是"最好"的。

这个故事告诉我们,如果在分析前不正确定义问题,就会使目标变得模糊不清,分析结果也毫无意义。因此,在数据分析中,正确地定义问题将为分析提供明确的方向和目标。

为了正确地定义问题,我们需要先认清问题的本质,像故事中的小齐一样找到问题的"情感价值"。

**【例 2-2】**　数据分析之定义问题示例。假设你是一家电子商务公司的数据分析师,公司经营着一个在线购物平台。你的老板希望你通过数据分析找出提高销售额的方法。请你定义这个数据分析的问题。

错误的问题定义:我们想知道如何提高销售额。

这个问题太过模糊,缺乏具体的方向。为了更好地定义问题,可以采取以下步骤:

(1)明确目标。为什么想提高销售额?是为了增加利润、吸引新客户、提高客户忠诚度,还是其他原因?

(2)确定关键指标。确定与目标直接相关的关键性能指标(KPI),例如销售转化率、平均订单价值、客户购物频率等。

（3）了解客户需求。分析客户行为数据，了解他们的购物习惯、偏好和需求，这可能包括产品类别的偏好、购物时间的模式等。

（4）分析市场趋势。考察行业和市场趋势，看看是否有新的产品或营销策略可以采用，以满足潜在的市场需求。

（5）竞争分析。考察竞争对手的策略，看看有没有可以借鉴的经验或教训。

（6）制订具体计划。基于以上分析，制订具体的行动计划，包括推广活动、产品改进、定价策略等。

正确的问题定义：我们希望通过提高销售转化率和平均订单价值，吸引新客户并提高客户忠诚度，从而增加利润。通过分析客户行为，了解市场趋势和竞争对手，制订一系列针对性的营销和产品策略。

通过明确分析目标、确定关键指标和深入分析相关因素，可以更好地定义问题，并为数据分析提供明确的方向和目标。这样，我们的分析也将更有针对性，结果也更有实际意义。

## 2.3.3　如何明确具体需求

如果你想去解决某个特定问题，如"数据分析师岗位情况"，那么你要清楚初衷是什么，如发现了什么样的问题、有什么相关期望等。

例如，你的工作是"一家电子商务公司的数据分析师"，就要以企业的需求为准。首先，需要与相关业务部门或利益相关者沟通，了解他们的需求和问题。仔细聆听他们的要求，以确保你的分析能够满足他们的期望。

明确数据分析的具体需求非常重要，这有助于确保你的分析具有明确的方向，并能够回答特定的问题。可以考虑以下 8 方面，以明确具体需求。

（1）数据来源和类型：首先，确定使用的数据来源和类型。

（2）时间范围：确定研究的时间范围。是否想要分析一段特定的历史时间段，或者预测将来的数据？

（3）地理范围：确定研究地理范围，是全球性的研究还是局部地区的。

（4）分析目标：明确分析目标。

（5）变量和指标：确定使用的变量和指标。

（6）数据处理和分析方法：定义使用的数据处理和分析方法，例如数据清洗、统计分析、空间分析、时间序列分析、机器学习等。

（7）预期结果：明确对分析结果的预期。是发现趋势、关联性，还是预测未来的变化。

（8）数据可视化需求：考虑如何以可视化的方式呈现分析结果，以便更直观地展示分析结果。

【例 2-3】　数据分析之明确具体需求示例。某公司最近推出了一款智能手表，你的任务是分析该产品的表现。请你明确数据分析的具体需求。

具体的需求可以体现为以下 8 方面。

① 数据来源和类型：使用公司内部销售数据、客户反馈和广告点击率等。

② 时间范围：分析过去 6 个月的数据，以捕捉产品推出后的趋势。

③ 地理范围：分析全球销售情况，以了解产品在不同地区的表现。

④ 分析目标：确定新产品的销售状况、客户满意度以及竞争对手的市场份额。

⑤ 变量和指标：使用销售额、销售数量、客户评价等作为关键指标。

⑥ 数据处理和分析方法：进行数据清洗，使用统计方法分析销售趋势，可能采用机器学习算法预测未来销售。

⑦ 预期结果：确定新产品是否取得成功，是否需要调整营销策略。

⑧ 数据可视化需求：制作销售趋势图、客户分布地图等。

通过明确这些具体需求，可以确保你的数据分析具有明确的方向，并能够回答公司的具体问题，为业务决策提供有实际意义的支持。

## 2.3.4　如何合理地分解问题

🔵 小故事

小齐很爱喝咖啡，但是市面上的咖啡，要么偏苦，要么香气不够浓郁，这让小齐很苦恼。她决定研究制作一款适合自己口味的咖啡。

她意识到这是一个复杂的任务，于是她将这个任务分解为以下几个小任务。

（1）咖啡豆的选择：哪种咖啡豆适合她的口味？

（2）研磨咖啡豆：如何将咖啡豆研磨成合适的粒度？

（3）水的温度：热水应该有多热？

（4）水的质量：使用哪种水？

（5）比例：咖啡豆和水的比例是多少？

（6）泡制时间：咖啡需要浸泡多久？

（7）咖啡器具：使用哪种咖啡壶或咖啡机？

她尝试了不同类型的咖啡豆，调整了研磨的时间，探索了不同温度的热水，做了水质测试，尝试了不同的比例和浸泡时间，使用了不同的咖啡器具。

通过合理地分解问题，小齐逐一解决每个子问题，成功地做出了符合自己口味的咖啡。

将原始问题分解成若干子问题，对每个子问题分别求解后，再根据各个子问题的解求得原始问题的解，这种解决问题思想就是计算机领域中常用的"分而治之"的思想。在面对复杂问题时，合理分解问题可以帮助我们更系统地解决问题。通过将大问题拆分成小问题，并逐一解决，可以更容易达到我们的目标。这种分解问题的方式不仅适用于制作可口的咖啡、设计程序，也适用于进行数据分析。

【例 2-4】　数据分析之分解问题示例。假设你是一家电商公司的数据分析师，公司想要提高产品销售额，你需要通过数据分析找到有效的方法。请你将该问题合理地分解为多个子问题。

在面对这个大问题时，根据电商公司销售商品的特点和数据来源，将其分解为如下 6 个小问题。

（1）产品页面效果：分析不同产品页面的点击率、浏览时间等数据，确定哪些页面效果好，哪些需要改进。

（2）用户购买路径：研究用户在购物过程中的路径，找出可能导致购买意愿下降的环节，以便优化用户体验。

（3）促销活动效果：分析过去的促销活动数据，了解哪些促销活动对销售产生了积极影响，是否有特定时间段对促销更有效。

（4）目标客户群体：确定最有可能购买的目标客户群体，并通过数据挖掘找到他们的共同特征，以便更有针对性地进行市场推广。

（5）价格敏感度：研究产品价格对销售的影响，分析市场对不同价格的反应，确定最具竞争力的价格区间。

（6）移动端与电脑端差异：比较移动端和计算机端的销售数据，了解用户在不同设备上的购物偏好，以便优化响应式设计或推出针对性的移动端促销活动。

在后面通过逐步解决这些小问题，公司就可以逐渐完善整体的销售策略，提高产品的市场竞争力。这种问题分解的方法有助于更加系统地进行数据分析，每个子问题的分析都能为最终目标做出贡献。

### 2.3.5 如何抓住关键的问题

细分问题以后，可能会变成很多个子问题。当问题太多时，我们不能"眉毛胡子一把抓"，而要根据实际情况，抓住其中关键的问题。

想要定位关键问题，可以采取以下方法。

（1）优先级排序：对分解出的小问题，首先确定哪些问题对于整个分析目的最为关键。通常，有些问题可能对于目标的实现更为重要，而有些则可能是次要的。通过优先级排序，可以确保首先专注于最关键的问题。

（2）相关性分析：考虑问题之间的相互关系。有些问题可能与其他问题相关，分析一个问题可能会影响其他问题的分析结果。通过分析问题之间的相关性，可以更好地理解它们之间的依赖关系，发现哪个或哪些问题对于整体分析的成功更加重要。

（3）领域专家的意见：请教领域专家，了解他们对问题的看法。领域专家由于对业务和行业有深刻的了解，通常能够提供有关哪些问题是关键问题的宝贵见解。

【例 2-5】 数据分析抓住关键问题的示例。假设你是一家冰淇淋店的经理，你发现虽然很多人进入了你的店铺，但只有少数人最终购买了冰淇淋。你想通过数据分析找到提高冰淇淋销售的方法。

首先，你需要将这个问题划分为多个子问题。

① 冰淇淋展示效果：不同陈列方式是否影响顾客的购买决策？

② 促销活动效果：进行的促销活动是否能够提高冰淇淋的销售？

③ 购物篮分析：顾客在购物篮中放入冰淇淋的频率和数量如何？

④ 季节性影响：不同季节是否会对冰淇淋销售产生影响？

然后，你需要分析哪个/些问题是关键问题：

① 优先级排序：通过观察，你可能发现冰淇淋展示效果和促销活动对于吸引顾客购买至关重要。因此，可以将冰淇淋陈列效果和促销活动确定为首先要解决的问题。

② 相关性分析：考虑问题之间的相互关系。例如，冰淇淋展示效果可能直接关联到购物篮的分析，因为顾客在看到吸引人的陈列后更有可能购买更多冰淇淋。

③ 领域专家的意见：请教有经验的员工或销售专家，了解他们对问题的看法。他们可能提供有关陈列效果和促销活动效果的实用建议，帮助你确定哪个问题对于提高冰淇淋销售最为关键。

通过观察和与员工交流，你发现冰淇淋的展示效果是关键问题。顾客看到精美的陈列后更愿意购买，促销活动也会明显提高购买数量，而购物篮分析显示这也与他们购买的数量有关。最后，你决定首先优化冰淇淋的陈列方式，其次是优化促销活动，以提高顾客购买的可能性。

在这个例子中，关键问题是如何改善冰淇淋陈列效果和促销活动，以吸引更多顾客购买。通过集中解决这个问题，有望提高整体的冰淇淋销售量。

## 2.4　Execution——实际动手解决问题

### 2.4.1　获取分析数据

我们已经知道，要完成这个数据分析任务，就需要自己获取外部数据。我们发现各大招聘网站，如智联招聘、BOSS 直聘、拉勾网等，均包含大量的来自全国范围内的数据分析师岗位的招聘信息，信息中不仅包括岗位名称信息，还包括地域信息、公司信息、薪资待遇、求职条件、公司所属行业标签、公司福利待遇等相关信息，这正是我们需要的。因此，采用网络爬虫，爬取数据分析师岗位的招聘信息。这里选取拉勾网数据分析师岗位数据作为数据来源，对数据分析师岗位进行深入分析。

使用浏览器打开拉勾网首页，并在职位搜索框中输入"数据分析师"，单击"搜索"按钮进入数据分析师职位搜索结果页面，如图 2-5 所示。

图 2-5　"拉勾网"数据分析师搜索结果页面

从图 2-5 中可以发现，数据分析师岗位搜索结果共有 30 页，每页有 15 条数据，共 450 条数据分析师岗位数据，即在"拉勾网"上有来自全国的 450 家企业或机构在招聘数据师。

爬取这些数据,可以基本满足我们分析数据分析师岗位情况的数据需求。

使用例 2-1 的爬取方法,对例 2-1 的代码进行适当修改,并将爬取的结果存储在"lagou_data.csv"文件中,用于后面的数据预处理和分析工作。

扫描二维码获得爬取拉勾网数据分析师岗位招聘信息的详细过程。

提示:后面读者可以直接使用"lagou_data.csv"文件进行数据分析,关于是否读懂或能够运行爬虫软件,可以忽略。有需要时,可以寻求 AI 工具或专业人士帮助。

### 2.4.2　正确定义问题

案例主题是:数据分析师岗位情况分析。

我们要充分意识到:主题≠问题。

作为大学生,面临未来职业规划的问题。在数据时代的今天,数据已经成为重要的生产要素,数据分析师扮演了越来越重要的角色。这个数据分析工作的主要动机或目的是想尽量全面地了解数据分析师这一岗位的各方面情况,如这一职业的入职基本条件、收入水平、个人发展空间等,为未来的学习规划和职业选择提供参考。这样就可以定义一个具体的数据分析问题:尽量全面了解数据分析师岗位的情况,为在校大学生未来的学习规划和职业选择提供参考。

### 2.4.3　明确具体需求

要明确如下具体的需求。

(1)数据来源和类型:拉勾网。查看数据分析师岗位的最新招聘需求,具体包括应聘条件、薪资待遇、工作内容、工作地点、公司状况等。

(2)分析目标:宏观了解数据分析师岗位的情况。

(3)时间范围:需要保证数据有足够的参考价值,还要保证数据趋势的一致性。由于岗位需求可能变化较大,因此,我们决定选用当前的数据。

(4)地理范围:选取全国范围。

(5)变量和指标:将体现数据分析师岗位的应聘条件、薪资待遇、工作内容、工作地点、公司状况的数据作为变量和指标。

(6)数据处理和分析方法:首先预处理获取的数据,然后对数据进行描述性分析、相关性分析、可视化分析等,以达到全面了解当前数据分析师岗位情况的目的。

(7)预期结果:对当前数据分析师岗位情况有一个宏观了解。

(8)数据可视化需求:用图像呈现各个数据的变化趋势以及它们的内在联系,直观地反映出数据背后的规律。

## 2.4.4　合理地分解问题

当我们对自己要分析的问题非常清楚时，就可以容易地将问题进行合理的分解。但是，当我们仅仅有一个分析需求，对这个问题的认识还不是十分清晰时，可以考虑寻求 AI 工具的帮助。

### 2.4.4.1　AI 助学

问题：

你认为分析数据分析师岗位情况主要要分析哪些问题？

文心一言回答：

分析数据分析师岗位情况，主要需要分析以下几个问题。

（1）岗位需求与趋势。

首先要了解的是数据分析师岗位的需求和趋势，包括该岗位在各行各业的需求情况，以及未来几年的发展趋势。通过了解这些信息，我们可以判断该岗位是否具有发展前景，以及是否值得投入时间和精力。

（2）技能需求与变化。

数据分析师岗位的技能需求是不断变化的，随着技术的发展和业务需求的变化，新的技能会不断涌现。因此，我们需要分析当前和未来的技能需求变化，以便更好地规划和提升自己的技能。

（3）薪资与福利待遇。

薪资和福利待遇是求职者非常关心的问题，也是衡量一个岗位价值的重要指标。我们需要分析数据分析师岗位的薪资水平、涨幅空间以及福利待遇，以便更好地评估该岗位的价值和吸引力。

（4）职业发展与晋升机会。

数据分析师岗位的职业发展路径和晋升机会也是非常重要的。我们需要了解该岗位的职业发展路径、晋升空间和晋升机会，以便更好地规划自己的职业生涯。

（5）行业应用与业务需求。

不同的行业和企业对于数据分析师的需求和期望也有所不同。我们需要分析数据分析师在不同领域的应用和业务需求，以便更好地了解该岗位的工作内容和职责，以及适应不同的工作环境和需求。

综上所述，分析数据分析师岗位情况需要综合考虑岗位需求与趋势、技能需求与变化、薪资与福利待遇、职业发展与晋升机会，以及行业应用与业务需求等方面的问题。通过全面深入地分析这些问题，我们可以更好地了解数据分析师岗位的情况，为求职和职业发展做出更明智的决策。

### 2.4.4.2　分解问题

参考 AI 工具的回答，由于我们已经清楚地知道了数据分析师的"岗位需求与趋势"，因此，我们的分析问题将不包括此问题。"行业应用与业务需求"问题是企业或行业的个性化问题，可以在未来为准备入职某一行业前进行深入了解，因此，这里的分析将不包含此问题。

综合 AI 工具的帮助,以及我们对"尽量全面了解数据分析师岗位的情况,为在校大学生未来的学习规划和职业选择提供参考"这一问题的分析,以职业选择为目标,想要了解一个岗位的情况,一般会重点关心以下三方面的问题:

(1) 数据分析师岗位的入职条件。

(2) 提供数据分析师岗位的公司/企业的基本情况。

(3) 个人的成长空间等问题。

综上,我们将问题分解为以下三个子问题:

(1) 入职数据分析师岗位对个人知识储备和能力的基本要求情况。具体体现为:

- 学历与职位需求。
- 工作经验与职位需求。

(2) 提供数据分析师岗位的公司/企业的基本情况。具体体现为:

- 公司/企业的城市分布情况。
- 公司/企业的融资情况。
- 公司/企业的岗位福利状况。
- 工资待遇情况(学历和工作经验与工资水平)。

(3) 岗位成长空间情况。具体体现为:

- 各城市平均薪资待遇。
- 不同发展阶段的平均工资待遇。

### 2.4.5　抓住关键的问题

上面分解的三个问题是大学生要全面了解一个岗位情况的三个方面,都是一个人入职一个岗位或职业最关心的问题。因此,入职数据分析师岗位对个人的基本要求情况、提供数据分析师岗位的公司/企业的基本情况和岗位成长空间情况,这三个问题都是"数据分析师岗位情况分析"这一任务的关键问题。后面将针对这三个问题依次进行分析。

## 2.5　Evaluation——评价与反思

到这里,针对"分析数据分析师岗位情况"这一主题,我们已经完成了数据分析的第一阶段的任务——明确分析目的。我们不但获取了要分析的数据,还定义了问题,明确了具体需求,并对问题进行了合理的分解,进而明确了要分析的关键问题。这为分析"数据分析师岗位情况"指明了方向,使后续的数据分析工作清晰明朗。

至此,我们聚焦了几个最感兴趣的问题。想要成为数据分析师,我们可能还会聚焦其他问题,例如,这一岗位需要什么样的知识储备和能力? 这时,我们可以考虑向 AI 工具提问,看看是不是能够得到启发,以便进一步优化我们的问题。

问题:

数据分析师岗位需要什么样的知识储备和能力?

"文心一言"回答：

数据分析师岗位需要具备的知识储备和能力主要包括以下几方面。

（1）统计学基础。

数据分析师需要掌握统计学的基础知识，如概率分布、基本的统计量、总体和样本、置信区间与假设检验等。这些知识是进行数据分析的基础，有助于理解数据的分布特征、变化规律和不确定性等。

（2）数据处理和分析工具。

数据分析师需要熟练掌握数据处理和分析工具，如 Excel、Python、R 等。这些工具可以帮助分析师进行数据清洗、数据转换、数据挖掘和数据可视化等操作，从而提取出有价值的信息。

（3）数据库知识。

数据分析师需要了解数据库的基本概念和知识，如 SQL 语言、数据库设计等。这有助于分析师从数据库中高效地提取数据，进行数据分析和挖掘。

（4）业务知识和思维能力。

数据分析师需要对所服务的业务有深入的了解，具备业务思维，能够从业务角度出发进行数据分析和解读。同时，还需要具备严密的逻辑思维能力，能够从海量数据中发现问题、分析问题、解决问题，并给出合理的结论和建议。

（5）沟通能力和团队协作能力。

数据分析师需要与业务部门、技术部门等多方沟通，能够清晰、准确地表达自己的分析和结论，以及将分析结果转化为业务语言，为业务决策提供支持。同时，还需要与其他团队成员协作，共同完成数据分析任务，因此需要具备良好的沟通能力和团队协作能力。

（6）持续学习和自我提升能力。

数据分析领域的技术和工具不断更新，数据分析师需要保持持续学习的态度，关注新技术和新方法的发展，并不断提升自己的技能和能力。

综上所述，数据分析师岗位需要具备广泛的知识储备和多种能力，包括统计学基础、数据处理和分析工具、数据库知识、业务知识和思维能力、沟通能力和团队协作能力，以及持续学习和自我提升能力等。这些知识和能力的综合应用，可以帮助数据分析师更好地完成工作任务，为企业提供有价值的数据支持。

从 AI 工具的回答已经能够清楚地了解到，想成为数据分析师，首先要在哪些方面进行准备和积累，便不需要在这些方面进行分析了。因此，我们确定的具体问题，能够基本满足对"数据分析师岗位"有比较全面的了解这一目标。但是，获取的分析数据只有 450 条，如果想要得到精确的分析结论，还可以考虑获取更多的相关数据。

## 2.6　动手做一做

（1）参考例 2-1 的方法并复用代码，尝试编写爬虫程序，获得网页上的数据。

（2）确定小组感兴趣的问题，并用数据分析的方法去探索这个问题的答案。明确分析目的，具体完成如下工作：

① 确定要分析的数据特征。

② 正确地定义问题。

③ 明确具体需求。

④ 合理地分解问题。

⑤ 抓住关键的问题。

# 第 3 章　数据分析师岗位情况分析
## ——数据预处理

**使　命**

①了解在数据分析之前如何进行数据预处理；②完成“数据分析师岗位情况分析”案例的第二步——数据预处理；③提升批判性地使用 AI 工具的意识；④沉浸于“问题逻辑认知模式”中，通过 5E 路径围绕解决问题开展学习。

## 3.1 Excitation——提出问题

我们在第 2 章已经获取到 450 条招聘数据分析师岗位的数据。在进行数据分析之前，首先了解这个数据集。图 3-1 是用 Excel 打开数据集文件“lagou_data.csv”后看到的部分内容。

| Column1 | positionNa | city | district | salary | workYear | education | companyName | industry | financeStage | companySize | companyLabelList | positionAdvantage |
|---|---|---|---|---|---|---|---|---|---|---|---|---|
| 0 | 数据分析师 | 深圳 | 西丽 | 25k-40k | 经验1-3年 | 本科 | 雄岸區塊鏈集團 | 区块链 | 上市公司 | 150-500人 | R语言,科技金融,金融业 | "高薪高福利" |
| 1 | 数据分析师 | 广州 | 珠江新城 | 15k-30k | 经验1-3年 | 本科 | 广发银行信用卡中心 | 金融业 | 不需要融资 | 2000人以上 | PL/SQL,MySQL,金融业, | "大平台、大团队" |
| 2 | 数据分析师 | 深圳 | 南山区 | 15k-30k | 经验3-5年 | 本科 | 富途 | 科技金融 | 上市公司 | 500-2000人 | R语言,科技金融,Pythor | "能够熟悉券商的内部运作机制，了解证券业务" |
| 3 | 数据分析师 | 北京 | 海淀区 | 20k-40k | 经验3-5年 | 本科 | 字节跳动 | 内容资讯,å | D轮及以上 | 2000人以上 | 弹性工作,就近租房补贴 | "六险一金,弹性工作,租房补贴,免费三餐" |
| 4 | 数据分析师 | 北京 | 三元桥 | 15k-20k | 经验1-3年 | 本科 | 欢喜传媒 | 影视 \| 动漫 | 上市公司 | 50-150人 | 视频,产品策划,需求分析 | "互联网公司" |
| 5 | 数据分析师 | 上海 | 天山路 | 25k-50k | 经验3-5年 | 本科 | 拼多多 | 电商平台 | 上市公司 | 2000人以上 | 电商平台,SQL | "大平台" |
| 6 | 数据分析师 | 深圳 | 宝安区 | 15k-30k | 经验1-3年 | 本科 | 字节跳动 | 内容资讯,å | D轮及以上 | 2000人以上 | 弹性工作,就近租房补贴 | "六险一金,弹性工作,免费三餐,餐补" |
| 7 | 数据分析师 | 上海 | 静安区 | 8k-15k | 经验1-3年 | 本科 | 亿品 | 营销服务 \| | 不需要融资 | 150-500人 | 电商平台,SQL | "双休不加班，团队氛围好，技术提升快" |
| 8 | 数据分析师 | 上海 | 天山路 | 20k-40k | 经验3-5年 | 本科 | 拼多多 | 电商平台 | 上市公司 | 2000人以上 | 电商平台,Python | "一年两次调薪机会 团队氛围佳" |
| 9 | 数据分析师 | 北京 | 白石桥 | 20k-40k | 经验3-5年 | 本科 | 易车公司 | 汽车交易平 | 上市公司 | 2000人以上 | 汽车交易平台,Python | "发展前景好" |
| 10 | 数据分析师 | 上海 | 北外滩 | 20k-39k | 经验3-5年 | 本科 | 众安科技 | 企业服务,å | 不需要融资 | 500-2000人 | 科技金融,SQL,Python | "前景" |

图 3-1　数据集文件的文件头和前面部分数据

该数据集共有 13 个字段，450 条数据，每个字段名称由英文标注。表 3-1 是字段的含义。

表 3-1　数据集各字段含义

| 数据集字段名称 | 含　义 |
|---|---|
| Column1 | 序号 |
| positionName | 职位名称 |
| city | 城市 |
| district | 区域 |

续表

| 数据集字段名称 | 含　义 |
|---|---|
| salary | 薪资 |
| workYear | 工作经验 |
| education | 学历要求 |
| companyName | 企业名称 |
| industry | 企业所属行业 |
| financeStage | 融资阶段 |
| companySize | 企业规模 |
| companyLabelList | 企业标签 |
| positionAdvantage | 福利待遇 |

通过浏览这些数据，我们发现爬取的这些数据还存在以下明显的问题。

（1）数据不完整（数据缺失）。如图 3-2 中缺少 industry、financeStage、companySize、companyLabelList 等数据。

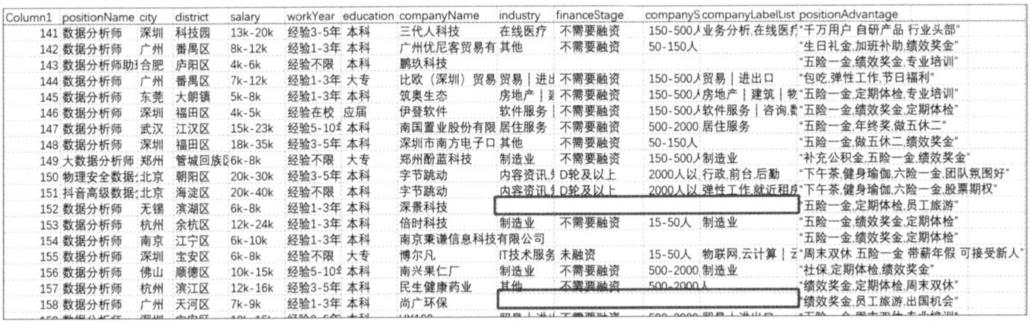

| Column1 | positionName | city | district | salary | workYear | education | companyName | industry | financeStage | companyS | companyLabelList | positionAdvantage |
|---|---|---|---|---|---|---|---|---|---|---|---|---|
| 141 | 数据分析师 | 深圳 | 科技园 | 13k-20k | 经验3-5年 | 本科 | 三代人科技 | 在线医疗 | 不需要融资 | 150-500人 | 业务分析,在线医疗 | "千万用户 自研产品 行业头部" |
| 142 | 数据分析师 | 广州 | 番禺区 | 8k-12k | 经验1-3年 | 本科 | 广州优尼客贸易有 | 其他 | 不需要融资 | 50-150人 | | "生日礼金,加班补助,绩效奖金" |
| 143 | 数据分析师助 | 合肥 | 庐阳区 | 4k-6k | 经验不限 | 本科 | 鹏玖科技 | | | | | "五险一金,绩效奖金,专业培训" |
| 144 | 数据分析师 | 广州 | 番禺区 | 7k-12k | 经验1-3年 | 大专 | 比欧（深圳）贸易 | 贸易丨进出 | 不需要融资 | 150-500人 | 贸易丨进出口 | "包吃,弹性工作,节日福利" |
| 145 | 数据分析师 | 东莞 | 大朗镇 | 5k-8k | 经验1-3年 | 本科 | 筑奥生态 | 房地产丨建 | 不需要融资 | 150-500人 | 房地产丨建筑丨物 | "五险一金,定期体检,专业培训" |
| 146 | 数据分析师 | 深圳 | 福田区 | 4k-5k | 经验在校 | 应届 | 伊登软件 | 软件服务丨 | 不需要融资 | 150-500人 | 软件服务丨咨询,数 | "五险一金,绩效奖金,定期体检" |
| 147 | 数据分析师 | 武汉 | 江汉区 | 15k-23k | 经验5-10年 | 本科 | 南国置业股份有限 | 居住服务 | 不需要融资 | 500-2000 | 居住服务 | "五险一金,年终奖,做五休二" |
| 148 | 数据分析师 | 深圳 | 福田区 | 18k-35k | 经验3-5年 | 本科 | 深圳市南方电子口 | 其他 | 不需要融资 | 50-150人 | | "五险一金,做五休二,绩效奖金" |
| 149 | 大数据分析师 | 郑州 | 管城回族区 | 6k-8k | 经验不限 | 大专 | 郑州酚蓝科技 | 制造业 | 不需要融资 | 150-500人 | 制造业 | "补充公积金,五险一金,绩效奖金" |
| 150 | 物理安全数据 | 北京 | 朝阳区 | 20k-30k | 经验3-5年 | 本科 | 字节跳动 | 内容资讯,纟 | D轮及以上 | 2000人以 | 行政,前台,后勤 | "下午茶,健身瑜伽,六险一金,团队氛围好" |
| 151 | 抖音高级数据 | 北京 | 海淀区 | 20k-40k | 经验不限 | 本科 | 字节跳动 | 内容资讯,纟 | D轮及以上 | 2000人以 | 弹性工作,就近租房 | "下午茶,健身瑜伽,六险一金,股票期权" |
| 152 | 数据分析师 | 无锡 | 滨湖区 | 6k-8k | 经验1-3年 | 本科 | 深景科技 | | | | | "五险一金,定期体检,员工旅游" |
| 153 | 数据分析师 | 杭州 | 余杭区 | 12k-24k | 经验1-3年 | 本科 | 倍时科技 | 制造业 | 不需要融资 | 15-50人 | 制造业 | "五险一金,绩效奖金,定期体检" |
| 154 | 数据分析师 | 南京 | 江宁区 | 6k-10k | 经验1-3年 | 本科 | 南京秉谦信息科技有限公司 | | | | | "五险一金,绩效奖金,定期体检" |
| 155 | 数据分析师 | 深圳 | 宝安区 | 6k-8k | 经验不限 | 大专 | 博尔凡 | IT技术服务 | 未融资 | 15-50人 | 物联网,云计算丨云 | "周末双休 五险一金 带薪年假 可接受新人" |
| 156 | 数据分析师 | 佛山 | 顺德区 | 10k-15k | 经验5-10年 | 本科 | 南兴果仁厂 | 制造业 | 不需要融资 | 500-2000 | 制造业 | "社保,定期体检,绩效奖金" |
| 157 | 数据分析师 | 杭州 | 滨江区 | 12k-16k | 经验3-5年 | 本科 | 民生健康药业 | 其他 | 不需要融资 | 500-2000人 | | "绩效奖金,定期体检,周末双休" |
| 158 | 数据分析师 | 广州 | 天河区 | 7k-9k | 经验1-3年 | 本科 | 尚广环保 | | | | | "绩效奖金,员工旅游,出国机会" |

图 3-2　数据集中的数据不完整问题

（2）数据相同（数据重复）。如图 3-3 所示，序号第 44 行和序号第 47 行数据完全相同。

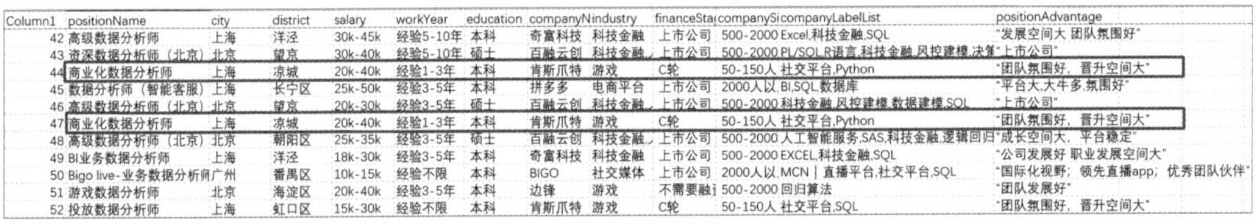

| Column1 | positionName | city | district | salary | workYear | education | companyN | industry | financeSta | companySi | companyLabelList | positionAdvantage |
|---|---|---|---|---|---|---|---|---|---|---|---|---|
| 42 | 高级数据分析师 | 上海 | 洋泾 | 30k-45k | 经验5-10年 | 本科 | 奇富科技 | 科技金融 | 上市公司 | 500-2000 | Excel,科技金融,SQL | "发展空间大 团队氛围好" |
| 43 | 资深数据分析师（北京） | 北京 | 望京 | 30k-40k | 经验5-10年 | 硕士 | 百融云创 | 科技金融, | 上市公司 | 500-2000 | PL/SQL,R语言,科技金融,风控建模,决策 | "上市公司" |
| 44 | 商业化数据分析师 | 上海 | 凉城 | 20k-40k | 经验1-3年 | 本科 | 肯斯爪特 | 游戏 | C轮 | 50-150人 | 社交平台,Python | "团队氛围好，晋升空间大" |
| 45 | 数据分析师（智能客服） | 上海 | 长宁区 | 25k-50k | 经验3-5年 | 本科 | 拼多多 | 电商平台 | 上市公司 | 2000人以 | BI,SQL,数据库 | "平台大,大牛多,氛围好" |
| 46 | 高级数据分析师（北京） | 北京 | 望京 | 20k-30k | 经验3-5年 | 硕士 | 百融云创 | 科技金融, | 上市公司 | 500-2000 | 科技金融,风控建模,数据建模,SQL | "上市公司" |
| 47 | 商业化数据分析师 | 上海 | 凉城 | 20k-40k | 经验1-3年 | 本科 | 肯斯爪特 | 游戏 | C轮 | 50-150人 | 社交平台,Python | "团队氛围好，晋升空间大" |
| 48 | 高级数据分析师（北京） | 北京 | 朝阳区 | 25k-35k | 经验3-5年 | 硕士 | 百融云创 | 科技金融, | 上市公司 | 500-2000 | 人工智能服务,SAS,科技金融,逻辑回归 | "成长空间大，平台稳定" |
| 49 | BI业务数据分析师 | 上海 | 洋泾 | 18k-30k | 经验3-5年 | 本科 | 奇富科技 | 科技金融 | 上市公司 | 500-2000 | EXCEL,科技金融,SQL | "公司发展好 职业发展空间大" |
| 50 | Bigo live-业务数据分析师 | 广州 | 番禺区 | 10k-15k | 经验不限 | 本科 | BIGO | 社交媒体 | 上市公司 | 2000人以 | MCN丨直播平台,社交平台,SQL | "国际化视野；领先直播app；优秀团队伙伴" |
| 51 | 游戏数据分析师 | 北京 | 海淀区 | 20k-40k | 经验3-5年 | 本科 | 边锋 | 游戏 | 不需要融 | 500-2000 | 回归算法 | "团队发展好" |
| 52 | 投放数据分析师 | 上海 | 虹口区 | 15k-30k | 经验不限 | 本科 | 肯斯爪特 | 游戏 | C轮 | 50-150人 | 社交平台,SQL | "团队氛围好，晋升空间大" |

图 3-3　数据集中的数据重复问题

（3）存在与分析的问题无关的数据。如图 3-4，表中的 Column1 和 companyLabelList 与分析的问题无关联。

（4）数据取值异常。如图 3-5，表中的 Column1 取值 231 所在的这行数据，该行数据中的 salary 薪资取值远大于其他薪资。

（5）目前的数据无法直接用于分析。例如，数据集中的“薪资”和“工作经验”字段的取值是一个范围，不是一个具体的数值（见图 3-5），无法进行后续的相关分析，如工作经验与

| Column1 | positionName | city | district | salary | workYear | education | companyNindustry | financeSta | companyS | companyLabelList | positionAdvantage |
|---|---|---|---|---|---|---|---|---|---|---|---|
| 0 | 数据分析师 | 深圳 | 西丽 | 25k-40k | 经验1-3年 | 本科 | 雄岸区块链区块链 | 上市公司 | 150-500 | R语言,科技金融,金融业,Python,SQL | "高薪高福利" |
| 1 | 数据分析师 | 广州 | 珠江新城 | 15k-30k | 经验1-3年 | 本科 | 广发银行金融业 | 不需要融 | 2000人以上 | PL/SQL,MySQL,金融业,电商平台,Powe | "大平台、大团队" |
| 2 | 数据分析师 | 深圳 | 南山区 | 20k-40k | 经验3-5年 | 本科 | 富途 | 科技金融 | 500-2000 | R语言,科技金融,金融业,Python,SQL | "能够熟悉券商的内部运作机制，了解证券业务" |
| 3 | 数据分析师 | 北京 | 海淀区 | 20k-40k | 经验3-5年 | 本科 | 字节跳动 | 内容资讯 | D轮及以上 | 2000人以上 | 弹性工作,就近租房补贴,节日礼品,年后 | 六险一金弹性工作,租房补贴,免费三餐" |
| 4 | 数据分析师 | 北京 | 三元桥 | 15k-30k | 经验3-5年 | 本科 | 欢聚传媒 | 影视 | 上市公司 | 50-150人 | 视频,产品策划,需求分析 | 互联网公司" |
| 5 | 数据分析师 | 上海 | 天山路 | 25k-50k | 经验3-5年 | 本科 | 拼多多 | 电商平台 | 上市公司 | 2000人以上 | 电商平台,SQL | 大平台" |
| 6 | 数据分析师 | 深圳 | 宝安区 | 15k-30k | 经验3-5年 | 本科 | 字节跳动 | 内容资讯 | D轮及以上 | 2000人以上 | 弹性工作,就近租房补贴,节日礼品,年后 | 六险一金弹性工作免费三餐 餐补" |
| 7 | 数据分析师 | 上海 | 静安区 | 8k-15k | 经验1-3年 | 本科 | 亿品 | 营销服务 | 不需要融 | 150-500 | 电商平台,SQL | 双休不加班，团队氛围好，技术提升快" |
| 8 | 数据分析师 | 上海 | 北外滩 | 15k-30k | 经验3-5年 | 本科 | 拼多多 | 电商平台 | 上市公司 | 2000人以上 | 电商平台,Python | 一年两次调薪机会 团队氛围佳" |
| 9 | 数据分析师 | 北京 | 白石桥 | 20k-40k | 经验3-5年 | 本科 | 易车公司 | 汽车交易平台 | 上市公司 | 2000人以上 | 汽车交易,Python | 发展前景好" |
| 10 | 数据分析师 | 上海 | 北外滩 | 20k-39k | 经验3-5年 | 本科 | 众安科技 | 企业服务 | 不需要融 | 500-2000 | 科技金融,SQL,Python | 前景" |
| 11 | 数据分析师 | 上海 | 洋泾 | 15k-25k | 经验3-5年 | 本科 | 嘉银科技 | 科技金融 | 上市公司 | 500-2000 | 科技金融 | 上市公司 成熟团队" |
| 12 | 数据分析师 | 上海 | 陆家嘴 | 15k-30k | 经验3-5年 | 本科 | 招赢电子 | 电商平台 | 上市公司 | 500-2000 | 电商平台 | 业务稳定、团队友爱、滨江办公" |
| 13 | 数据分析师 | 北京 | 北下关 | 15k-25k | 经验3-5年 | 本科 | 微财数科 | 科技金融 | 未融资 | 500-2000 | 消费生活,科技金融 | 六险一金 交通便利 核心团队 氛围好" |

图 3-4　数据集中与后续分析无关的数据列

| Column1 | positionName | city | district | salary | workYear | education | companyName | industry | financeStage | companySize | companyLabelList | positionAdvantage |
|---|---|---|---|---|---|---|---|---|---|---|---|---|
| 228 | 数据分析师 | 无锡 | 锡山区 |  | 经验3-5年 | 本科 |  |  |  |  | 无锡黑骑士科技 | "定期体检,工作餐,出差补贴" |
| 229 | 数据分析师 | 上海 | 浦东新区 | 10k-15k | 经验1-3年 | 本科 | 立邦 | 能源｜矿产｜环保 | 不需要融资 | 2000人以上 | 能源｜矿产｜环保 | "五险一金,定期体检,交通补贴" |
| 230 | 数据分析师 | 深圳 | 福田区 | 15k-23k | 经验3-5年 | 本科 | 比亚迪 | 制造业 | 不需要融资 | 2000人以上 | 制造 | "免费班车,五险一金,绩效奖金" |
| 231 | 数据分析师 | 兰州 | 安宁区 | 40k-80k | 经验3-5年 | 大专 | 金瑞鸿盛 | 数据服务｜咨询 | 未融资 | 50-150人 | 软件服务｜咨询 | "时间扁平化" |
| 232 | 数据分析师 | 兰州 | 安宁区 | 6k-10k | 经验3-5年 | 大专 | 金瑞鸿盛 | 数据服务｜咨询 | 未融资 | 50-150人 | 数据,据"适合吃苦人群" |
| 233 | 数据分析师 | 广州 | 海珠区 | 6k-10k | 经验1-3年 | 本科 | 美业研究院 | 数据服务｜咨询,营销 | B轮 | 50-150人 | Excel,数据服务｜咨询 | "五险一金、带薪年假" |
| 234 | 数据分析师 | 深圳 | 宝安区 | 15k-15k | 经验在校生 | 应届 | 京信数科 |  |  |  | 京信数科 |  |
| 235 | 数据分析师 | 宜春 | 樟树市 | 5k-8k | 经验1-3年 | 本科 | 仁和药业股份有｜医疗｜保健｜美容 | 不需要融资 | 2000人以上 | 医疗｜保健｜美容 | "五险一金 绩效奖金 员工旅游" |

图 3-5　数据集中数据取值异常

职位需求、工作经验与薪资、薪资与学历、不同城市薪资待遇分析等。

可见，我们首先需要对这个数据集进行必要的处理才能进行后面的分析。

那么，在数据分析之前，如果数据集还存在问题，我们应该如何处理呢？

# 3.2　Exploration——探索问题本质

## 3.2.1　AI 助学

如果我们遇到了上面的问题不知道如何下手，不妨借助 AI 工具找到解决问题的方向。

问题：

在进行数据分析时，数据还存在数据不全、数据异常、数据重复、有的数据无法直接用于分析等问题，应该如何处理？

文心一言回答：

在进行数据分析时，遇到数据不全、数据异常或某些数据无法进行分析的问题，需要采取一系列的处理方法，以确保分析的有效性和准确性。以下是一些建议的步骤和方法。

（1）数据清洗。

- 处理缺失值。根据缺失值的类型和分布情况，可以选择删除含有缺失值的记录、使用均值、中位数、众数或其他统计方法进行填充，或者使用插值、预测等方法进行估算。

- 处理异常值。异常值可能是数据输入错误、测量误差或其他原因导致的。可以通过统计分析、绘制箱线图、使用 3σ 原则等方法识别异常值，并根据具体情况选择删除、替换或保留这些值。

（2）数据转换。

- 对于不符合分析要求的数据，如格式不正确、单位不统一等，需要进行数据转换。例如，将文本格式的数字转换为数字格式，将不同单位的数据转换为统一单位等。

- 对于非线性关系的数据，可以考虑进行对数转换、Box-Cox 转换等，以改善数据的分布和线性关系。

（3）数据插补。

对于缺失值,除了上述的填充方法外,还可以使用插补技术,如 K 近邻插补、多重插补等,以更精确地估算缺失值。

(4) 数据降维。

对于高维数据,可以考虑使用主成分分析(PCA)、因子分析等方法进行降维,以减少计算量并提高分析的准确性。

(5) 数据合并与整合。

如果数据来源多个渠道或表格,需要进行数据合并与整合。在合并数据时,需要注意数据的一致性和完整性,避免重复和遗漏。

(6) 数据筛选。

根据分析目的和需要,对数据进行筛选,选择相关的变量和记录进行分析。同时,要注意去除无关紧要的变量和记录,以提高分析的效率和准确性。

(7) 使用适当的统计方法或模型。

根据数据的类型和分布特点,选择合适的统计方法或模型进行分析。例如,对于连续变量可以使用 $t$ 检验、方差分析等方法;对于分类变量可以使用卡方检验、逻辑回归等方法。

(8) 结果验证与解释。

对分析结果进行验证和解释,确保结果的可靠性和准确性。如果结果不符合预期或存在疑问,需要重新检查数据处理和分析过程,找出问题所在并进行修正。

总之,在进行数据分析时,遇到数据不全、数据异常或某些数据无法进行分析的问题时,需要采取一系列的处理方法和技术手段,以确保数据的质量和准确性,从而得到可靠的分析结果。

从 AI 工具的回答中可以看到,在进行数据分析之前,可能需要对数据进行一系列处理。同时,AI 工具给出的(7)和(8)与所提的问题无关,应该是数据分析的方法和结果验证的内容,将其忽略即可。

## 3.2.2　探索问题本质——找准靶心

在进行数据分析之前,一般需要对将要分析的数据进行处理,这个过程称为数据预处理。在 3.1 节中,我们浏览数据发现的问题包括数据缺失、数据重复、数据异常、存在与分析无关的字段以及数据无法直接用于分析等。基于 AI 的帮助,我们将要进行的数据预处理任务分为以下三个子任务。

(1) 数据清洗。

发现并处理数据集中存在的缺失值、重复值和异常值。

(2) 特征选择。

从数据集中选择对分析目标有用的字段(特征),从而提高处理的效率,增强分析结果可解释性。例如,数据中的"Column1"和"companyLabelList"等字段与我们的分析目标无关,可以直接去除。

(3) 数据转换。

将原始不能直接用于分析的数据进行转换,使其满足数据分析的需求。例如,我们数据中的薪资和工作经验字段等需要转换成数值。

## 3.3　Enhancement——拓展求解问题必备的知识和能力

### 3.3.1　选择数据预处理工具

明确了数据预处理要完成的具体任务后,接下来是如何进行数据预处理。首先,我们想到的就是使用工具。常见的数据预处理工具有哪些呢? 这里,我们可借助 AI 工具了解。

问题:

常见的数据预处理工具有哪些?

文心一言回答:

常用的数据预处理工具包括以下几类。

(1) 编程语言库。

- Pandas。Python 中的一个强大的数据分析工具,提供了数据结构和数据处理功能,如 Series、DataFrame 等,方便进行数据清洗和转换。
- NumPy。Python 中用于处理数组和矩阵运算的库,提供了数学函数和线性代数运算功能,可用于数据的数值变换。
- SciPy。Python 中用于科学计算的库,提供了矩阵支持、数值计算模块等功能,可用于数据处理和分析。
- R 语言。R 是统计分析领域的常用语言,拥有大量的数据处理和分析包,如 tidyverse、dplyr 等,方便进行数据清洗和转换。

(2) 数据清洗工具。

- OpenRefine(原名 Google Refine)。一个开源的数据清洗工具,通过可视化界面和交互式工具帮助识别、清理和转换数据集中的错误、重复或不完整的数据。
- Trifacta Wrangler。一个自动化的数据清洗工具,提供了数据探查、数据清洗和数据准备等功能,帮助用户快速清洗和整理数据。

(3) ETL 工具。

- Talend。一个数据集成和数据质量工具,提供了数据清洗、数据转换和数据匹配等功能,确保数据的一致性和准确性。
- Apache Nifi。一个易于使用、功能强大的数据流工具,可以帮助设计、构建和管理实时数据流,包括数据清洗和转换等任务。

(4) 数据可视化工具。

- Tableau。一款强大的数据可视化工具,提供了丰富的图表类型和交互功能,帮助用户更好地理解和分析数据。
- Power BI。微软推出的商业智能工具,提供了数据预处理、数据可视化和数据分析等功能,方便用户进行数据探索和分析。

这些工具各有特点和优势,可以根据具体的数据情况和需求选择合适的工具进行数据预处理。同时,也可以结合多种工具的功能进行组合使用,以满足复杂的数据处理需求。

在 AI 的帮助下,我们知道了 Python 的 Pandas 是一个强大的数据分析工具,方便进行数据清洗和转换。因此决定使用 Pandas 作为数据预处理工具,完成数据清洗、特征选择和数据转换等任务。

提示:Pandas 是 Python 中专门用于数据处理和数据分析的第三方库,需要单独下载并安装。

### 3.3.2 Pandas 基础

使用 Pandas 进行数据预处理之前,需要先学习关于数据与 Pandas 的一些相关概念和基础知识。

#### 3.3.2.1 数据的相关概念

**1. 数据元素**

数据元素,也称为结点或记录。一个数据元素可由若干数据项(属性、字段)组成。例如,表 3-2 所示的考生数据,每名考生的数据就是一个数据元素,包括准考证号、姓名和语文、数学、英语、历史、地理、政治 6 门课程的成绩。

**2. 一维数据**

一维数据是指数据元素由一个因素即可确定。例如,一名考生的数据就是一维数据,如表 3-2 所示。表中的阴影部分就是一维数据,它的某个数据项由该数据项所在位置这一个因素便可确定。例如,姓名"张珊"这个数据项仅由它所在的位置 2 即可确定。

表 3-2　一维数据示例

| 含义 | 准考证号 | 姓名 | 语文 | 数学 | 英语 | 历史 | 地理 | 政治 |
|---|---|---|---|---|---|---|---|---|
| 位置 | 1 | 2 | 3 | 4 | 5 | 6 | 7 | 8 |
| 数据 | KS00001 | 张珊 | 109 | 120 | 114 | 78 | 82 | 90 |

**3. 二维数据**

二维数据由多个一维数据组成,二维数据中的某项数据需要由两个因素共同决定。例如,多名考生的数据就是一个二维数据,如表 3-3 所示。表中的阴影部分就是一个二维数据,它的某一个数据项需要由该数据项所在的行和列两个因素才能确定。例如,李思的数学成绩 116 这个数据项,需要由该数据项所在的行号 2 和所在的列号 4 两个因素共同确定。

表 3-3　二维数据示例

| 含义 | 准考证号 | 姓名 | 语文 | 数学 | 英语 | 历史 | 地理 | 政治 |
|---|---|---|---|---|---|---|---|---|
| 行号 | 列号 | | | | | | | |
| | 1 | 2 | 3 | 4 | 5 | 6 | 7 | 8 |
| 1 | KS00001 | 张珊 | 109 | 120 | 114 | 78 | 82 | 90 |
| 2 | KS00002 | 李思 | 123 | 116 | 137 | 84 | 92 | 94 |
| 3 | KS00003 | 王武 | 133 | 129 | 132 | 83 | 85 | 78 |

### 3.3.2.2　Pandas 的数据结构

Pandas 提供了 **Series** 和 **DataFrame** 两种数据结构,分别用于处理一维数据和二维数据。这两种数据结构能够满足处理金融、统计、社会科学、工程等领域里绝大部分问题的需求。

**1. Series**

Series 是一组有索引标签且数据类型相同的一维数据结构。Series 对象包括两个部分:①values,一组数据;②index,相关数据的索引标签。

【例 3-1】　基于列表数据创建一个 Series 对象。

```
1   #加载 Pandas 库
2   import pandas as pd #pd 是 pandas 的别名
3   #由列表创建 Series 对象
4   names=["张珊","李思","王武","李明","徐晓丽"] #定义一个名为 names 的列表
5   print("原始列表为:")
6   print(names)
7   Snames=pd.Series(names)                         #由 names 列表创建一个 Series 对象
8   print("由列表创建的 Series 为:")
9   print(Snames)
```

在上述代码中,第 2 行使用 import 将 pandas 加载到程序中,并使用 as 给 pandas 起了一个别名 pd(也可以是其他名称)。这样,程序中用到 pandas 的地方就可以换成 pd,从而简化程序的书写过程。第 7 行使用 pd.Series()方法创建了一个 Series 对象,该对象中保存的数据来自列表 names 中存储的 5 个姓名字符串。

程序的运行结果如图 3-6 所示。names 列表只包含 5 个字符串,而由列表创建的 Series 除了包含原始列表中的数据值外,还包含标签(索引)信息。

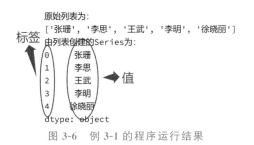

图 3-6　例 3-1 的程序运行结果

**2. DataFrame**

DataFrame 是具有行标签和列标签的二维表格型数据结构,与 Excel 表类似,每列数据可以是不同的值类型(数字、字符串、布尔型等)。图 3-7 是 DataFrame 结构示意图。

DataFrame 是一个抽象的类,要使用 DataFrame 中的方法,就需要创建一个具体的 DataFrame 对象。创建 DataFrame 对象的语法如下:

```
pandas.DataFrame(data, index, columns, …)
```

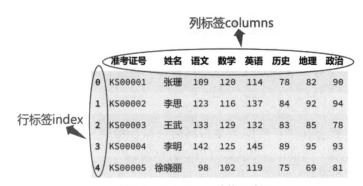

图 3-7　DataFrame 结构示意图

其中,主要参数的含义:

① data,是所创建的 DataFrame 对象中数据的来源,可以是列表、字典、Series 或 DataFrame 对象等。

② index,是 DataFrame 对象数据的行标签,如果未指定,则默认为 RangeIndex,即(0, 1,2,…,$n-1$),$n$ 为行数。

③ columns,是列标签,如果未指定则默认为 RangeIndex,即(0,1,2,…,$m-1$),$m$ 为列数。

【例 3-2】　基于列表数据创建一个 DataFrame 对象。

```
1   import pandas as pd                  #pd 是 pandas 的别名
2
3   employees=[
4       ['1001','张伟','男','财务部','1999-7-1'],
5       ['1002','李晓欣','女','审计部','2007-4-5'],
6       ['1003','邓朝阳','男','销售部','2004-2-28']
7   ]
8   #创建 DataFrame 对象 df
9   df = pd.DataFrame(employees,columns=['员工编号','姓名','性别','部门','入职日期'])
10  #输出 DataFrame 对象 df
11  df
```

程序的运行结果如图 3-8 所示。

|   | 员工编号 | 姓名 | 性别 | 部门 | 入职日期 |
|---|---|---|---|---|---|
| 0 | 1001 | 张伟 | 男 | 财务部 | 1999-7-1 |
| 1 | 1002 | 李晓欣 | 女 | 审计部 | 2007-4-5 |
| 2 | 1003 | 邓朝阳 | 男 | 销售部 | 2004-2-28 |

图 3-8　例 3-2 的程序运行结果

在图 3-8 中,最左侧的 0、1、2 是默认的行标题(标签);最上面的员工编号、姓名、性别、部门、入职日期则是创建对象时设置的列标题(标签)。

提示:由于实际应用场景中处理的大多都是二维数据,因此下面重点介绍 DataFrame

结构的相关方法。

### 3.3.2.3　Pandas 读写文件

Pandas 提供了读取 Excel 和 CSV 文件数据的方法，返回值为 DataFrame 对象；还提供了将 DataFrame 数据保存到 Excel 和 CSV 文件中的方法。下面仅介绍 Pandas 读写 CSV 文件的相关方法。读写 Excel 文件的方法与 CSV 类似，读者可自行查阅相关资料。

**1. 写文件**

DataFrame 的 to_csv() 方法可以将 DataFrame 对象的数据写入 CSV 文件。该方法可以设置很多参数，除了必须给出写入文件的路径和名称外，其他参数都可以缺省。例如，可以通过 columns 参数指定写入的列标题；通过 index 参数指定是否写入行标签，默认为 True，表示写入行标签；通过 encoding 参数指定文件使用的字符集编码类型，常见的编码格式包括 UTF-8、GBK、GB2312 等。此处不再一一展开，想深入了解的读者可自行查阅相关资料。

**【例 3-3】**　使用 Pandas 将例 3-2 中 DataFrame 对象 df 中保存的 3 条员工数据写入名为"员工数据.csv"文件中。

使用 Pandas 的 to_csv() 方法非常简单，只需在例 3-2 的代码最后添加如下的一行代码即可。

```
df.to_csv('d:/project/员工数据.csv')
```

其中，"d:/project/"表示写入的文件路径，"员工数据.csv"表示要写入数据的文件名。程序运行完毕，会在所设置的路径下生成该文件。可以使用记事本、Excel 等软件打开查看该文件。

提示：写入文件时，写入的文件路径须真实存在，否则会报找不到文件"FileNotFoundError"的错误。

**2. 读文件**

Pandas 的 read_csv() 方法用于读取 csv 格式的文件，并将存储文件数据的 DataFrame 对象返回。该方法也可以设置很多参数，除了必须设置读取的文件路径和名称外，其他参数都可以缺省。例如，可以通过 header 参数指定第几行作为列名，默认为 0，表示第一行；通过 sep 参数设置所读取文件的分隔符，默认用逗号分隔；encoding 参数指定文件中字符集使用的编码类型等。

**【例 3-4】**　使用 read_csv() 方法读取图 3-9 所示的"华为 Mate60 销售情况.csv"示例文件。该文件共 4 个字段，有 12 条数据，每个字段分别为产品名称、店铺名称、地理位置和产品价格。假设该文件存储在"d:/project"目录下。

程序代码如下：

```
1   import pandas as pd
2   df = pd.read_csv('d:/project/华为 Mate60 销售情况.csv')
3   #输出 DataFrame
4   df
```

| 产品名称 | 店铺名称 | 地理位置 | 产品价格 |
|---|---|---|---|
| 华为Mate60 | 皇家机行 | 江苏 | 7048 |
| 华为Mate50 | 海康智能数码专营店 | 广东 | 1358 |
| 华为Mate60 | 易购通信 | | 5800 |
| 华为Mate60 | 蜀都通讯 | 四川 | 6189 |
| 华为Mate60 | 津门千机惠 | 天津 | 6189 |
| 华为Mate60 | 华奥通讯 | 北京 | 10588 |
| 华为Mate60 | 麦克先生腾讯员工创业店 | 北京 | 6550 |
| 华为Mate60 | 阿布的数码屋 | 广东 | 6190 |
| 华为Mate60 | 嘉恒数码商城 | 北京 | 6060.2 |
| 华为Mate60 | 新疆恒天通讯官方店 | 新疆 | 6490 |
| 华为Mate60 | 华 为 手 机 | 广东 | |
| 华为Mate60 | 蜀都通讯 | 四川 | 6189 |

图 3-9　华为 Mate60 销售情况.csv 文件的内容示意图

在上述代码中：

第 2 行使用 read_csv()方法读取 CSV 文件的数据，并将数据存储在 DataFrame 对象 df 中，read_csv()方法只给出了第一个参数，代表读取的文件路径和文件名称。

第 4 行是将返回的 df 对象输出到屏幕上。程序的运行结果如图 3-10 所示。

| | 产品名称 | 店铺名称 | 地理位置 | 产品价格 |
|---|---|---|---|---|
| 0 | 华为Mate60 | 皇家机行 | 江苏 | 7048.0 |
| 1 | 华为Mate50 | 海康智能数码专营店 | 广东 | 1358.0 |
| 2 | 华为Mate60 | 易购通信 | NaN | 5800.0 |
| 3 | 华为Mate60 | 蜀都通讯 | 四川 | 6189.0 |
| 4 | 华为Mate60 | 津门千机惠 | 天津 | 6189.0 |
| 5 | 华为Mate60 | 华奥通讯 | 北京 | 10588.0 |
| 6 | 华为Mate60 | 麦克先生腾讯员工创业店 | 北京 | 6550.0 |
| 7 | 华为Mate60 | 阿布的数码屋 | 广东 | 6190.0 |
| 8 | 华为Mate60 | 嘉恒数码商城 | 北京 | 6060.2 |
| 9 | 华为Mate60 | 新疆恒天通讯官方店 | 新疆 | 6490.0 |
| 10 | 华为Mate60 | 华 为 手 机 | 广东 | NaN |
| 11 | 华为Mate60 | 蜀都通讯 | 四川 | 6189.0 |

图 3-10　例 3-4 的程序运行结果

提示：读取文件时，如果遇到编码错误的问题，可以设置 read_csv()方法的 encoding 参数，尝试设置为常见编码 UTF-8、GBK 或 GB2312 等。

### 3.3.2.4　Pandas 查看数据

DataFrame 查看数据的方法主要包括：

(1) head(n)方法，用于获取前 n 条数据，n 为整数值，缺省时默认为 5。

(2) tail(n)方法，用于获取后 n 条数据，n 为整数值，缺省时默认为 5。

(3) info()方法，用于查看数据的概要信息，包括列数、列标签、列数据类型、每列非空值数量、内存使用情况等。

（4）describe()方法，用于查看数值型数据的数量、均值、最大值、最小值，方差等信息。

【例 3-5】　使用 info()方法和 describe()方法查看 DataFrame 对象数据的情况。

```
1    #导入 Pandas 库
2    import pandas as pd
3    df = pd.read_csv('d:/project/华为 Mate60 销售情况.csv')
4    df.info()
5    df.describe()
```

在上述代码中：

第 4 行输出的是 DataFrame 对象 df 的概要信息，包括数据条数、数据列、各列的列名、每列非空值的数量、每列的数据类型和占用的内存空间等。

第 5 行输出的是 DataFrame 对象 df 中数值型数据（产品价格）的统计值，包括数量、均值、标准差、最小值、下四分位数、中位数、上四分位数和最大值。程序的运行结果如图 3-11 所示。

```
<class 'pandas.core.frame.DataFrame'>
RangeIndex: 12 entries, 0 to 11
Data columns (total 4 columns):
产品名称      12 non-null object
店铺名称      12 non-null object
地理位置      11 non-null object
产品价格      11 non-null float64
dtypes: float64(1), object(3)
memory usage: 464.0+ bytes
```

|  | 产品价格 |
| --- | --- |
| count | 11.000000 |
| mean | 6241.018182 |
| std | 2092.527458 |
| min | 1358.000000 |
| 25% | 6124.600000 |
| 50% | 6189.000000 |
| 75% | 6520.000000 |
| max | 10588.000000 |

图 3-11　例 3-5 程序的运行结果

### 3.3.3　用 Pandas 进行数据清洗

#### 3.3.3.1　缺失值检测与处理

缺失值主要包括空值、表示数值缺失的特殊数值（如 NaN、Na、NaT 等）和空字符串等。

Pandas 提供了一系列的方法用来处理缺失数据，主要包括检测缺失值、删除缺失值和填充缺失值。

**1. 数据缺失的检测**

（1）空值和 NaN 类缺失值的检测。

Pandas 检测空值或 NaN 类的缺失值时，既可以使用 isnull()方法，也可以使用 isna()方法。这两种方法均可以检测 DataFrame 或 Series 中的缺失值。两种方法返回的是相应位置上的布尔型值，True 表示缺失，False 表示不缺失。

另外，检测时还可以搭配相应统计方法查看数据缺失情况，如搭配 sum()方法可以统计缺失值的数量。

【例 3-6】 检测"华为 Mate60 销售情况.csv"文件中数据是否有空值或缺失值。

```
1   import pandas as pd
2   df = pd.read_csv('d:/project/华为 Mate60 销售情况.csv')
3   #检测是否有缺失值
4   missing_values = df.isnull()
5   print("缺失值检测:\n", missing_values)
6   #统计每列缺失值的数量
7   missing_count = df.isnull().sum()
8   print("\n 每列缺失值数量:\n", missing_count)
9   #统计每行缺失值数量
10  missing_count_per_row = df.isnull().sum(axis=1)
11  print("\n 每行缺失值数量:\n", missing_count_per_row)
```

程序的运行结果如图 3-12 所示。

```
缺失值检测:
      产品名称    店铺名称    地理位置    产品价格
0     False    False    False    False
1     False    False    False    False
2     False    False    True     False
3     False    False    False    False
4     False    False    False    False
5     False    False    False    False
6     False    False    False    False
7     False    False    False    False
8     False    False    False    False
9     False    False    False    False
10    False    False    False    True
11    False    False    False    False

每列缺失值数量:
产品名称    0
店铺名称    0
地理位置    1
产品价格    1
dtype: int64

每行缺失值数量:
0     0
1     0
2     1
3     0
4     0
5     0
6     0
7     0
8     0
9     0
10    1
11    0
dtype: int64
```

图 3-12　例 3-6 程序的运行情况

由图 3-12 可知,地理位置列数据中存在一个缺失值,位置在第 3 行;产品价格列数据中也存在一个缺失值,位置在第 11 行。

(2) 空字符串检测。

isnull()方法和 isna()方法不适用于检测空字符串,字符串的检测需要用到比较运算符。

【例 3-7】　检测 DataFrame 对象是否有空字符串。

```
1    import pandas as pd
2    #创建一个 DataFrame 对象 df
3    df=pd.DataFrame({'A':[1, 2, ''],'B':[4,'',6]})
4    print('--------------------')
5    print(df)
6    #使用 isnull()方法检测空字符串
7    print('--------------------')
8    print(df.isnull())
9    print('--------------------')
10   #使用比较运算符检测空字符串
11   print(df=="")
```

程序的运行结果如图 3-13 所示。

由图 3-13 可知,isnull()方法并不适用于检测空字符串。

**2. 删除缺失值**

如果某个特征(字段)缺失值比例较高,且这些缺失值对分析目标没有实质性影响,则可以考虑删除缺失值。Pandas 提供的 dropna()方法可以删除用 isnull()方法或 isna()方法检测出的缺失值,其语法格式如下:

**Pandas.DataFrame.dropna(axis=0, how, \*)**

其中,主要参数的含义:

① axis,用来设置删除的是行还是列,取值为 0 删除行,取值为 1 表示删除列,默认值为 0。

② how,设置删除数据的规则。取值为"all",表示所有数据均为空时才删除,取值为"any",表示只要有一个为空就删除,默认取值为"any"。

【例 3-8】　删除"华为 Mate60 销售情况.csv"数据中所有包含缺失值的行。

```
1    import pandas as pd
2    df = pd.read_csv('d:/project/华为 Mate60 销售情况.csv')
3    #删除所有包含缺失值的行
4    df.dropna()
```

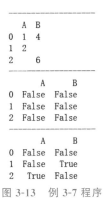

```
--------------------
   A  B
0  1  4
1  2
2     6
       A      B
0  False  False
1  False  False
2  False  False
--------------------
       A      B
0  False  False
1  False   True
2   True  False
```

图 3-13　例 3-7 程序
的运行结果

程序的运行结果如图 3-14 所示。

由运行结果可知,dropna()方法删除掉了包含缺失值的第 3 行和第 11 行数据。

提示:这种方法并不能删除包含空字符串的数据。

| | 产品名称 | 店铺名称 | 地理位置 | 产品价格 |
|---|---|---|---|---|
| 0 | 华为Mate60 | 皇家机行 | 江苏 | 7048.0 |
| 1 | 华为Mate50 | 海康智能数码专营店 | 广东 | 1358.0 |
| 3 | 华为Mate60 | 蜀都通讯 | 四川 | 6189.0 |
| 4 | 华为Mate60 | 津门千机惠 | 天津 | 6189.0 |
| 5 | 华为Mate60 | 华奥通讯 | 北京 | 10588.0 |
| 6 | 华为Mate60 | 麦克先生腾讯员工创业店 | 北京 | 6550.0 |
| 7 | 华为Mate60 | 阿布的数码屋 | 广东 | 6190.0 |
| 8 | 华为Mate60 | 嘉恒数码商城 | 北京 | 6060.2 |
| 9 | 华为Mate60 | 新疆恒天通讯官方店 | 新疆 | 6490.0 |
| 11 | 华为Mate60 | 蜀都通讯 | 四川 | 6189.0 |

图 3-14　例 3-8 程序的运行结果

**3. 填充缺失值**

当缺失值的比例相对较低时,可以选择填充缺失值,这样有助于保留数据的完整性,避免因为删除少量数据而损失信息。Pandas 提供的 fillna()方法可以填充用 isnull()或 isna()方法检测出来的缺失值,其语法格式如下:

```
Pandas.DataFrame.fillna(value=None, method=None, axis=None, *)
```

其中,主要参数的含义:

① value,用于填充缺失值的标量值或字典等。

② method,用于设置填充方式。取值为"bfill"表示向后填充,即用缺失值之后的第一个有效值进行填充;取值为"ffill"表示向前填充,即用缺失值之前的第一个有效值进行填充。

该方法返回填充缺失值后的 DataFrame 对象。

对于数值缺失值,可以使用固定值、均值、中位数、插值等进行填充;对于分类特征(即该字段所在列取值为字符串而非数值),可以使用众数、特殊值等进行填充。

众数(Mode)是指在统计分布上具有明显集中趋势点的数值,代表数据的一般水平。也是一组数据中出现次数最多的数值,有时一组数中会有多个众数。

【例 3-9】　填充"华为 Mate60 销售情况.csv"中的缺失值。

```
1   import pandas as pd
2   df = pd.read_csv('d:/project/华为 Mate60 销售情况.csv')
3   #1.使用众数填充分类字段(特征)
4   #获取'地理位置'列的众数
5   mode_value = df['地理位置'].mode()[0]
6   #使用众数填充'地理位置'列中的缺失值,inplace 为 True 表示原地修改
7   df['地理位置'].fillna(mode_value, inplace=True)
```

```
 8   #2.使用均值填充产品价格
 9   #获取产品价格列的均值
10   mean = df['产品价格'].mean()
11   df['产品价格'].fillna(mean,inplace=True)
12   print(df)
```

在上述代码中：

第 5 行 mode()方法用于获取某列的所有众数，"[0]"用于获取所有众数中频率最高的那个。

第 7 行使用 fillna(mode_value,inplace＝True)方法使用地理位置列的众数填充缺失值,inplace＝True 代表修改原来的 df。

第 10 行 mean()方法用于获取某列的均值。

第 11 行使用产品价格列的均值填充缺失值,并且修改原来的 df。

程序的运行结果如图 3-15 所示。第 3 条数据易购通信缺失的"地理位置",使用了地理位置列出现次数最多的"北京"进行填充;第 11 条数据缺失的"产品价格",使用了产品价格列的均值进行填充。

| | 产品名称 | 店铺名称 | 地理位置 | 产品价格 |
|---|---|---|---|---|
| 0 | 华为Mate60 | 皇家机行 | 江苏 | 7048.000000 |
| 1 | 华为Mate50 | 海康智能数码专营店 | 广东 | 1358.000000 |
| 2 | 华为Mate60 | 易购通信 | 北京 | 5800.000000 |
| 3 | 华为Mate60 | 蜀都通讯 | 四川 | 6189.000000 |
| 4 | 华为Mate60 | 津门千机惠 | 天津 | 6189.000000 |
| 5 | 华为Mate60 | 华奥通讯 | 北京 | 10588.000000 |
| 6 | 华为Mate60 | 麦克先生腾讯员工创业店 | 北京 | 6550.000000 |
| 7 | 华为Mate60 | 阿布的数码屋 | 广东 | 6190.000000 |
| 8 | 华为Mate60 | 嘉恒数码商城 | 北京 | 6060.200000 |
| 9 | 华为Mate60 | 新疆恒天通讯官方店 | 新疆 | 6490.000000 |
| 10 | 华为Mate60 | 华为手机 | 广东 | 6241.018182 |
| 11 | 华为Mate60 | 蜀都通讯 | 四川 | 6189.000000 |

图 3-15　填充缺失值后的数据

### 3.3.3.2　重复值检测与处理

Pandas 对重复值的处理主要包括检测重复值和删除重复值。

**1. 检测重复值**

Pandas 提供的 duplicated()方法可以检测 DataFrame 中的重复数据,其具体语法如下:

```
duplicated(subset=None, keep='first', * )
```

其中,主要参数的含义:

① subset,指定要检查的列标签列表,缺省则检查所有列。

② keep,指定如何标记重复值,默认为"first",不同取值含义:"first"表示将第一个值视为唯一值,将其余相同的值视为重复值;"last"表示将最后一个值视为唯一值,将其余相

同的值视为重复值;False 表示将所有相同的值均视为重复项。

该方法返回值为布尔型的 Series 结构,True 表示重复,False 表示不重复。

另外,检测重复值时,还可以搭配 sum()方法统计重复数据的数量。

【例 3-10】 使用 duplicated()方法查找重复数据。

```
1   import pandas as pd
2   df = pd.read_csv('d:/project/华为 Mate60 销售情况.csv')
3
4   #检测重复值
5   duplicate_values = df.duplicated()
6   print("重复值检测:\n", duplicate_values)
7
8   #统计重复值数量
9   duplicate_count = df.duplicated().sum()
10  print("\n重复值数量:", duplicate_count)
```

在上述的代码中:

第 5 行代码使用 duplicated()方法将产品名称、店铺名称、地理位置和产品价格完全相同的记录标记为 True。

第 9 行代码统计重复数据的数量。

程序运行的结果如图 3-16 所示。

**2. 删除重复值**

Pandas 提供的 drop_duplicates()方法可以删除重复数据,其具体语法如下:

```
DataFrame.drop_duplicates(subset=None,keep='first',
inplace=False,…)
```

其中,sunset 和 keep 参数的含义与 duplicated()方法一致。inplace 参数代表是否原地修改,默认是 False,表示不改变原 DataFrame;True 则表示在原 DataFrame 中删除重复数据。该方法返回的是删除重复值后的 DataFrame。

【例 3-11】 使用 drop_duplicates()删除重复数据。

```
1   import pandas as pd
2   df = pd.read_csv('d:/project/华为 Mate60 销售情况.csv')
3   df_new = df.drop_duplicates()
4   df_new
```

程序运行结果如图 3-17 所示。

以上是处理缺失值和重复值的基本方法。实际场景中,我们根据具体业务的需求,选择适合的处理方式。例如,删除重复值时,可以根据具体需求,选择保留第一个出现的值或最后一个出现的值等。

**重复值检测:**

```
 0     False
 1     False
 2     False
 3     False
 4     False
 5     False
 6     False
 7     False
 8     False
 9     False
10     False
11     True
dtype: bool
```

**重复值数量:** 1

图 3-16 例 3-10 程序
　　　　的运行结果

| | 产品名称 | 店铺名称 | 地理位置 | 产品价格 |
|---|---|---|---|---|
| 0 | 华为Mate60 | 皇家机行 | 江苏 | 7048.000000 |
| 1 | 华为Mate50 | 海康智能数码专营店 | 广东 | 1358.000000 |
| 2 | 华为Mate60 | 易购通信 | 北京 | 5800.000000 |
| 3 | 华为Mate60 | 蜀都通讯 | 四川 | 6189.000000 |
| 4 | 华为Mate60 | 津门千机惠 | 天津 | 6189.000000 |
| 5 | 华为Mate60 | 华奥通讯 | 北京 | 10588.000000 |
| 6 | 华为Mate60 | 麦克先生腾讯员工创业店 | 北京 | 6550.000000 |
| 7 | 华为Mate60 | 阿布的数码屋 | 广东 | 6190.000000 |
| 8 | 华为Mate60 | 嘉恒数码商城 | 北京 | 6060.200000 |
| 9 | 华为Mate60 | 新疆恒天通讯官方店 | 新疆 | 6490.000000 |
| 10 | 华为Mate60 | 华为手机 | 广东 | 6241.018182 |

图 3-17　例 3-11 程序的运行结果

### 3.3.3.3　异常值的检测与处理

异常值(outlier)又称离群点,是指数据中与大多数其他数据明显不同的值。

Pandas 提供了一系列的方法用来处理异常数据,主要包括检测异常值、删除异常值和替换异常值。

**1. 检测异常值**

常见的判定数据中是否存在异常值的方法包括 3σ 原则和箱线图(箱形图)。

(1) 3σ 原则。

计算数据的均值和标准差,然后根据 3σ 原则,将位于均值±3 倍标准差之外的数据视为异常值。

使用 3σ 原则判断数据集中是否存在异常数据的前提是数据满足正态分布,若数据非正态分布,则可使用箱线图判断异常数据。

如 3.3.2.4 节所述,Pandas 提供的 describe()方法可以计算数据的均值、标准差、上四分位数、中位数、下四分位数等,因此,借助 describe()方法,进行简单计算便可以判定数据集中是否存在异常数据。

(2) 箱线图。

箱线图是一种用作显示一组数据分散情况的统计图,由上限、上四分位数、中位数、下四分位数、下限组成。它最大的优点就是不受异常值的影响,以一种相对稳定的方式描述数据的离散分布情况。通过箱线图,可以直观地发现数据中是否存在异常。

图 3-18 是一个箱线图。根据数据的上四分位数 Q3(分布在 75% 的位置)和下四分位数 Q1(分布在 25% 的位置)和四分位距(IQR = Q3 − Q1),将位于下限(Q1 − 1.5IQR)和上限(Q3 + 1.5IQR)之外的数据视为异常值。

为了更直观地查看数据集中的异常数据,可以借助 Pandas 提供的 boxplot()方法绘制

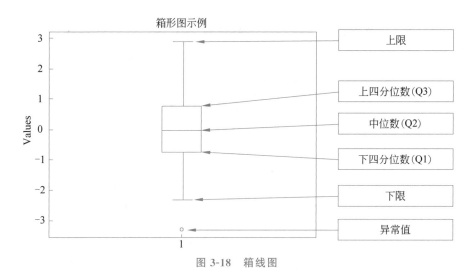

图 3-18　箱线图

箱线图,具体语法如下:

```
DataFrame.boxplot(column=None, * )
```

其中,参数 column 用于指定绘制箱线图的数据列。如果不指定,则默认绘制 DataFrame 中所有数值列的箱线图。

DataFrame 支持按照条件对 DataFrame 中的数据进行筛选。其具体语法如下:

```
df[筛选条件]
```

其中,筛选条件的常见形式为:df['标签']满足某个条件,如 df['标签']等于某个值,大于某个值或小于某个值等,筛选条件返回一个布尔型 Series,通过 df[布尔型 Series]把 DataFrame 中对应标签,布尔值为 True 的数据筛选出来,得到的是 DataFrame 对象。

筛选条件既可以是单个条件,也可以是多个条件,多个条件之间使用 Pandas 的逻辑运算符与(&)、或(|)、非(～)连接。需要注意的是,每个筛选条件需要用小括号括起来。

【例 3-12】 使用箱线图法判断"新-华为 Mate50 销售情况.csv"文件(如图 3-19 所示)中是否存在异常数据。与华为 Mate60 文件结构相同,该文件也有 4 个字段,共 9 条数据,每个字段分别为产品名称、店铺名称、地理位置和产品价格。同样,假设该文件存储在"d:/project"目录下。

| 产品名称 | 店铺名称 | 地理位置 | 产品价格 |
|---|---|---|---|
| 华为Mate50 | 昊玉数码专营店 | 广东 | 1488 |
| 华为Mate50 | 中航数码通讯 | 广东 | 3148 |
| 华为Mate50 | 华胜通数码 | 广东 | 4549 |
| 华为Mate50 | 新通信手机数码 | 北京 | 9999 |
| 华为Mate50 | 昊玉数码专营店 | 广东 | 1488 |
| 华为Mate50 | 华诚数码商城 | 山西 | 3350 |
| 华为Mate50 | 小野优品 | 江苏 | 899 |
| 华为Mate50 | 元宇宙电讯 | 浙江 | 930 |
| 华为Mate50 | 方圆泽数码优品 | 陕西 | 11930 |

图 3-19　华为 Mate50 销售情况

```
1    import pandas as pd
2    df = pd.read_csv('d:/project/新-华为 Mate50 销售情况.csv')
3    #绘制箱线图
4    df.boxplot(column='产品价格')
5    #使用 describe 方法查看产品价格数据列统计信息
6    stat_data = df['产品价格'].describe()
7    #从统计信息 stat_data 中获取上四分位数和下四分位数
8    Q3 = stat_data.loc['75%']
9    Q1 = stat_data.loc['25%']
10   #计算四分位距
11   IQR = Q3-Q1
12   #计算下限、上限
13   lower_limit = Q1 - 1.5 * IQR
14   upper_limit = Q3 + 1.5 * IQR
15   #筛选数据
16   cond = (df['产品价格']<lower_limit) | (df['产品价格']>upper_limit)
17   #筛选数据
18   df_new = df[cond]
19   df_new
```

在上面的代码中：

第 16 行代码定义了在 DataFrame 中筛选数据的条件。

第 18 行代码筛选出了满足条件的数据。

提示：程序运行时，首先显示第 19 行的 df_new，然后才显示第 4 行绘制的箱线图。在不同的平台上运行以上代码需考虑字体库，用以显示中文。

程序运行结果如图 3-20 所示。

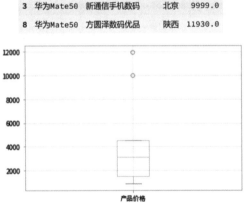

图 3-20　例 3-12 程序的运行结果

由图 3-20 可知，华为 Mate50 产品价格均匀分布在 1500～4500 元。数据中存在两个异常产品价格，即 9999.0 和 11930.0，需要进行适当处理。

**2. 删除异常值**

如果异常数据在数据集中所占比例很小，可以直接删除异常数据。

删除异常数据有两种方式：一种是对异常数据筛选条件取反，筛选得到的就是不包含异常数据的数据集；另一种方式是通过 drop() 方法删除指定索引的数据。下面介绍第一种删除异常的方式。

【例 3-13】 删除新-华为 Mate50 销售情况表中的异常数据。

在例 3-12 下方添加如下两行代码，即可获取到不包含异常值的数据。

```
1   df_new_1 = df[~cond]
2   df_new_1
```

程序运行结果如图 3-21 所示。

| | 产品名称 | 店铺名称 | 地理位置 | 产品价格 |
|---|---|---|---|---|
| 0 | 华为Mate50 | 昊玉数码专营店 | 广东 | 1488.0 |
| 1 | 华为Mate50 | 中航数码通讯 | 广东 | 3148.0 |
| 2 | 华为Mate50 | 华胜通数码 | 广东 | 4549.0 |
| 4 | 华为Mate50 | 昊玉数码专营店 | 广东 | 1488.0 |
| 5 | 华为Mate50 | 华诚数码商城 | 山西 | 3350.0 |
| 6 | 华为Mate50 | 小野优品 | 江苏 | 899.0 |
| 7 | 华为Mate50 | 元宇宙电讯 | 浙江 | 930.0 |

图 3-21 例 3-13 程序的运行结果

**3. 替换异常值**

还可以根据需要将异常值替换成特定值，如替换为中位数、均值等，当然也可以通过插值法根据相邻数据点的值推测并替换异常值。

Pandas 提供的 replace() 方法可以实现数据替换，具体语法如下：

```
DataFrame.replace(to_replace=None, value=_NoDefault.no_default, *, inplace=False, *)
```

其中，主要参数的含义：

① to_replace，表示需要被替换的旧值，它可以是一个单一的值，也可以是一个列表或字典，表示多个值要被替换。

② value，表示用于替换的新值，它可以是一个单一的值，也可以是一个列表或字典，表示某些旧值需要被替换为不同的新值。

③ inplace，表示是否直接替换原来的数据，默认值为 False。

【例 3-14】 使用 replace() 方法替换新-华为 Mate50 销售数据表中的异常数据。

```
1   import pandas as pd
2   df = pd.read_csv('新-华为 Mate50 销售情况.csv')
3   #产品价格的均值
4   mean = df['产品价格'].mean()
5   #产品价格中位数
6   median = df['产品价格'].median()
7   #一对一替换
```

```
8   df1 = df.replace(9999,mean)
9   df1 = df1.replace(11930,mean)
10  print('-----------------------------------------------------')
11  print(df1)
12  #多对一替换
13  df2 = df.replace([9999,11930],median)
14  print('-----------------------------------------------------')
15  print(df2)
16  #多对多替换
17  df3 = df.replace({9999:median,11930:mean})
18  print('-----------------------------------------------------')
19  print(df3)
```

在上面的代码中：

第 4 行代码 mean()方法用于求解某列的均值。

第 6 行代码 median()方法用于求解某列的中位数。

程序运行结果如图 3-22 所示。

图 3-22　例 3-14 程序的运行结果

除了上述替换方式外，replace()方法还支持按照正则表达式进行替换，有兴趣或有需要的读者可以查阅相关资料。

### 3.3.4 用 Pandas 进行数据筛选

Pandas 提供了多种通过行标签和列标签提取/查询 DataFrame 中数据的方法。例如，使用运算符"[]"访问数据，使用 loc 方法提取数据，使用 iloc 方法提取数据。

**1. 使用运算符"[]"基于列名提取列数据**

语法格式如下：

**df[列名列表]**

其中，"[]"是索引运算符；df 是一个 DataFrame 对象；"列名列表"是要提取数据的列标签，可以是单个列名（选取一列），也可以是多个列名组成的列表（选取多列）。

如果提取单列数据，则返回的是一个带索引的 Series 对象；如果提取多列数据，则返回的是一个 DataFrame 对象。

【例 3-15】 使用运算符"[]"按列提取 DataFrame 中的数据。

```
1    import pandas as pd
2    df = pd.read_csv('d:/project/华为 Mate60 销售情况.csv')
3    #输出 DataFrame
4    df_new = df[['产品名称','地理位置','产品价格']]
5    df_new
```

在上述代码中，第 4 行使用运算符"[]"提取了原始
df 中的"产品名称""地理位置""产品价格"三列数据。

程序运行结果如图 3-23 所示。

**2. 使用 loc 方法提取数据——按行或按列**

loc 方法提供了基于标签（行标签、列标签）的索引与
切片。切片可以理解成截取部分元素，列表和字符串中
通过［beg：end：step］形式提取数据就是切片。访问
DataFrame 对象时，规定先操作行标签，再操作列标签。
其语法格式如下：

```
df.loc[row_range]
```

或

```
df.loc[row_range,col_range]
```

| | 产品名称 | 地理位置 | 产品价格 |
|---|---|---|---|
| 0 | 华为Mate60 | 江苏 | 7048.0 |
| 1 | 华为Mate50 | 广东 | 1358.0 |
| 2 | 华为Mate60 | NaN | 5800.0 |
| 3 | 华为Mate60 | 四川 | 6189.0 |
| 4 | 华为Mate60 | 天津 | 6189.0 |
| 5 | 华为Mate60 | 北京 | 10588.0 |
| 6 | 华为Mate60 | 北京 | 6550.0 |
| 7 | 华为Mate60 | 广东 | 6190.0 |
| 8 | 华为Mate60 | 北京 | 6060.2 |
| 9 | 华为Mate60 | 新疆 | 6490.0 |
| 10 | 华为Mate60 | 广东 | NaN |
| 11 | 华为Mate60 | 四川 | 6189.0 |

图 3-23 例 3-15 程序的运行结果

其中的 row_range 常见形式：
- 一个 DataFrame 对象中定义的单个行标签。
- 一个包含多个行标签的列表。
- beg:end:step 形式，根据行标签切片，返回位于 beg 和 end 之间的元素，包括开始和

结束标签,step 缺省时默认为 1。

其中的 col_range 常见形式:

- 一个 DataFrame 对象中定义的单个列标签。
- 一个包含多个列标签的列表。
- beg:end:step 形式,根据列标签切片,返回位于 beg 和 end 之间的元素,包括开始和结束标签,step 缺省时默认为 1。

【例 3-16】　使用 loc 方法按行和按列提取数据。

```
1   #导入 Pandas 库
2   import pandas as pd
3   df = pd.read_csv('d:/project/华为 Mate60 销售情况.csv')
4   #提取地理位置这一列数据
5   print('--------------------------------------------------')
6   print(df.loc[:,'地理位置'])
7   #提取行标签为 4 的那一行数据
8   print('--------------------------------------------------')
9   print(df.loc[4,:])
10  print('--------------------------------------------------')
11  #提取行标签为 0 和 1 的产品价格列数据
12  print(df.loc[0:1,'产品价格'])
```

程序运行结果如图 3-24 所示。

```
--------------------------------------------------
0       江苏
1       广东
2       NaN
3       四川
4       天津
5       北京
6       北京
7       广东
8       北京
9       新疆
10      广东
11      四川
Name: 地理位置, dtype: object
--------------------------------------------------
产品名称      华为Mate60
店铺名称      津门千机惠
地理位置         天津
产品价格         6189
Name: 4, dtype: object
--------------------------------------------------
0    7048.0
1    1358.0
Name: 产品价格, dtype: float64
```

图 3-24　例 3-16 程序的运行结果

**3. 使用 iloc 方法提取数据——按行或按列**

Pandas 还提供了基于位置访问元素的 iloc 方式提取数据,其用法与 loc 类似,但是要将标签替换成下标。其语法格式如下:

```
df.iloc[i_range]
```

或

```
df.iloc[i_range,j_range]
```

其中的 i_range 常见形式：
- 一个 DataFrame 对象中表示行位置的下标值。
- 一个包含多个行位置的下标组成的列表。
- beg:end:step 形式，根据行下标进行切片，返回位于 beg 和 end 之间的元素，返回值不包括 end 元素，step 缺省时默认为 1。

其中的 j_range 常见形式：
- 一个 DataFrame 对象中表示列位置的下标值。
- 一个包含多个列位置的下标组成的列表。
- beg:end:step 形式，根据列下标进行切片，返回位于 beg 和 end 之间的元素，返回值不包括 end 元素，step 缺省时默认为 1。

【例 3-17】 使用 iloc 方法提取数据。

```
1   #导入 Pandas 库
2   import pandas as pd
3   df = pd.read_csv('d:/project/华为 Mate60 销售情况.csv')
4   #提取地理位置这一列数据
5   print('---------------------------------------------------')
6   print(df.iloc[:,2])
7   #提取行标签为 4 的那一行数据
8   print('---------------------------------------------------')
9   print(df.iloc[4,:])
10  print('---------------------------------------------------')
11  #提取行标签为 0 和 1 的产品价格列数据
12  print(df.iloc[0:2,3])
```

程序的运行情况与图 3-24 一致。

### 3.3.5 用 Pandas 进行数据转换

在 Pandas 中，数据转换是一个常见的任务，涉及将数据从一种格式或结构转换为另一种格式或结构。Pandas 提供了多种函数和方法来执行各种数据转换。下面介绍一种查找特定格式数据的方法。

Pandas 提供的 Series.str.findall() 方法，可用于在 Series 中每个字符串元素上执行正则表达式查找，即将某个 Series 中符合某个正则表达式模式的字符串查找出来，该方法返回值为一个列表，列表中包含每个字符串中所有匹配正则表达式的子串。其语法格式如下：

```
Pandas.Series.str.findall(pat, flags=0)
```

其中，主要参数的含义：
① pat，表示正则表达式模式。
② flags，表示标志位，用于控制正则表达式的匹配方式，如忽略大小写等。

【例 3-18】 利用 str.findall( )方法将产品名称中非华为 Mate60 替换成华为 Mate60。

```
1   import pandas as pd
2   df = pd.read_csv('华为 Mate60 销售情况.csv')
3   #查找所有产品名称中的连续数值,并将数值放入列表中返回
4   ls = df['产品名称'].str.findall('\d+')
5   for i in range(len(ls)):
6       #将产品名称中数值不是 60 的数据替换成华为 Mate60
7       if ls[i] != 60:
8           df.loc[i,'产品名称']="华为 Mate60"
9   df
```

在上述代码中：

第 4 行代码使用 str.findall('\d+')方法将产品名称中的所有连续数字查找出来,并将所有数字作为列表返回。

第 7 行代码将返回的列表中的数字不是 60 的全部替换成“华为 Mate60”。

程序运行结果如图 3-25 所示。

| | 产品名称 | 店铺名称 | 地理位置 | 产品价格 |
|---|---|---|---|---|
| 0 | 华为Mate60 | 皇家机行 | 江苏 | 7048.0 |
| 1 | 华为Mate60 | 海康智能数码专营店 | 广东 | 1358.0 |
| 2 | 华为Mate60 | 易购通信 | NaN | 5800.0 |
| 3 | 华为Mate60 | 蜀都通讯 | 四川 | 6189.0 |
| 4 | 华为Mate60 | 津门千机惠 | 天津 | 6189.0 |
| 5 | 华为Mate60 | 华奥通讯 | 北京 | 10588.0 |
| 6 | 华为Mate60 | 麦克先生腾讯员工创业店 | 北京 | 6550.0 |
| 7 | 华为Mate60 | 阿布的数码屋 | 广东 | 6190.0 |
| 8 | 华为Mate60 | 嘉恒数码商城 | 北京 | 6060.2 |
| 9 | 华为Mate60 | 新疆恒天通讯官方店 | 新疆 | 6490.0 |
| 10 | 华为Mate60 | 华 为 手 机 | 广东 | NaN |
| 11 | 华为Mate60 | 蜀都通讯 | 四川 | 6189.0 |

图 3-25 例 3-18 程序的运行结果

提示：上面的各项处理方法,参数等细节较多。我们此时有一个基本了解,需要时可以查询相关资料或寻求专业人士帮助。

## 3.4 Execution——实际动手解决问题

我们已经明确了需要进行的数据预处理任务,学习了相关的处理方法,下面就动手完成数据预处理工作。

### 3.4.1 读入数据集文件

开始数据预处理之前,需要使用 Pandas,将存储在"d:/project"目录下的数据集文件"lagou_data.csv"中的数据读取到 DataFrame 对象中。可以通过 head()方法查看数据集是否读取成功,通过 info()方法查看数据集的整体概要信息。

```
1    import pandas as pd
2    df = pd.read_csv('d:/project/lagou_data.csv',encoding='gbk')
3    df.head()
```

程序运行结果如图 3-26 所示。

| | Column1 | positionName | city | district | salary | workYear | education | companyName | industry | financeStage | companySize | companyLabelList | positionAdvantage |
|---|---|---|---|---|---|---|---|---|---|---|---|---|---|
| 0 | 0 | 数据分析师 | 深圳 | 西丽 | 25k-40k | 经验1-3年 | 本科 | 雄岸区块链集果 | 区块链 | 上市公司 | 150-500人 | R语言,科技金融,金融业,Python,SQL | "高薪高福利" |
| 1 | 1 | 数据分析师 | 广州 | 珠江新城 | 15k-30k | 经验1-3年 | 本科 | 广发银行信用卡中心 | 金融业 | 不需要融资 | 2000人以上 | PL/SQL,MySQL,金融业,电商平台,PowerBuilder | "大平台、大团队" |
| 2 | 2 | 数据分析师 | 深圳 | 南山区 | 15k-30k | 经验3-5年 | 本科 | 富途 | 科技金融 | 上市公司 | 500-2000人 | R语言,科技金融,金融业,Python,SQL | "能够熟悉券商的内部运作机制,了解证券业务" |
| 3 | 3 | 数据分析师 | 北京 | 海淀区 | 20k-40k | 经验3-5年 | 本科 | 字节跳动 | 内容资讯,短视频 | D轮及以上 | 2000人以上 | 弹性工作,就近租房补贴,节日礼品,年度体检 | "六险一金,弹性工作,租房补贴,免费三餐" |
| 4 | 4 | 数据分析师 | 北京 | 三元桥 | 15k-20k | 经验1-3年 | 本科 | 欢喜传媒 | 影视\|动漫 | 上市公司 | 50-150人 | 视频,产品策划,需求分析 | "互联网公司" |

图 3-26　数据集前 5 条数据截图

由图 3-26 可知,数据集读取成功。

接下来通过 info()函数查看数据集数据的概要信息。

```
1    df.info()
```

程序运行结果如图 3-27 所示。

由图 3-27 可知,数据集共 450 条数据,13 个字段,且每个字段数据类型和非空值数量均有显示。通过各字段非空值数量可以发现,有些字段存在缺失的情况,需要进一步处理。

### 3.4.2 数据清洗和特征选择

接下来进行数据清洗,数据清洗的过程中涉及特征的选择。

注意:数据清洗时,先处理缺失值还是先处理重复值?这并没有固定的顺序,主要取决于数据特性和业

```
<class 'pandas.core.frame.DataFrame'>
RangeIndex: 450 entries, 0 to 449
Data columns (total 13 columns):
Column1            450 non-null int64
positionName       450 non-null object
city               450 non-null object
district           450 non-null object
salary             450 non-null object
workYear           450 non-null object
education          450 non-null object
companyName        450 non-null object
industry           418 non-null object
financeStage       418 non-null object
companySize        418 non-null object
companyLabelList   400 non-null object
positionAdvantage  450 non-null object
dtypes: int64(1), object(12)
memory usage: 45.8+ KB
```

图 3-27　数据集数据的概要信息

务需求。如果数据集中存在大量重复数据,则可以考虑先去除重复值;如果数据集中存在大量缺失值,则可以先处理缺失值。我们选择先处理缺失值,再处理重复值。

1. 缺失值处理

缺失值处理过程如下:

(1)缺失值检测。

使用 isnull()方法判断数据集 df 中是否存在缺失数据,并通过 sum()方法统计缺失值数量。其具体代码如下:

```
1  df.isnull().sum()
```

程序运行结果如图 3-28 所示。

由图 3-28 可知,企业所属行业、融资阶段、企业规模存在 32 条缺失数据;企业标签存在 50 条缺失数据。

(2) 缺失值处理。

① 填充缺失值。

由于 industry(企业所属行业)、financeStage(融资阶段)、companySize(企业规模)字段数据缺失比例较小,且与后续数据分析时分析企业基本情况相关,故对于这三个缺失字段选择填充处理。由于这三个字段均为分类字段,故填充方法选择众数填充。具体代码如下:

```
1  #使用'industry'列的众数,填充该列缺失值,原地修改 df
2  df.loc[:,'industry'].fillna(df.loc[:,'industry'].mode()[0],inplace=True)
3  #使用'financeStage'列的众数,填充该列缺失值,原地修改 df
4  df.loc[:,'financeStage'].fillna(df.loc[:,'financeStage'].mode()[0],
   inplace=True)
5  #使用'companySize'列的众数,填充该列缺失值,原地修改 df
6  df.loc[:,'companySize'].fillna(df.loc[:,'companySize'].mode()[0],inplace=
   True)
7
8  df.isnull().sum()
```

在上述代码中:

第 2 行使用 df.loc[:,'industry'].mode()[0]获取到该列数据的众数,然后通过 fillna() 方法,将'industry'列的众数填充至该列数据缺失位置。

第 4 行和第 6 行填充方式跟第 2 行一致。

程序运行结果如图 3-29 所示。

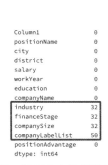

图 3-28　数据集中数据缺失情况

```
Column1             0
positionName        0
city                0
district            0
salary              0
workYear            0
education           0
companyName         0
industry            0
financeStage        0
companySize         0
companyLabelList    50
positionAdvantage   0
dtype: int64
```

图 3-29　处理完缺失值后的概要信息

② 删除缺失值。

companyLabelList(企业标签)字段与后续分析相关性不高,直接删除。其具体代码如下:

```
1   df_new = df.dropna(axis=1)
2   df_new.isnull().sum()
```

图 3-30  处理完缺失值的数据集数据缺失结果

在上面的代码中：

第 1 行代码使用 dropna（axis＝1）方法将 df 中包含缺失值的 companyLabelList 列删除，并将删除缺失值之后的 df 赋值到 df_new 中。

第 2 行代码使用 isnull（）方法和 sum（）方法查看此时 df_new 中数据缺失情况。

程序运行结果如图 3-30 所示。

由图 3-30 可知，此时的数据集中不再包含缺失数据，且 companyLabelList 列数据被成功删除，至此完成了缺失值的处理。

**2. 重复数据处理**

重复数据的处理包括重复值检测和删除。

（1）检测重复值。

Columns 列表示数据的序号。进行重复值检测时，需要将其排除，然后使用 duplicated（）方法和 sum（）方法检测数据集中数据重复情况。具体代码如下：

```
1   df_new.iloc[:,1:].duplicated().sum()
```

在上述代码中，首先使用 iloc 方法提取数据中第 2 列，即 positionName 开始的全部数据，然后使用 duplicated（）方法和 sum（）方法检测重复数据。程序运行结果如图 3-31 所示。

**7**

图 3-31  数据集中重复数据条数

由图 3-31 可知，数据集中存在 7 条重复数据。

（2）删除重复值。

使用 drop_duplicates（）方法删除重复数据即可。其具体代码如下：

```
1   df_pro2 = df_new.iloc[:,1:].drop_duplicates()
2   df_pro2.info()
```

```
<class 'pandas.core.frame.DataFrame'>
Int64Index: 443 entries, 0 to 449
Data columns (total 11 columns):
positionName       443 non-null object
city               443 non-null object
district           443 non-null object
salary             443 non-null object
workYear           443 non-null object
education          443 non-null object
companyName        443 non-null object
industry           443 non-null object
financeStage       443 non-null object
companySize        443 non-null object
positionAdvantage  443 non-null object
dtypes: object(11)
memory usage: 41.5+ KB
```

图 3-32  去重之后的数据集概要信息

在上述代码中：

第 1 行代码首先使用 iloc 提取出 positionName 列开始的全部数据，然后调用 drop_duplicates（）方法删除重复数据，并将删除重复数据之后的结果赋值给 df_pro2。

第 2 行代码输出去重之后的数据集概要信息。程序运行结果如图 3-32 所示。

由图 3-32 可知，去除缺失值和重复值之后的数据集有 11 个字段、443 条数据，且这 11 个字段均与后续数据分析相关，所以至此数据清洗和特征选择工作完成。

### 3.4.3　数据转换

由于我们的分析目标中包括工作经验与职位需求、工作经验与薪资、薪资与学历、不同城市薪资待遇等分析内容,涉及数值是一个范围的薪资和工作经验两个特征字段。所以,需要将薪资和工作经验的范围数据转换为具体的数值。

#### 1. 薪资转换

数据集中的薪资均为 25k～40k、15k～30k 这样的范围字段,我们可以取两个端点的平均值。具体的处理逻辑如下:

首先使用 Series.str.findall() 方法查找薪资字段中连续出现的数值,并将两个端点数字保存在列表中返回,然后遍历返回列表中的两个端点数字,取其平均值替换薪资字段原来的值。其具体代码如下:

```
1    '''
2    df_pro2.loc[:,'salary']表示获取数据集中的 salary 这一列数据,类型为 Series
3    调用 str.findall()查找该列数据中连续出现的数字,将所有匹配的数字以列表形式返回
4    '''
5    df_pro2.loc[:,'salary'] = df_pro2.loc[:,'salary'].str.findall("\d+")
6    salary_list=[]
7    #遍历列表中的两个端点薪资
8    for i in df_pro2.loc[:,'salary']:
9        #int()方法是指将某个数据类型的数据转换成 int 类型
10       num1=int(i[0])
11       num2=int(i[1])
12       average_Salary=(num1+num2)/2
13       salary_list.append(average_Salary)
14   #Pandas 支持将列表转换成 Series
15   df_pro2.loc[:,'salary']=pd.Series(salary_list)
16   df_pro2.head()
```

在上述代码中:

第 5 行代码使用 loc 方法获取到“salary”薪资列数据,然后使用 str.findall() 方法查找每个薪资数据中出现的连续数值,即两个端点数据,将端点数据放在列表中返回,最后把 443 条薪资范围端点数据列表重新赋值给“salary”列,此时“salary”列中每一项数据是为两个端点组成的列表,如图 3-33 所示。

第 8 行～第 13 行代码,依次遍历“salary”中保存的列表,获取到端点数据,对端点数据求均值。

第 15 行代码通过 pd.Series() 方法将求解的 salary_list 重新赋给“salary”数据列。

程序运行结果如图 3-34 所示。

由图 3-34 可知,薪资已经转换成了具体的数值,且数值的单位没有改变,还是以“k”为单位。

```
0     [25, 40]
1     [15, 30]
2     [15, 30]
3     [20, 40]
4     [15, 20]
5     [25, 50]
6     [15, 30]
7      [8, 15]
8     [20, 40]
9     [20, 40]
10    [20, 39]
11    [20, 30]
12    [15, 25]
```

图 3-33　“salary”列保存的部分薪资端点数据

图 3-34　薪资转换为数值后的部分数据集

**2. 工作经验转换**

工作经验的转换与薪资类似,只不过工作经验的取值格式比薪资复杂,包括:经验 1～3 年、经验 3～5 年、经验 5～10 年、经验不限、经验在校、经验 10 年以上、经验 1 年以下共 7 种情况。为此,我们做出一个处理规定:如果是"经验 x～x 年"的类型,就取两个数字的平均值;如果是"经验在校"或"经验不限",就认为工作经验要求为 0 年,取数字 0;如果是"经验 10 年以上"就直接取数值 10。这样,就能把不同类型的工作经验要求转化为可以计算的数值了。具体转换方式见表 3-4。

表 3-4　工作经验由范围转换数值规则

| 工作经验原始数据 | 转换后工作经验 |
| --- | --- |
| 经验 1～3 年 | (1+3)/2=2 |
| 经验 3～5 年 | (3+5)/2=4 |
| 经验 5～10 年 | (5+10)/2=7.5 |
| 经验不限 | 0 |
| 经验在校 | 0 |
| 经验 10 年以上 | 10 |
| 经验 1 年以下 | 1 |

具体代码如下:

```
1   df_pro2.loc[:,'workYear'] = df_pro2.loc[:,'workYear'].str.findall("\d+")
2   workYear_list=[]
3   for i in df_pro2.loc[:,'workYear']:
4       if len(i)==0:
5           workYear_list.append(0)
6       elif len(i)==1:
7           num1=int(i[0])
8           workYear_list.append(num1)
9       else:
10          num1=int(i[0])
11          num2=int(i[1])
12          average_workYear=(num1+num2)/2
13          workYear_list.append(average_workYear)
14  df_pro2.loc[:,'workYear']= pd.Series(workYear_list)
15  df_pro2.head()
```

程序运行结果如图 3-35 所示。

| | positionName | city | district | salary | workYear | education |
|---|---|---|---|---|---|---|
| 0 | 数据分析师 | 深圳 | 西丽 | 32.5 | 2.0 | 本科 |
| 1 | 数据分析师 | 广州 | 珠江新城 | 22.5 | 2.0 | 本科 |
| 2 | 数据分析师 | 深圳 | 南山区 | 22.5 | 4.0 | 本科 |
| 3 | 数据分析师 | 北京 | 海淀区 | 30.0 | 4.0 | 本科 |
| 4 | 数据分析师 | 北京 | 三元桥 | 17.5 | 2.0 | 本科 |

图 3-35　工作经验处理成数值之后的部分数据集

**3. 处理异常数据**

转换之后的数据集中新增了数值列数据,我们需要判断数据是否存在异常情况。下面仅检查薪资列是否存在异常数据,如果存在,就直接删除。其他数值列方法相同。这里我们采用箱线图法检验异常数据,其具体代码如下:

```
1    #判断是否有异常数据
2    df_pro2.boxplot(column='salary')
3    #使用 describe 方法查看薪资数据列统计信息
4    stat_data = df_pro2.describe()
5    #从统计信息 stat_data 中获取上四分位数和下四分位数
6    Q3 = stat_data['salary'].loc['75%']
7    Q1 = stat_data['salary'].loc['25%']
8    #计算四分位距
9    IQR = Q3-Q1
10   #计算下限、上限
11   lower_limit = Q1 -1.5 * IQR
12   upper_limit = Q3 + 1.5 * IQR
13   #异常数据筛选条件
14   cond = (df_pro2['salary']<lower_limit) | (df_pro2['salary']>upper_limit)
15   #删除异常数据
16   df_pro3 = df_pro2[~cond]
```

程序运行结果如图 3-36 所示。

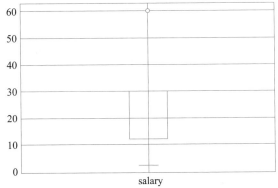

图 3-36　薪资列箱线图

至此,我们已经完成了数据预处理的三项工作。

### 3.4.4 将数据预处理结果保存到文件

接下来使用 Pandas 的 to_csv()方法将数据预处理完的数据保存至"lagou_data_new.csv"文件中,以便展开后续的数据分析工作。其具体代码如下:

```
1  df_pro3.to_csv('d:/project/lagou_data_new.csv')
```

### 3.4.5 数据预处理的完整代码

从模块化的角度出发,我们可以设计一个主函数,在主函数中设计数据预处理的完整逻辑,并把比较复杂的工资转换和工作经验转换部分设计成独立的函数,在主函数中进行调用,主函数的执行逻辑如下:

(1)读取原始数据集。

(2)处理缺失值和提取特征。

(3)处理重复值和提取特征。

(4)工资转换。

(5)工作经验转换。

(6)处理异常数据。

(7)保存预处理后的数据。

完整的程序代码如下:

```
1   import pandas as pd
2   #定义工资转换函数
3   def salary(df):
4       '''
5       1.\d+"表示匹配连续出现的数字
6       2.df_pro2.loc[:, 'salary']表示获取数据集中的 salary 这一列数据,类型
    为 Series
7       3.调用 str.findall()方法查找该列数据中连续出现的数字,将所有匹配的数字以列表
    形式返回
8       '''
9       df.loc[:,'salary'] = df.loc[:,'salary'].str.findall("\d+")
10      salary_list=[]
11      #遍历列表中的两个端点薪资
12      for i in df.loc[:,'salary']:
13          #int()方法是指将某个数据类型的数据转换成 int 类型
14          num1=int(i[0])
15          num2=int(i[1])
16          average_Salary=(num1+num2)/2
17          salary_list.append(average_Salary)
18
19      #将转换后的薪资列表重新赋值到"salary"列
20      df.loc[:,'salary']=salary_list
```

```
21        return df
22  #定义工作经验转换函数
23  def workyear(df):
24      df.loc[:,'workYear'] = df.loc[:,'workYear'].str.findall("\d+")
25      workYear_list=[]
26      for i in df.loc[:,'workYear']:
27          if len(i)==0:
28              workYear_list.append(0)
29          elif len(i)==1:
30              num1=int(i[0])
31              workYear_list.append(num1)
32          else:
33              num1=int(i[0])
34              num2=int(i[1])
35              average_workYear=(num1+num2)/2
36              workYear_list.append(average_workYear)
37      df.loc[:,'workYear']= workYear_list
38      return df
39
40  def main():
41      df = pd.read_csv('lagou_data.csv',encoding='gbk')
42      #缺失值处理
43      #使用'industry'列的众数,填充该列缺失值,原地修改 df
44      df.loc[:,'industry'].fillna(df.loc[:,'industry'].mode()[0],inplace=True)
45      #使用'financeStage'列的众数,填充该列缺失值,原地修改 df
46      df.loc[:,'financeStage'].fillna(df.loc[:,'financeStage'].mode()[0],
          inplace=True)
47      #使用'companySize'列的众数,填充该列缺失值,原地修改 df
48      df.loc[:,'companySize'].fillna(df.loc[:,'companySize'].mode()[0],
          inplace=True)
49      #companyLabelList 字段的缺失值进行删除处理,删除 companyLabelList 列
50      df_new = df.dropna(axis=1)
51
52      #去除 positionName 列开始的所有数据部分的重复数据
53      df_pro1 = df_new.iloc[:,1:].drop_duplicates()
54
55      #调用工资转换函数
56      df_pro2 = salary(df_pro1)
57
58      #调用工作经验转换函数
59      df_pro3 = workyear(df_pro2)
60
61      #判断是否有异常数据
62      df_pro3.boxplot(column='salary')
63      #使用 describe 方法查看薪资数据列统计信息
64      stat_data = df_pro3.describe()
65      #从统计信息 stat_data 中获取上四分位数和下四分位数
66      Q3 = stat_data['salary'].loc['75%']
67      Q1 = stat_data['salary'].loc['25%']
68      #计算四分位距
```

扫描二维码获得完整的代码和处理后的数据集文件 lagou_data_new.csv。

## 3.5 Evaluation——评价与反思

到这里,我们针对"分析数据分析师岗位情况"这一主题,已经完成了数据分析的第二阶段的任务——数据预处理,得到了一个可以用于分析数据分析师岗位情况的数据集。

然而,我们的数据清洗任务采用的处理方案比较简单,为了使得处理的数据更加合理,还可以采取以下方案。

(1)缺失值处理:

我们对'industry','financeStage','companySize'三个字段的缺失值处理统一采取了众数填充方案,为了使数据更加合理,可以考虑使用一些机器学习模型进行预测填补等。

(2)异常值:

对异常值的处理,我们采取了删除方案,但不一定合理。例如,对于 salary 的异常值,可以考虑根据地区平均值进行替换。除了删除和替换异常值外,还可以通过机器学习模型来识别的处理异常值。

(3)预处理时应更多的结合专业知识和实际应用:

数据预处理方法的选择和应用,应该紧密结合具体的研究问题和专业知识。不同的领域和问题需要采用不同的预处理方法,以最大限度提取数据中的有用信息。

## 3.6 动手做一做

(1)阅读、编辑和运行例 3-1~例 3-18。

(2)运行 3.4 节完整的预处理程序,得到处理后的数据集。

(3)根据项目小组确认的具体分析任务,收集用于分析的数据集,并进行数据预处理工作。

# 第 4 章　数据分析师岗位情况分析

## ——描述性数据分析与数据可视化

---

### 使　命

①明确描述性数据分析要做什么以及怎么做；②完成"数据分析师岗位情况分析"案例的第三步——数据分析及可视化；③提升批判性地使用 AI 工具的意识；④沉浸于"问题逻辑认知模式"中，通过 5E 路径围绕解决问题开展学习。

---

## 4.1　Excitation——提出问题

我们已经处理好了用于分析数据分析师的岗位情况的数据。现在，我们迫切需要了解这些岗位的入职条件、企业基本情况和岗位成长空间等情况。

通过图表和图形，我们不仅能够直观地把握数据的趋势和特征，还能更轻松地捕捉其中的规律，从而更深入地研究我们感兴趣的关联性问题。

那么，如何从已有数据中分析得到我们想要的信息？如何通过数据可视化了解特征的趋势或行为？

## 4.2　Exploration——探索问题本质

上面提出的两个问题，分别对应着本节的两个主题：描述性数据分析和数据可视化。

描述性数据分析是一种数据分析方法，旨在通过总结、整理和展示数据集中的关键特征，更好地理解数据内容和趋势。这种分析类型不关注数据的因果关系，而是专注于描述数据的当前状态和行为模式。描述性数据分析关注数据的整体情况、集中趋势、分散程度、形状、分布等，分析的目的是对数据有个基本认识和初步判断。描述性数据分析通常使用统计量，如均值、中位数、众数、标准差等来描述数据的特征。描述性数据分析是对数据进一步分析的基础，其分析结果可以为后续探索性数据分析提供基础。

扫描二维码,学习基本的数据统计量均值、中位数、众数和标准差。

数据可视化则是将数据以图表的形式展示出来,以便更好地理解和解释数据。数据可视化可以直观地展示数据的分布、趋势、模式和关联关系,帮助分析师和决策者快速把握数据的关键信息。常见的数据可视化图形包括柱状图、折线图、饼图、散点图和热力图等。

描述性数据分析和数据可视化在数据分析过程中通常是相辅相成的。首先,通过描述性数据分析,我们可以对数据有整体的认识,了解数据的基本特征和分布情况。然后,利用数据可视化工具将这些特征以直观的形式展示出来,帮助分析师更好地理解和解读数据。同时,数据可视化也可以发现数据中的异常值、趋势和模式,为进一步的探索性分析和建模提供线索。

因此,我们将分析任务进行如下抽象和划分:

(1)了解数据结构与基本的统计信息。

在开始深入分析之前,应该对待分析的数据集有整体的了解。这主要包括数据的结构、每个变量的基本统计信息等。

(2)数据可视化。

通过数据可视化来更直观地理解变量之间的关系和趋势。例如,使用饼图、柱状图可视化工具展示职位需求与学历和工作经验的关系、公司的发展状况、岗位的成长空间等。

(3)观察数据的分布。

深入理解数据的分布,能为后续分析做好充分准备。

## 4.3 Enhancement——拓展求解问题必备的知识和能力

### 4.3.1 AI 助学

通过前面的学习,我们知道可以使用 Pandas 的 DataFrame 对象分析二维数据。如何使用 Pandas 对一个数据集进行描述性分析?此时可以借助 AI 工具。

问题 1:

如何使用 Pandas 对预处理后的数据进行描述性分析?

文心一言回答:

(1)导入 Pandas 和数据。

首先,需要导入 Pandas 库,并加载预处理后的数据。

Python 复制代码:

```
import pandas as pd
#假设已有一个名为 'preprocessed_data.csv' 的 CSV 文件
df = pd.read_csv('preprocessed_data.csv')
```

（2）查看数据的基本信息。

使用 head() 和 tail() 查看数据的前几行和后几行;使用 info() 查看数据的基本信息,如列名、数据类型和非空值的数量。

Python 复制代码:

```
#查看前几行数据
print(df.head())
#查看后几行数据
print(df.tail())
#查看数据的基本信息
print(df.info())
```

（3）计算描述性统计量。

使用 describe() 函数可以快速得到数值型列的统计摘要,包括计数、均值、标准差、最小值、25% 分位数、中位数、75% 分位数和最大值。

Python 复制代码:

```
#计算数值型列的描述性统计量
numeric_stats = df.describe()
print(numeric_stats)
```

（4）计算特定列的统计量。

如果只对某些列感兴趣,可以单独选择这些列并计算统计量。

Python 复制代码:

```
#计算特定列(如 'column_name')的均值
mean_value = df['column_name'].mean()
print(f"Mean of 'column_name': {mean_value}")
#计算特定列的中位数
median_value = df['column_name'].median()
print(f"Median of 'column_name': {median_value}")
#计算特定列的标准差
std_value = df['column_name'].std()
print(f"Standard deviation of 'column_name': {std_value}")
```

（5）使用 groupby 进行分组统计。

如果数据包含分类变量,那么可能想要按这些变量进行分组,并计算每组的描述性统计量。

Python 复制代码:

```
#假设 'category' 是分类列的名称
grouped = df.groupby('category')
#计算每组的描述性统计量
group_stats = grouped.describe()
print(group_stats)
```

（6）绘制数据分布图。

使用 Matplotlib 或 Seaborn 等可视化库可以绘制数据的分布图，帮助更直观地理解数据。

Python 复制代码：

```
import matplotlib.pyplot as plt
#绘制直方图查看数值型列的分布
df['column_name'].plot(kind='hist', bins=20)
plt.title('Distribution of column_name')
plt.show()
#使用 seaborn 绘制箱线图查看多列的分布和异常值
import seaborn as sns
sns.boxplot(data=df[['column1', 'column2', 'column3']])
plt.show()
```

（7）计算相关性。

如果数据包含多个数值型变量，那么可以计算它们之间的相关性，以了解变量之间的关系。

Python 复制代码：

```
#计算相关性矩阵
correlation_matrix = df.corr()
print(correlation_matrix)
#使用热图可视化相关性
import seaborn as sns
sns.heatmap(correlation_matrix, annot=True)
plt.show()
```

上述这些步骤可以帮助你使用 Pandas 对预处理后的数据进行初步的描述性分析。根据你的具体需求和数据的特点，你可能还需要进行更深入的探索和分析。

问题 2：

如何进行数据可视化？

文心一言回答：

Pandas 本身并不提供强大的可视化功能，但可以与 Matplotlib、Seaborn 等可视化库结合使用。

（1）使用 Matplotlib 进行可视化。

```
import matplotlib.pyplot as plt
#绘制柱状图
data['your_column'].plot(kind='bar')
plt.show()
#绘制折线图
data['your_column'].plot(kind='line')
plt.show()
```

（2）使用 Seaborn 进行可视化。

Seaborn 是基于 Matplotlib 的更高级别的数据可视化库,它提供了更丰富的图表类型和更美观的视觉效果。

```
import seaborn as sns
#绘制箱线图
sns.boxplot(x=data['your_column'])
plt.show()
#绘制散点图
sns.scatterplot(x=data['column1'], y=data['column2'])
plt.show()
```

(3) 还可以使用 Seaborn 的 pairplot() 函数一次性绘制多个变量之间的散点图和直方图,以便更全面地了解数据之间的关系。

Python 复制代码:

```
sns.pairplot(data)
plt.show()
```

注意事项:

① 在进行数据可视化时,要确保选择适合的图表类型来展示数据的特点和规律。

② 注意调整图表的样式和参数,使其更加美观和易于理解。

③ 如果数据量较大,则需要考虑使用更高效的数据处理和可视化方法。

AI 已经非常详细地给出了描述性数据分析的基本步骤,以及数据可视化的相关方法,并且给出了可直接复用的代码。通过对这些步骤和方法进一步的消化和学习,就可以开展我们自己的描述性数据分析和数据可视化工作了。

## 4.3.2 使用 Pandas 查看基本统计信息

通过前面的学习,我们知道 DataFrame 的 info() 方法和 describe() 方法可以查看数据集的概况和数值列的统计信息。下面学习其他查看数据基本统计信息的方法。

### 1. value_counts() 方法

Pandas 提供的 value_counts() 方法用于统计序列(如 Series 对象)或 DataFrame 中某一列的唯一值出现的次数,并返回一个按次数降序排列的 Series 对象。该方法具体语法如下:

**value_counts(normalize=False, sort=True, ascending=False, dropna=True, * )**

其中,主要参数的含义:

① normalize,如果为 True,则返回的是每个值占总数的比例,即每个值出现的频率,而不是原始计数;如果为 False(默认值),则返回的是原始计数。

② sort,如果为 True(默认值),则根据计数对输出进行排序。

③ ascending,如果为 True,则按升序排序输出;如果为 False(默认值),则按降序排序。

④ dropna,如果为 True(默认值),则不包括计数中的 NaN 值。

【例 4-1】 使用 value_counts() 方法查看"华为 Mate60 销售情况 new.csv"中不同地理位置销售的数据条数。

```
1   import pandas as pd
2   df = pd.read_csv('d:/project/华为 Mate60 销售情况 new.csv',encoding='gbk')
3   area_counts = df['地理位置'].value_counts()
4   print('--------------------------------------------------')
5   print(area_counts)
6   print('--------------------------------------------------')
7   print(type(area_counts))
8   print('--------------------------------------------------')
9   print(area_counts.index)
10  print('--------------------------------------------------')
11  print(area_counts.values)
```

在上面的代码中：

第 2 行代码设置了文件的编码方式"encoding='gbk'"，没有使用默认的 UTF-8。

第 3 行代码使用 value_counts() 方法获取"华为 Mate60 销售情况 new"数据集中不同地理位置销售数据的条数，该方法所有参数均为默认值，返回的是按照计数降序排列的 Series 对象。

第 7 行通过 type() 方法查看 area_counts 的数据类型，进一步明确了 value_counts() 方法返回的是 Series 对象。

第 9 行代码通过 Series.index 可以获取 Series 对象的标签。

第 11 行代码通过 Series.values 可以获取 Series 对象的数值。

程序运行结果如图 4-1 所示。

图 4-1　例 4-1 程序的运行结果

**2. groupby() 方法**

Pandas 提供的 groupby() 方法可以根据数据的某个或某些字段对 DataFrame 或 Series 进行分组，并对分组执行某些操作。该方法的具体语法如下：

```
groupby(by=None, axis=0, *)
```

其中,主要参数的含义:

① by,指定要分组的字段,即根据哪个或哪些字段进行分组。

② axis,指定按照哪个轴方向进行分组,默认 0 表示对列分组,1 表示对行分组。

该方法返回一个包含分组信息的 GroupBy 对象。

通常在 GroupBy 对象上调用聚合函数或其他方法(如 agg()、apply()等)得到各组的某些计算结果。以下是一些常见的聚合函数:

- mean():计算平均值。
- sum():计算总和。
- count():计算非空元素的数量。
- min():计算最小值。
- max():计算最大值。
- std():计算标准差。
- var():计算方差。
- median():计算中位数。
- quantile():计算分位数。
- unique():计算唯一值的数量(适用于 Series)。
- size():返回每个组的行数。
- first()和 last():返回每个组的第一个和最后一个值。
- describe():生成描述性统计信息等。

【例 4-2】　使用 groupby()方法查看"华为 Mate60 销售情况 new.csv"数据集中不同地区销售产品的均价。

```
1    import pandas as pd
2    df = pd.read_csv('d:/project/华为 Mate60 销售情况 new.csv',encoding='gbk')
3    #按照地理位置对数据进行分组,返回 GroupBy 对象
4    area_grouped = df.groupby('地理位置')
5    #对分组后的数据取产品价格的均值,
6    price_mean = area_grouped['产品价格'].mean()
7    print(price_mean)
```

在上面的代码中:

第 4 行代码调用 DataFrame.groupby()方法,按照地理位置列对数据进行了分组,将返回的 GroupBy 对象赋值给 area_grouped。

第 6 行代码对分组后的数据产品价格数据列进行聚合运算,求得了不同地理位置的产品价格均值。price_mean 是一个以分组字段"地理位置"为标签,以产品价格均值为数值的 Series 对象。

程序运行结果如图 4-2 所示。

**3. sort_values()方法**

Pandas 提供的 sort_values()方法可以按照一个或多个列的值对 DataFrame 或 Series 进行排序,具体语法如下:

```
地理位置
北京    7732.666667
四川    6189.000000
天津    6189.000000
广东    4924.500000
新疆    6490.000000
江苏    7048.000000
Name: 产品价格, dtype: float64
```

图 4-2　例 4-2 程序的运行结果

```
sort_values(by, *, axis=0, ascending=True, inplace=False)
```

其中,主要参数的含义:

① by,指定待排序标签,对于 DataFrame 对象,可以是列名或列名的列表;对于 Series 对象,此参数通常不使用。

② axis,默认为 0。若取值为 0 或"index",则对列进行排序;若取值为 1 或"columns",则对行进行排序。

③ ascending,默认为 True,按升序排序;若为 False,则按降序排序。

④ inplace,默认为 False,即不改变原数据;若为 True,则直接在原数据上排序,即原数据变为排序后的数据。

若 inplace 为 True 则该方法无返回值;如 inplace 为 False 则返回排序后的 Series 或 DataFrame。

【例 4-3】 使用 sort_values()方法,对"华为 Mate60 销售情况 new.csv"数据集中的数据按照产品价格升序排列。

```
1   import pandas as pd
2   df = pd.read_csv('d:/project/华为 Mate60 销售情况 new.csv',encoding='gbk')
3
4   #按照产品价格对数据集进行排序 ascending 默认为 True,升序排列
5   sorted_df = df.sort_values(by='产品价格')
6   sorted_df
```

程序运行结果如图 4-3 所示。

| | 产品名称 | 店铺名称 | 地理位置 | 产品价格 |
|---|---|---|---|---|
| 1 | 华为Mate50 | 海康智能数码专营店 | 广东 | 1358 |
| 2 | 华为Mate60 | 易购通信 | 广东 | 5800 |
| 8 | 华为Mate60 | 嘉恒数码商城 | 北京 | 6060 |
| 3 | 华为Mate60 | 蜀都通讯 | 四川 | 6189 |
| 4 | 华为Mate60 | 津门手机惠 | 天津 | 6189 |
| 11 | 华为Mate60 | 蜀都通讯 | 四川 | 6189 |
| 7 | 华为Mate60 | 阿布的数码屋 | 广东 | 6190 |
| 10 | 华为Mate60 | 华为手机 | 广东 | 6350 |
| 9 | 华为Mate60 | 新疆恒天通讯官方店 | 新疆 | 6490 |
| 6 | 华为Mate60 | 麦克先生腾讯员工创业店 | 北京 | 6550 |
| 0 | 华为Mate60 | 皇家机行 | 江苏 | 7048 |
| 5 | 华为Mate60 | 华奥通讯 | 北京 | 10588 |

图 4-3 例 4-3 程序的运行结果

## 4.3.3 数据可视化基本方法

Python 中有很多流行的绘图库,它们提供了丰富的功能,具有很强的灵活性,以满足各

种数据可视化的需求。常见的绘图库包括 Matplotlib、Seaborn、Plotly、Bokeh 等。Matplotlib 库用于生成各种静态、动态和交互式的图表,支持多种图形类型和格式,如直方图、散点图、条形图和饼图等。此外,Matplotlib 还可以与许多其他流行的绘图库(如 Seaborn)结合使用,以创建更高级的图表。Seaborn 是基于 Matplotlib 的一个高级绘图库,它提供了更加美观和专业的统计图表。除了基本的图表类型外,Seaborn 还专注于可视化复杂的统计关系和模式,如线性回归模型、核密度估计图等。它的绘图风格优雅且易于理解,特别适合用于数据探索和报告制作。下面使用 Matplotlib 和 Seaborn 绘图库对数据进行可视化展示。

#### 4.3.3.1　图表的基本组成

数据可视化的图表种类有很多,绝大部分的图表构成元素基本一致,主要包括画布、图表标题、绘图区、数据系列、坐标轴、坐标轴标题、图例、文本标签和网格线等,如图 4-4 所示。

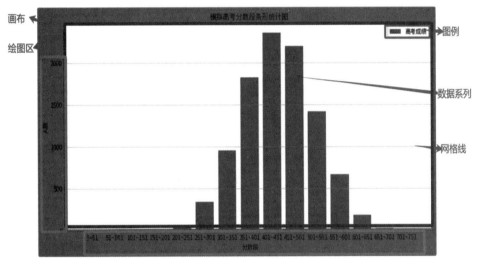

图 4-4　图表基本组成

图 4-4 中,最外层方框圈起来的区域为画布,所有的绘图操作均在画布上进行,可以设置画布的大小、背景颜色和边框等。图表标题一般用来概括图表的内容,可以设置标题的字体类型、字号和颜色等。内层方框圈起来的区域为绘图区,可以在绘图区绘制各种图形,如柱状图、折线图、饼图和散点图等。图中一个个条状块是数据系列,可以来自数据表中的一行数据或一列数据。水平方向的坐标轴为 $x$ 轴,垂直方向的坐标轴为 $y$ 轴,并有相应的坐标轴标题,可以设置坐标轴的取值区间范围和坐标轴标题等。右上角为图例,图例的显示位置同样可以设置。绘图区中水平方向上的一条条浅色实线为网格线,可以设置 $x$ 轴或 $y$ 轴的网格线,以及网格线的颜色、宽度、线型和透明度等。

#### 4.3.3.2　使用 Matplotlib 进行数据可视化

**1. Matplotlib 概述**

Matplotlib 是 Python 最基础的第三方绘图库。使用 Matplotlib 之前,需要先将 Matplotlib 库安装在自己的 Python 环境中,然后通过 import 导入后使用。

使用 Matplotlib 绘制图表包括以下三个步骤：

（1）导入 matplotlib.pyplot 模块。

（2）使用 Matplotlib 模块的绘图方法绘制图表，常用的绘图方法包括：

- plot()方法，绘制折线图。
- bar()方法，绘制柱状图。
- pie()方法，绘制饼图。
- hist()方法，绘制直方图。
- scatter()方法，绘制散点图。

（3）利用 show()方法显示绘制的图表。

【例 4-4】 使用 Matplotlib 绘制"华为 Mate60 销售情况 new.csv"中产品价格折线图。假设 Matplotlib 已经被下载安装。

```
1   import pandas as pd
2   #导入 Matplotlib.pyplot 模块
3   import matplotlib.pyplot as plt
4   df = pd.read_csv('d:/project/华为 Mate60 销售情况 new.csv',encoding='gbk')
5
6   #使用 plot 方法绘制图表
7   plt.plot(df['产品价格'])
8   #显示图表
9   plt.show()
```

程序运行结果如图 4-5 所示。该图的各项参数均使用的是默认值。

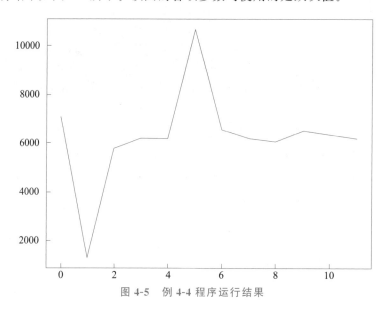

图 4-5　例 4-4 程序运行结果

**2. 图表的常见设置**

图 4-5 缺少很多元素，没有很好地呈现数据的信息。绘制图表时，可以通过设置画布、线条颜色、线条样式、坐标轴、网格线、标题和图例等参数生成个性化的可视化图表，更好地

发挥图的作用。

（1）设置画布。

设置画布语法格式如下：

```
matplotlib.pyplot.figure(num=None,figsize=None, facecolor=None,…)
```

其中，常用参数的含义：

① num，图像编号或名称，可缺省。

② figsize，指定画布的宽和高，单位为英寸，可缺省。

③ facecolor，画布背景颜色，可缺省。

（2）设置线条颜色、线型。

各绘图方法都可以通过设置相应参数，设置线条的颜色和线条形状等，常见设置如下：

① color，设置颜色，'b'表示蓝色，'g'表示绿色，'r'表示红色，'y'表示黄色等。

② linestyle，设置样式，'-'表示实线，'--'表示双画线，':'表示虚线等。

③ alpha，设置透明度，取值范围为[0,1]。

（3）设置坐标轴。

① xlabel()和 ylabel()方法：分别用于设置 $x$ 轴和 $y$ 轴标题。

② xticks()和 yticks()方法：分别用于设置 $x$ 轴和 $y$ 轴刻度。

③ xlim()和 ylim()方法：分别用于设置 $x$ 轴和 $y$ 轴坐标值范围。

（4）设置图表标题和图例。

① title()方法：用于设置图表标题。

② legend()方法：用于设置图表图例。

（5）设置网格线。

grid()方法：用于设置网格线。该方法的 color 参数设置网格线颜色，linestyle 设置线型，linewidth 设置网格线宽度，axis 参数设置隐藏 $x$ 轴或 $y$ 轴网格线。

（6）中文显示问题。

如果图表中包含中文，需要通过以下设置避免中文乱码问题：

```
plt.rcParams['font.sans-serif']=['SimHei']
```

除了以上常见设置外，还可以设置图表的文本标签、图表的边距和图表元素的位置等，这里不再一一展开，有兴趣的读者可以自行查阅相关文档。

3. 绘制柱状图

柱状图适合在小数据集上对数据进行对比可视化呈现。

Matplotlib 绘制柱状图的方法如下：

```
matplotlib.pyplot.bar(x,height,width,…)
```

其中，主要参数的含义：

① x，$x$ 轴数据。

② height，柱子高度，即 $y$ 轴数据。

③ width,柱子宽度,默认为0.8。

【例 4-5】 绘制"华为 Mate60 销售情况 new.csv"中各地区产品销售价格均值柱状图。

```
1   import pandas as pd
2   import matplotlib.pyplot as plt                    #导入 Matplotlib.pyplot 模块
3   df = pd.read_csv('d:/project/华为 Mate60 销售情况 new.csv',encoding='gbk')
4
5   #按照地理位置对数据进行分组,计算分组后每个地区产品价格均值
6   df_new = df.groupby('地理位置')['产品价格'].mean()
7
8   #绘制柱状图
9   plt.figure(figsize=(10, 6))                        #设置图像大小
10  plt.title("华为 Mate60 销售情况地理位置与产品价格图")    #设置图表标题
11  plt.xlabel("地理位置")                              #设置 x 轴标签
12  plt.ylabel("产品价格均值")                           #设置 y 轴标签
13  plt.rcParams['font.sans-serif']=['SimHei']         #设置使用中文
14  #绘制柱状图,x 轴数据为地理位置,y 轴数据为产品价格均值
15  plt.bar(df_new.index,df_new.values)
16  #显示图表
17  plt.show()
```

在上面的代码中:

第 6 行代码使用 groupby()方法按照地理位置对原始数据集进行分组,然后对分组后的"产品价格"列进行 mean()运算,得到不同地理位置的产品价格均值。

第 8~15 行设置柱状图参数,并绘制柱状图。

第 17 行输出所绘制的柱状图。

程序运行结果如图 4-6 所示。

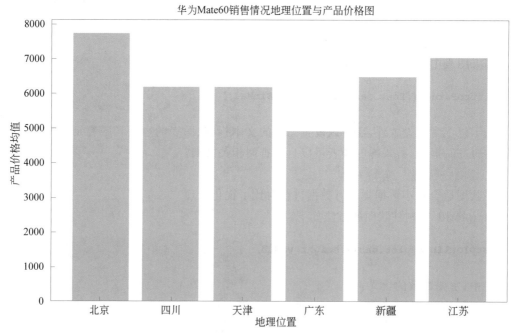

图 4-6 例 4-5 程序的运行结果

通过柱状图可以直观地看到每个地区华为 Mate60 的销售价格,其中北京销售价格最高、广东销售价格最低。当然,这个结论仅依赖于当前的数据集,而当前的数据集是我们为了学习这一方法而编写的假数据。

**4. 绘制饼图**

饼图常用来显示各个部分在整体中所占的比例。

Matplotlib 绘制饼图的方法如下:

**matplotlib.pyplot.pie(x, labels, autopct, startangle, ···)**

其中,主要参数的含义:

① x,数据序列,用于确定每个扇形区域的大小。通常是一个列表或数组。

② labels,sequence 或 str 或 None,可选。扇形的标签。可以与 x 的长度相同,也可以为单个字符串,后者将用于所有扇形的标签。如果为 None,则不显示标签。

③ autopct,str 或 callable 或 None,可选。用于在扇形内部显示百分比的格式化字符串或函数。

④ startangle,设置饼图起始绘制角度,默认是 x 轴正方向逆时针画起。

pie()方法还有很多参数。例如,设置饼图半径的 radius 参数、设置标记绘制位置的 labeldistance 参数等,有需要或有兴趣的读者可以查阅相关文档。

【例 4-6】　绘制"华为 Mate60 销售情况 new.csv"中各地区销量饼图。

```
1   import pandas as pd
2   import matplotlib.pyplot as plt                    #导入 Matplotlib.pyplot 模块
3   df = pd.read_csv('d:/project/华为 Mate60 销售情况 new.csv',encoding='gbk')
4
5   #统计每个地区的数据条数,即销售数量
6   area_count = df['地理位置'].value_counts()
7
8   #绘制饼图
9   plt.figure(figsize=(11,8))
10  x=area_count.values                               #x 为各地区销售数量占比
11  labels = area_count.index
12  plt.pie(x,labels=labels,autopct='%1.1f%%', startangle=90)#绘制饼状图
13  plt.title("华为 Mate60 销售情况各地区销售占比")      #设置图表标题
14  plt.legend(loc='best')                            #设置图例
15  #显示图表
16  plt.show()
```

在上面的代码中:

第 6 行代码通过 value_counts()方法统计了每个地区出现的数据条数,即各地区的销售数量,返回的是降序排列的 Series,Series 的标签为地理位置,Series 数值为不同地理位置对应的数据条数。

第 12 行代码绘制饼图,"autopct='%1.1f%%'"用于设置各部分所占百分比的数据显示格式。这里的'%1.1f%%'表示按照百分比形式保留到小数点后一位;"startangle=90"用于设置饼图开始的角度,90 表示起始角度为以 x 轴为基准逆时针转 90 度。

第13～14行代码设置饼图的标题和图例。plt.legend(loc＝'best'),Matplotlib 会根据图表的当前布局和内容,并尝试找到一个避免与图表中其他元素重叠的位置来放置图例。

程序运行结果如图 4-7 所示。

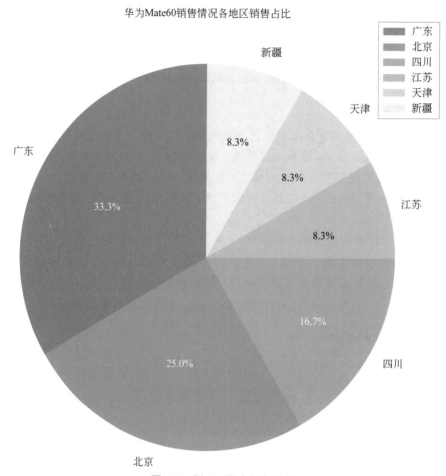

图 4-7　例 4-6 程序运行结果

通过这个饼图,我们可以直观地看出各个地区销售数量的占比情况。

使用 Matplotlib 还可以绘制直方图、散点图、箱线图、热力图和 3D 图等,有需要或有兴趣的读者可自行查阅相关文档。

### 4.3.3.3　使用 Seaborn 进行数据可视化

Seaborn 在 Matplotlib 的基础上进行了更高级的 API 封装,从而简化了绘图过程。通过使用 Seaborn,用户可以轻松绘制各种有吸引力的统计图表,如线条图、散点图、直方图、核密度估计图、箱线图和热力图等。下面以绘制箱线图为例,学习使用 Seaborn 进行绘图的基本方法。

虽然 Pandas 和 Matplotlib 提供的 boxplot()方法也可以绘制箱线图,但是所绘制的箱线图不如 Seaborn 灵活和美观,Seaborn 可以让用户自定义数据来源、颜色、分组和顺序等,使用 Seaborn 绘制的箱线图更加个性,读者可以根据需要选择相应的绘图方法。

使用 Seaborn 绘制箱线图的方法如下：

```
seaborn.boxplot(data=None, *, x=None, y=None, *)
```

其中，主要参数的含义：

① data，表示要绘制图形的数据集，可以是 Series、DataFrame 等类型。

② x，$x$ 轴变量，$x$ 必须是 data 中的数据。

③ y，$y$ 轴变量，$y$ 也必须是 data 中的数据，通常是想要展示分布的数值变量。

【例 4-7】　使用 Seaborn 绘制"完整版-华为 Mate60 销售情况"数据的箱线图。

为了使读者更直观地查看 Seaborn 绘制的箱线图，本例采用的数据集是"华为 Mate60 销售情况"的完整版数据，数据条数变为了 152 条。

```
1   import pandas as pd
2   import matplotlib.pyplot as plt
3
4   #导入 seaborn 模块
5   import seaborn as sns
6
7   df = pd.read_csv('d:/project/完整版-华为 Mate60 销售情况.csv')
8
9   #绘制箱线图
10  plt.figure(figsize=(10,6))
11  sns.boxplot(x="地理位置", y="产品价格", data=df)
12  #设置图表标题和坐标轴标签
13  plt.title('不同城市的华为 Mate60 售价箱形图')
14  plt.xlabel('地理位置')
15  plt.ylabel('产品价格')
16  #设置网格参考线
17  plt.grid(linestyle="-", alpha=0.3)
18  #显示图表
19  plt.show()
```

在上面的代码中：

第 11 行代码调用 seaborn 的 boxplot()方法绘制箱线图，$x$ 轴数据为数据集中的地理位置列，$y$ 轴数据为数据集中的产品价格列，data 为读取的"完整版-华为 Mate60 销售情况.csv"数据集。

第 17 行代码添加了网格线，并设置了线型和透明度。

程序运行结果如图 4-8 所示。

由图 4-8 可知，广东省和北京市的华为 Mate60 手机售价高低不等，推测呈现这一结果的原因是，新机和二手手机同时销售；其他城市的售价比较稳定，且均价均在 6000 元以上。

### 4.3.3.4　使用 WordCloud 绘制词云

词云，又名文字云，是一种可视化描绘单词或词语出现在文本数据中频率的方式，它主

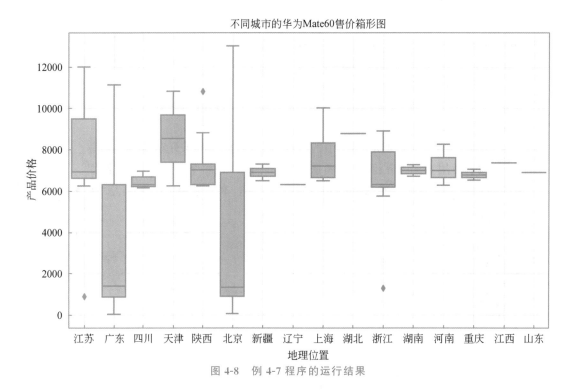

图 4-8　例 4-7 程序的运行结果

要由词汇组成类似云的彩色图形,适用于大量文本数据的可视化展示。对于文本中出现频率较高的单词或词语,会以较大的形式呈现出来;而频率越低的单词或词语,则会以较小的形式呈现。此外,词云图还可以通过不同的颜色和字体加强可视化效果,使数据解读更为直观和有趣。

**1. WordCloud 简介**

绘制词云图的方式有很多,这里介绍 Python 中常用的、使用第三方库 WordCloud 绘制词云图的方法。要使用 WordCloud 库,需要先下载安装。

下面介绍使用 WordCloud 绘制简单词云的方法,如果读者想要生成不同形状或不同文章的词云,可以自行查阅相关文档。

使用 WordCloud 绘制简单词云有以下步骤:

(1) 导入 wordcloud。

(2) 创建 wordcloud.WordCloud()对象。一个对象用于生成一个词云图,可以通过设置参数生成不同种类的词云。

(3) 根据不同需求选择调用 WordCloud 对象的不同方法生成相应词云。例如,通过 generate_from_frequencies(frequencies)方法可以根据词频生成词云;用 generate(text)方法可以根据文本生成词云等。通常情况下,想要建立词云图,需要对已有的文本数据进行分词和停用词处理。所谓分词处理,就是将一段完整的句子分解为一个个的词,从而进行统计和分析。分词需要借助一些既定的分词库,如常用的 jieba 分词库等。

(4) 将生成的词云保存。to_file(filename)将词云保存为文件;to_image()方法将词云保存为图片;还可以借助 matplotlib 将词云图输出显示。

**2. WordCloud 方法介绍**

（1）创建 WordCloud 对象。

创建 WordCloud 对象语法如下：

```
WordCloud(width,height,font-path,mask,background_color,scale,stopwords…)
```

其中，主要参数的含义：

① width：画布宽度。

② height：画布高度。

③ font-path：字体路径，如绘制中文词云时提供字体路径。

④ mask：遮罩，用来设置词云图的形状。为空表示使用默认 mask，非空表示用指定 mask。

⑤ background_color：画布背景颜色。

- scale：按照比例放大画布长宽。
- stopwords：停用词列表，即不希望出现在词云中的内容。

创建 WordCloud 可以设置的参数还有很多，读者可以查阅资料进一步了解其他参数。

（2）根据词频生成词云。

第三方库 collections 中的 Counter()方法可以进行词频统计，返回包含词与词频的字典。根据词频生成词云可以使用 WordCloud 的 generate_from_frequencies()方法，其语法如下：

```
generate_from_frequencies(frequencies)
```

其中，参数 frequencies 为包含词与词频的字典。

【例 4-8】　使用 WordCloud 根据词频绘制中文词云。

```
1   #导入制作词云第三方库 wordcloud
2   import wordcloud
3   #导入 collections 用于统计词频
4   import collections
5   #导入 matplotlib 用于显示图像
6   import matplotlib.pyplot as plt
7   #词语列表
8   ls = ['明月','几时','有','把酒','问青天','不知','天上','宫阙', '今夕','是',
        '何年', '我','欲',
9   '乘风','归去', '又','恐','琼楼玉宇', '高处不胜','寒','起舞','弄清','影',
        '何似','在','人间',
10  '转朱阁','低绮户', '照无眠', '不','应有','恨', '何事','长向','别时圆',
        '人有', '悲欢离合',
11  '月','有','阴晴圆','缺','此事','古难全','但愿','人','长久', '千里','共',
        '婵娟']
12  #创建词云对象 w
13  w = wordcloud.WordCloud(
14      width=1000,
15      height=600,
```

```
16        font_path='msyh.ttc',
17        background_color='white',
18        scale=15
19 )
20 #调用 collections.Counter()方法计算词频
21 words_count = collections.Counter(ls)
22 #调用词云对象的 generate_from_frequencies 方法,创建词云
23 w.generate_from_frequencies(words_count)
24 #设置画布
25 plt.figure(figsize=(10, 8))
26 #imshow用于接收和处理图像
27 plt.imshow(w)
28 #关闭坐标轴,即不显示 x 轴和 y 轴
29 plt.axis("off")
30 #显示图像
31 plt.show()
32
33 #将生成的词云保存为示例词云 1.png 图片文件
34 w.to_file('示例词云 1.png')
```

在上面的代码中:

第 13～19 行代码,创建词云对象时,除了设置词云的长宽之外,还通过 font_path 参数设置了中文字体"msyh.ttc",其中"msyh.ttc"代表微软雅黑字体(如果没有此字体文件,需要上传);通过 background_color 参数设置了词云的背景色为白色;通过 scale 参数放大了画布长宽。

第 21 行代码调用 collections 模块的 Counter()方法统计词频,即统计《水调歌头》这首词对应的词语列表中,各个词语出现的次数,该方法接收的参数为列表类型,返回包含词与词频(词语出现次数)的字典。

第 23 行代码调用 generate_from_frequencies(words_count)方法,根据词频生成词云。

第 27 行代码 imshow()方法用于接收和处理词云对象,这里可以设置参数修改图片颜色映射和对比度等。

第 29 行代码关闭图像的 $x$ 轴和 $y$ 轴,即不显示 $x$ 轴和 $y$ 轴。

第 34 行代码将词云保存至文件。

程序运行结果如图 4-9 所示。

图 4-9　例 4-8 程序运行后创建的词云图文件

（3）根据文本生成词云。

根据文本生成词云可以使用 WordCloud 的 generate(text) 方法，参数 text 为文本字符串。

【例 4-9】　使用 WordCloud 根据文本绘制英文词云图。

假设 wordcloud 已经安装。

```
1   #导入制作词云第三方库 wordcloud
2   import wordcloud
3   #导入 matplotlib 用于显示图像
4   import matplotlib.pyplot as plt
5
6   #定义词云要展示的文本
7   text = '''For everything there is a season,
8   and a time for every matter under heaven:
9   A time to be born,
10  and a time to die;
11  A time to plant,
12  and a time to pluck up that what is planted;
13  A time to kill,
14  and a time to heal;
15  A time to break down,
16  and a time to build up;
17  A time to weep,
18  and a time to laugh;
19  A time to mourn,
20  and a time to dance;
21  A time to throw away stones,
22  and a time to gather stones together'''
23
24  #创建 wordcloud 词云对象 w
25  w = wordcloud.WordCloud(
26      width=1000,
27      height=600
28  )
29  #调用 generate 方法,创建词云
30  w.generate(text)
31  #使用 Matplotlib 输出词云
32  #设置画布
33  plt.figure(figsize=(10, 8))
34  #imshow 用于接收和处理图像
35  plt.imshow(w)
36  #关闭坐标轴,即不显示 x 轴和 y 轴
37  plt.axis("off")
38  #显示图像
39  plt.show()
40
41  #将生成的词云保存为词云 1.png 图片文件
42  w.to_file('d:/project/词云 1.png')
```

在上面的代码中：

第 25～28 行代码创建了一个 wordcloud 对象 w。

第 30 行代码，w 调用 generate 方法将 text 中的英文生成了词云图。

第 32～39 行代码，显示词云图。

第 42 行代码是将词云图保存到硬盘上。

程序运行结果如图 4-10 所示，在"d：/project"下，也会出现一个"词云 1.png"文件。

图 4-10　例 4-9 程序的运行结果

## 4.4 Execution——实际动手解决问题

我们已经学习了描述性数据分析的步骤和数据可视化的相关方法，接下来就可以开始分析工作了。

### 4.4.1　了解数据集的基本统计信息

开始数据分析之前，需要使用 Pandas 将存储在"d：/project"目录下的预处理之后的数据集文件"lagou_data_new.csv"中的数据读取到 DataFrame 对象中。通过 info()方法查看数据集的整体概要信息，通过 describe()方法查看数值列的统计信息。

```
1   import pandas as pd
2   df = pd.read_csv('d:/project/lagou_data_new.csv',encoding='gbk')
3   df.info()
```

程序运行结果如图 4-11 所示。

由图 4-11 可知，预处理后的数据集共有 442 条数据，11 个字段。

接下来通过 describe()函数查看数据集数值列的统计信息。

```
1  df.describe()
```

程序运行结果如图 4-12 所示。

```
<class 'pandas.core.frame.DataFrame'>
RangeIndex: 442 entries, 0 to 441
Data columns (total 11 columns):
positionName        442 non-null object
city                442 non-null object
district            442 non-null object
salary              442 non-null float64
workYear            442 non-null float64
education           442 non-null object
companyName         442 non-null object
industry            442 non-null object
financeStage        442 non-null object
companySize         442 non-null object
positionAdvantage   442 non-null object
dtypes: float64(2), object(9)
memory usage: 38.1+ KB
```

|       | salary     | workYear   |
|-------|------------|------------|
| count | 442.000000 | 442.000000 |
| mean  | 20.847285  | 2.884615   |
| std   | 10.368488  | 2.218565   |
| min   | 2.500000   | 0.000000   |
| 25%   | 12.500000  | 2.000000   |
| 50%   | 20.000000  | 2.000000   |
| 75%   | 30.000000  | 4.000000   |
| max   | 50.000000  | 10.000000  |

图 4-11 查看到的数据集的整体概况      图 4-12 数据集数据的概要信息

由图 4-12 可知,数据分析师岗位的平均薪资为 20 000 元,标准差为 10,即大部分岗位的薪资范围为 10 000～30 000 元,薪资较高;工作经验的均值为 2.8,标准差是 2.2,大致说明该岗位普遍要求要有一定的工作经验。

## 4.4.2 数据可视化分析

为了更直观地分析数据分析师岗位的入职条件、相关企业的基本情况和岗位的成长空间情况,接下来我们通过数据可视化方法展示岗位数据的分布特点和发展趋势等。

### 4.4.2.1 数据分析师岗位的入职条件

**1. 学历与职位需求**

想要了解数据分析师岗位的学历要求,我们可以统计数据集中不同学历人员的招聘数据条数,然后绘制学历与职位需求的饼图,直观地展现各学历人员的招聘数据占比。

完整代码如下:

```
1   #1.绘制学历与职位需求的关系饼图
2   import pandas as pd
3   df = pd.read_csv('d:/project/lagou_data_new.csv',encoding='gbk')
4   import matplotlib.pyplot as plt
5
6   count1 = df['education'].value_counts()
7   #设置图像大小
8   plt.figure(figsize=(10, 6))
9   #设置标题
10  plt.title('学历与职位需求关系饼图')
```

```
11  plt.pie(count1.values, labels = count1.index , labeldistance=1.2, autopct=
    '%2.1f%%')
12  #确保饼图绘制为一个圆形
13  plt.axis('equal')
14  #添加图例,并设置图例位置
15  plt.legend(loc='best')
16  #plt.savefig('学历与职位需求关系.jpg')
17  #显示图片
18  plt.show()
```

在上面的代码中:

第 11 行"labeldistance=1.2",用于设置标签(即饼图各部分的说明文字)与饼图边缘之间的距离。

第 16 行代码,如果取消注释,则将绘制的图保存在工作目录下,并以"学历与职位需求关系.jpg"命名文件。

程序运行结果如图 4-13 所示。

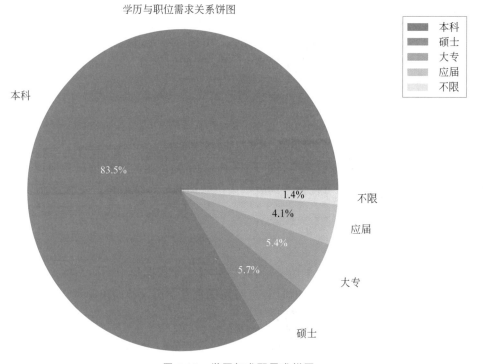

图 4-13　学历与求职需求饼图

由图 4-13 可知,招聘需求中 83.5% 要求的是本科,5.7% 要求的是硕士,说明数据分析师岗位对学历的要求还不是很高,一般具有本科学历即可。

2. 工作经验与职位需求

查看工作经验与职位需求的关系,同样可以统计不同工作经验的招聘数据条数,然后绘制不同工作经验招聘需求占比饼图。

完整代码如下:

```
1    #2.绘制工作经验与职位需求的柱状图
2    import pandas as pd
3    df = pd.read_csv('d:/project/lagou_data_new.csv',encoding='gbk')
4    import matplotlib.pyplot as plt
5
6    count2 = df['workYear'].value_counts()
7
8    #设置图像大小
9    plt.figure(figsize=(10, 6))
10   #设置标题
11   labels=['经验 3~5 年','经验 1~3 年','经验在校/不限','经验 5~10 年','经验 1 年以下',
         '经验 10 年以上']
12   plt.title('工作经验与职位需求关系饼图')
13   plt.pie(count2.values, labels = labels ,labeldistance=1.1,autopct='%2.1f%%')
14
15   #确保饼图绘制为一个圆形
16   plt.axis('equal')
17   #添加图例,并设置图例位置
18   plt.legend(loc='best')
19   #plt.savefig('工作经验与职位需求关系.jpg')
20   #显示图片
21   plt.show()
```

在上面的代码中,第 11 行代码设置饼图的标签,如果绘制饼图时标签采用 count2
.index,则绘制的饼图标签均为工作经验的数值形式。为了还原原始信息,此处根据表 3-4
工作经验由范围转换数值的规则,将工作经验由数值反推回文字范围描述。

程序运行结果如图 4-14 所示。

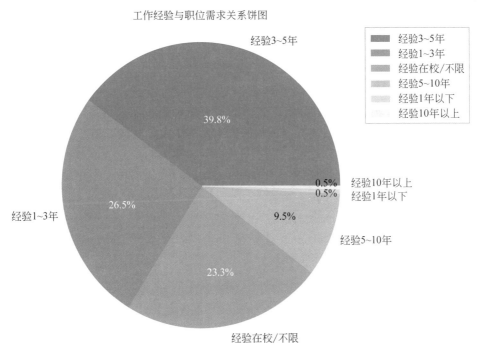

图 4-14　工作经验与职位需求关系饼图

由图 4-14 可知,经验 3～5 年和经验 1～3 年的数据分析师岗位需求量最大,前者占比 39.8%,后者占比 26.5%,说明数据分析岗位更看重数据分析经验。究其原因,猜测是此类人员所需培养的成本相对较低,企业更愿意招揽此类人员。另外,有 23.3% 的企业招收在校生或没有任何经验的人员,这说明数据分析师市场的人员紧缺。

### 4.4.2.2 提供数据分析师岗位的企业的基本情况

企业的基本情况主要包括企业的城市分布情况、企业的融资情况、企业的岗位福利状况和工资待遇情况(包括学历和工作经验与工资水平)。

**1. 企业的城市分布情况**

获取城市分布同样也可以使用 value_counts() 方法,统计每个城市的招聘岗位数量,并按照招聘岗位数量降序返回。由于招聘数据涉及的城市较多,不方便全部展示在图表中,为此我们可以获取前 15 个城市的岗位数量,并绘制岗位数量柱状图。

完整代码如下:

```
1   #1.绘制城市分布的柱状图,柱状图绘制前15名
2   import pandas as pd
3   df = pd.read_csv('d:/project/lagou_data_new.csv',encoding='gbk')
4   import matplotlib.pyplot as plt
5
6   count3 = df['city'].value_counts()
7   count3=count3[0:15]                    #取序列前15的城市绘制柱状图
8   #设置图像大小
9   plt.figure(figsize=(10, 6))
10  #设置标题
11  plt.title('企业的城市分布')
12  plt.xlabel("城市")
13  plt.ylabel("招聘岗位数量")
14  plt.bar(count3.index,count3.values)
15  plt.show()
```

程序运行结果如图 4-15 所示。

由图 4-15 可知,北京、上海、深圳、广州的数据分析师岗位需求量最高,杭州、成都等地区的岗位需求量紧随其后,说明数据分析师岗位主要集中在一线城市和二线城市中。

**2. 企业的融资情况**

绘制企业融资情况柱状图的完整代码如下:

```
1   #2.绘制融资阶段柱状图
2   import pandas as pd
3   df = pd.read_csv('d:/project/lagou_data_new.csv',encoding='gbk')
4   import matplotlib.pyplot as plt
5
6   count4 = df['financeStage'].value_counts()
7   #设置图像大小
8   plt.figure(figsize=(10, 6))
9   #设置标题
```

```
10  plt.title('融资阶段柱状图')
11  plt.bar(count4.index,count4.values)
12  plt.show()
```

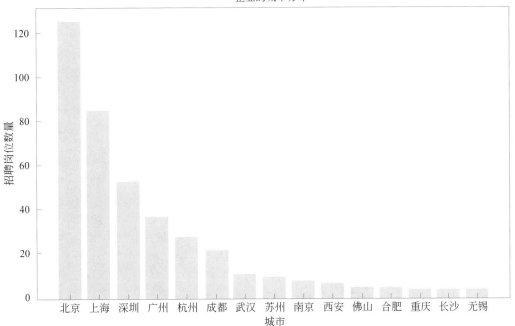

图 4-15 企业的城市分布

程序运行结果如图 4-16 所示。

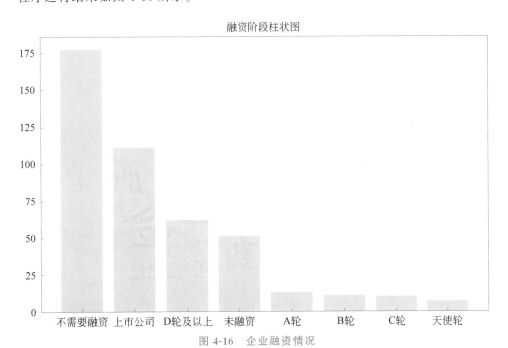

图 4-16 企业融资情况

由图 4-16 可知,在招聘企业中:不需要融资的企业、上市企业、D 轮及以上的企业对数据分析师的岗位需求量最大,未融资、A 轮、B 轮、C 轮等阶段的企业紧随其后。

**3. 企业的岗位福利状况**

企业的福利待遇存储在 positionAdvantage 字段中,以文本形式存储,所以我们可以使用词云图进行展示。并且由于福利待遇以短语的形式存储,所以这里不涉及分词,直接将所有的福利待遇连接成一个完整的文本,然后制作词云即可。

完整代码如下:

```
1   #3.绘制词云图
2   from wordcloud import WordCloud
3   import matplotlib.pyplot as plt
4
5   df = pd.read_csv('d:/project/lagou_data_new.csv', encoding = 'gbk')
6   #合并所有行业数据为一个长字符串
7   advantage_data = ','.join(df['positionAdvantage'])
8   #添加自定义停用词
9   custom_stopwords = ["|", "、","""","""","+","/"]
10
11  #创建词云对象
12  w = WordCloud(
13      width=1500,
14      height=750,
15      background_color='white',
16      stopwords=custom_stopwords,
17      font_path='msyh.ttc',            #使用中文字体防止乱码
18  )
19  w.generate(advantage_data)
20  #显示词云图
21  plt.figure(figsize=(10, 6))
22  plt.imshow(w)
23  plt.axis('off')                      #不显示坐标轴
24  plt.show()
```

程序运行结果如图 4-17 所示。

图 4-17　企业福利待遇词云图

由图 4-17 可知,福利待遇中出现频率最高的依次是五险一金、下午茶、健身瑜伽、六险一金等。从词云图可知,招聘岗位更注重员工的保障和身心愉悦,其次是各类奖金。

4. 学历与工资待遇

为了直观地看到不同学历的工资分布情况,我们可以采用箱线图展示不同学历的工资水平。

完整的代码如下:

```
1   #4.薪酬影响因素分析
2   import pandas as pd
3   import seaborn as sns
4   import matplotlib.pyplot as plt
5
6   df = pd.read_csv('d:/project/lagou_data_new.csv', encoding = 'gbk')
7   #绘制箱型图,以城市为索引,展示每个城市的薪资状况
8   sns.boxplot(x="education", y="salary", data=df)
9   #设置图表标题和坐标轴标签
10  plt.title('不同学历的工资水平状况箱形图')
11  plt.xlabel('学历')
12  plt.ylabel('工资')
13  #设置网格参考线
14  plt.grid(linestyle="-", alpha=0.3)
15  #显示图表
16  plt.show()
```

程序运行结果如图 4-18 所示。

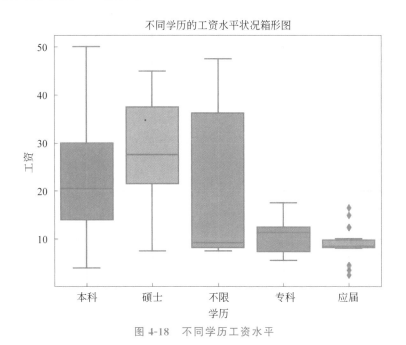

图 4-18　不同学历工资水平

由图 4-18 可知,硕士研究生学历的平均工资水平最高,其次是本科和专科,不限学历的工资水平比专科低,但工资跨度范围较大。应届生不是学历,可以考虑对这类数据进行替换或删除,此处忽略应届生呈现的信息。

### 5. 工作经验与工资待遇

我们绘制柱状图对工作经验和工资待遇的关系进行呈现。

完整代码如下：

```
1    #5.计算工作经验与平均工资关系
2    import pandas as pd
3    import matplotlib.pyplot as plt
4    df = pd.read_csv('d:/project/lagou_data_new.csv', encoding = 'gbk')
5    df1=df.groupby('workYear')['salary'].mean()
6    count5=df1.sort_values(ascending=False)
7    count5 = count5.rename({7.5:'经验 5~10 年',4.0:'经验 1~5 年',10:'经验 10 年以
     上',0.0:'经验不限/在校',2.0:'经验 1~3 年',1.0:'经验 1 年以下'})
8    #设置图像大小
9    plt.figure(figsize=(10, 6))
10   plt.title("工作经验与平均薪资")
11   plt.xlabel("工作经验")
12   plt.ylabel("平均工资")
13
14   plt.bar(count5.index,count5.values)
15   plt.show()
```

在上面的代码中，第 7 行代码是为了使结果更直观，使用 rename()方法将 Series 对象 count5 的标签值（workYear 的数值）修改为具体的工作经验年限。rename()方法可以修改标签取值，其详细用法有兴趣的读者可以自行查阅相关文献。

程序运行结果如图 4-19 所示。

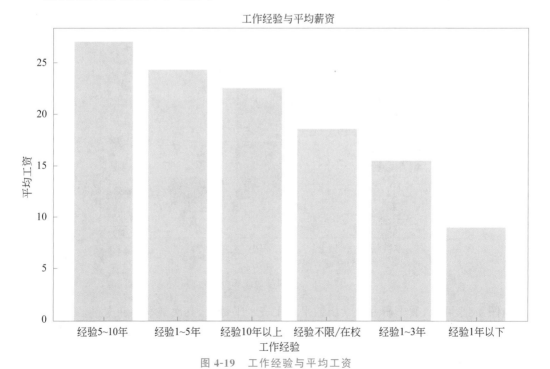

图 4-19　工作经验与平均工资

由图 4-19 可知,工作经验与工资水平并不是正比关系,企业最需要有 5～10 年工作经验的员工,经验 10 年以上的薪资均值并不是最高值。

### 4.4.2.3　数据分析师岗位的成长空间

岗位的成长空间情况主要包括各城市平均薪资待遇和不同融资阶段平均工资待遇。

#### 1. 各城市的平均薪资待遇

获取城市的薪资待遇可以使用 groupby()方法按照"city"对数据进行分组,然后使用聚合函数对分组后的数据求"salary"的均值,这就可以获取到各个城市的平均薪资。由于数据集中城市较多,所以此处还是只取前 15 个城市的平均薪资,绘制柱状图。

完整的代码如下:

```
1   #1.计算不同城市平均工资分布状况
2   import pandas as pd
3   import matplotlib.pyplot as plt
4   #读取数据
5   df = pd.read_csv('d:/project/lagou_data_new.csv', encoding = 'gbk')
6   df2=df.groupby('city')['salary'].mean()
7
8   count6=df2.sort_values(ascending=False)
9   count6=count6[0:15]                       #取排名前 15 位
10  #设置图像大小
11  plt.figure(figsize=(10, 6))
12  plt.title("不同城市薪资")
13  plt.xlabel("城市")
14  plt.ylabel("平均工资")
15  plt.bar(count6.index,count6.values)
16  plt.grid(axis='y')
17  #plt.savefig('不同城市与工资关系.jpg')
18  plt.show()
```

在上面的代码中,第 17 行代码注释掉了。如果想将生成的图存储到硬盘上,就可以使用这种方法。

程序运行结果如图 4-20 所示。

由图 4-20 可知,薪资平均水平最高的依次是北京、上海、深圳,其次是东莞、清远、杭州等。

#### 2. 不同融资阶段的平均薪资待遇

不同融资阶段的平均薪资获取方式与不同城市的平均薪资一致。

完整的代码如下:

```
1   #2.计算不同融资阶段的工资水平
2   import pandas as pd
3   import matplotlib.pyplot as plt
4   #读取数据
5   df = pd.read_csv('d:/project/lagou_data_new.csv', encoding = 'gbk')
6
7   df3=df.groupby('financeStage')['salary'].mean()
8   count7=df3.sort_values(ascending=False)
9   #设置图像大小
```

```
10  plt.figure(figsize=(10, 6))
11  plt.title("融资阶段与平均薪资")
12  plt.xlabel("融资阶段")
13  plt.ylabel("平均工资")
14  plt.bar(count7.index,count7.values)
15  plt.show()
```

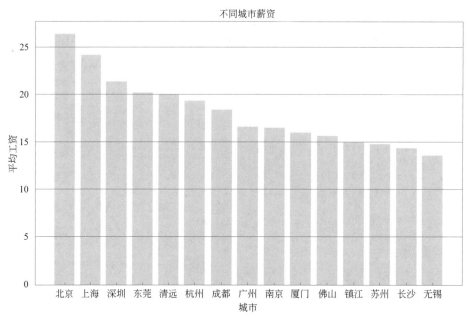

图 4-20　不同城市的平均薪资

程序运行结果如图 4-21 所示。

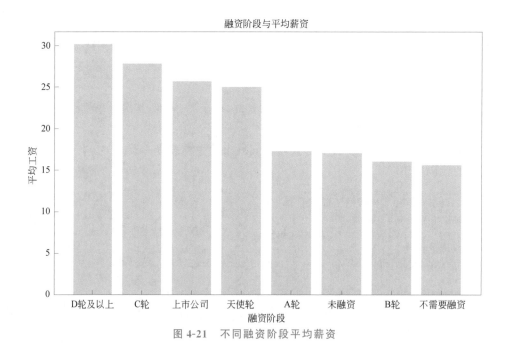

图 4-21　不同融资阶段平均薪资

　　由图 4-21 可知,融资阶段为 D 轮及以上、C 轮、上市公司、天使轮的公司平均薪资较高,可能是公司已经到了一定规模,或在起步阶段,都愿意为数据分析师提供更高的工资。

## 4.5　Evaluation——评价与反思

　　针对"分析数据分析师岗位情况"这一主题,我们已经完成了数据分析第三阶段的任务——数据描述性分析与数据可视化,并得到了一系列的分析图表,基本上能够满足我们对数据分析师岗位情况有宏观了解的分析目标。

　　然而,我们对数据的分析与可视化方式还都比较简单,还可以在以下方面进行优化。

　　(1) 描述性分析部分增加对变量相关性之间的研究。

　　如学历以及工作经验与薪资之间的关系、薪资与城市之间的关系、薪资与融资阶段之间的关系等。

　　(2) 美化可视化图表。

　　文中的可视化大多以柱状图和饼图的形式呈现,可以尝试其他图表;此外,文中绘制的词云图只是最基础的图云,可以尝试绘制其他形状、配色的图云,增加趣味性。

　　可视化还有很多工具和方法,基于问题的可视化才有意义。

　　(3) 总结分析结果并提出建议。

　　虽然进行了描述性分析和数据可视化,得到了零星的结果。但我们还需要对数据分析结果进行一个总结,即基于数据分析结果,提炼出简洁明了的结论,指出数据所揭示的问题或现象。针对结论,提出具体的建议或措施,以指导是否应聘"数据分析师"岗位。

## 4.6　动手做一做

　　(1) 阅读、编辑并运行例 4-1～例 4-9 的程序,学习查看数据基本统计信息和数据可视化的相关方法。

　　(2) 阅读、编辑并运行 4.4 节的数据分析及可视化程序,得到可视化图表。并对结果进行个性化解读。

　　(3) 根据项目小组确认的具体分析任务,对预处理后的数据进行描述性分析及数据可视化。

# 第5章 气候变化对生物多样性的影响分析

## ——明确分析目的、采集分析数据

**使　命**

①通过分析"气候变化对生物多样性的影响分析"案例的分析目的，进一步掌握明确分析目的的方法；②完成"气候变化对生物多样性的影响分析"案例的第一步——明确分析目的，采集分析数据；③使读者沉浸于"问题逻辑认知模式"中，围绕解决问题开展学习。

## 5.1 Excitation——提出问题

"竹外桃花三两枝，春江水暖鸭先知。"

"两个黄鹂鸣翠柳，一行白鹭上青天。"

"两岸猿声啼不住，轻舟已过万重山。"

在美景如画的大自然里，你会把整个身心融入其中。古人们聆听着大自然的声音，听到的是动听的回响，一声声带着生命的律动，是为人类谱写的华美乐章。

然而，不知从什么时候开始，我们的夏天越来越热了。浓烟滚滚，工厂滔滔，伴随着温室气体的大量排放，冰川开始消融，无数的动物失去了它们的家园。我们静静感受到满目疮痍的自然，难免心生悲怆。

气候变化已经对物种数量产生极大的不利影响。联合国指出：如果不采取措施，全球物种灭绝速度将"进一步加速"，而现在的灭绝速度已经"至少比过去一千万年的平均值高出数千倍"。

以下是一些真实的例子，说明气候变化是如何导致生物多样性锐减的。

（1）北极地区的冰融化：气温上升导致北极冰层融化，对极地生物多样性产生了巨大的影响。例如，北极熊和海豹等野生动物的生存环境受到严重威胁，因为它们依赖于冰层进行捕食和繁殖。

（2）山地栖息地的变化：气温升高导致山区雪线上升，影响了山地生物多样性。高山植物和动物必须向更高海拔的地方迁移，但这种适应并不总是可行的，导致一些物种受到威胁。

（3）珊瑚白化事件：海洋温度升高导致珊瑚白化事件的增多。白化是珊瑚礁中藻类与珊瑚之间的共生关系破裂的现象，这会对珊瑚礁生态系统产生破坏性影响，影响到众多的海洋生物。

（4）鸟类迁徙模式的改变：气候变化影响了鸟类迁徙模式，使得一些鸟类在季节性迁徙时找不到足够的食物或合适的繁殖地点，对迁徙鸟类的生存和繁殖能力构成了威胁。

（5）森林生态系统的移位：气温上升导致森林生态系统向北或向高海拔地区移位，使得一些植物和动物种群无法适应新的环境，最终将导致物种减少或灭绝。

（6）海洋酸化：气候变化引起的大气中二氧化碳浓度升高导致海洋酸化的问题，这对珊瑚、贝类和其他海洋生物造成了威胁，因为它们的壳体或骨骼可能受到侵蚀。

事实表明，气候变化已经对生物多样性产生了影响。如果人类了解了气候变化对生物多样性产生影响的规律，就有可能针对这一问题给出一个有效的解决方案。

那么，能否用数据分析的手段探究气候变化与生物多样性之间的关系，以及气候变化对生物多样性产生影响的规律呢？

## 5.2　Exploration——探寻问题本质

在开始任何数据分析项目之前，都需要首先明确分析目的，然后基于分析目的，进行分析数据的采集。因此，明确分析目标和采集分析数据就是我们首先要完成的工作。

在第 2 章我们已经学习了明确分析目的具体方法：

（1）确认数据来源及数据的特征。

（2）正确地定义问题。

（3）明确具体需求。

（4）合理地分解问题。

（5）抓住关键的问题。

数据采集主要包括如下步骤：

（1）根据分析需求，确定需要采集的数据以及数据来源。

（2）进行数据采集，得到用于分析的数据。

（3）编写数据说明文档。

撰写数据说明文档是数据采集过程中的重要环节，有助于确保数据的准确性、一致性和可理解性，有助于分析目标的完成。

## 5.3　Enhancement——拓展求解问题必备的知识和能力

### 5.3.1　AI 助学

如果完全不知道从哪里着手寻找气候变化和生物多样性的相关数据集，我们可以尝试借助 AI 找到解决问题的方向。

问题：

我想使用数据分析的方法分析气候变化和生物多样性之间的关系，去哪里寻找相关数据集呢？

文心一言回答：

要分析气候变化和生物多样性之间的关系，就需要找到涵盖这两个主题的数据集。以下是一些可能的数据来源和途径，仅供参考。

(1) 政府和国际组织数据平台。

- 联合国环境规划署(UNEP)：UNEP 可能有关于全球气候变化和生物多样性的数据集或报告。
- 世界气象组织(WMO)：提供全球气候数据，包括温度、降水等。
- 世界自然保护联盟(IUCN)：提供有关生物多样性、物种分布和受威胁物种的数据。

(2) 科研机构和研究项目。

- 全球生物多样性信息网络(GBIF)：一个提供生物多样性数据的平台，整合了来自全球多个机构的数据。
- 气候研究单位：如美国国家海洋和大气管理局(NOAA)、英国气象局等，都可能有丰富的气候数据集。

(3) 学术出版物和数据库。

- PubMed：生物医学领域的学术文献搜索平台，可以搜索气候变化和生物多样性相关的研究论文。
- Web of Science：一个综合性的学术文献数据库，同样可以搜索相关论文。

(4) 开放数据平台。

- Open Data for Climate Action Platform：一个集成多种气候变化数据的开放平台。
- Open Government Data Platforms：各国的开放政府数据平台，可能包含相关气候变化和生物多样性的数据。

(5) 专业数据库和在线工具。

- ClimateWatch：一个在线工具，用于监测和评估气候变化对生物多样性的影响。
- 生物多样性相关的 GIS 数据库：利用地理信息系统(GIS)可以更方便地分析和可视化生物多样性数据。

在寻找数据集时，请确保数据的来源可靠、数据质量高，并且数据的收集和处理方法符合科学规范。此外，还需要注意数据的可访问性和使用权限，确保你有权使用这些数据进行分析。

最后，建议你在开始分析之前先制订一个详细的研究计划，明确研究目标、假设和方法，以确保分析的有效性和准确性。

AI 工具已经为我们提供了具体的寻找数据集的方案，现在就可以依照这些途径逐一进行尝试和搜寻。在寻找的过程中，可能会发现一些新的、有价值的资源，进而找到更适合分析气候变化和生物多样性之间关系的数据集。通过持续的努力和探索，我们期望能够获取到准确、全面且高质量的数据，以支持我们的研究工作。

要找到合适的数据，需要积累一定的数据搜索经验。如果在网络上进行数据采集，要尽量选择权威性的网站或数据门户。对于众多的网站或数据门户，我们可以做一个备忘录，记录访问过的网站所能提供的数据种类、侧重点等，以便发现需要的数据。

## 5.3.2　如何撰写数据说明文档

请读者先自己询问 AI 工具，应该如何撰写数据说明文档，对数据说明文档有一个基本了解。

撰写数据说明文档时，主要考虑文档概要和数据结构两个因素。

（1）文档概要：简要介绍数据的背景，包括但不限于说明数据来源、数据类别、采集时间范围、数据的主要用途和数据的使用限制等内容。

（2）数据结构：描述数据的基本结构，包括数据类型以及每列的含义。可以通过表格、图表或示例数据来展示。

【例 5-1】　编写“华为 Mate60 手机销售原始数据.xlsx”数据的说明文档。

以下是为“华为 Mate60 手机销售原始数据.xlsx”数据编写的说明文档。

### 1. 文档概要

① 数据来源：八爪鱼爬取的淘宝网华为 Mate60 销售数据（见图 5-1）。

② 数据类别：华为 Mate60 手机销售业务数据。

③ 采集时间范围：2024 年 3 月 1 日。

④ 数据的主要用途：教学演示。

| 关键词 | 店铺名称 | 店铺链接 | 地理位置 | 产品名称 | 产品价格 | 付款人数 | 图片地址 | 商品链接 | 商品ID | 当前页面网址 | 当前时间 | 页码 |
| --- | --- | --- | --- | --- | --- | --- | --- | --- | --- | --- | --- | --- |
| 华为Mate60 | 海康智能数码专营店 | https://click.s | 广东 | 分期免息现货当天发!HUAWEI/华为Mate50系列新款X | 1358.00 | 15 | https://img.a | https://click.s | | https://s.ta | 2024-03-11 | |
| 华为Mate60 | 云翼数码优选店 | https://click.s | 广东 | 分期免息/当天发Huawei/华为Mate405G无线充电曲面 | 2088.00 | 200+ | https://img.a | https://click.s | | https://s.ta | 2024-03-11 | |
| 华为Mate60 | 皇家机行 | https://click.s | 江苏 | Huawei/华为Mate60手机全新正品原封麒麟现货 | 6778.00 | 3 | https://img.a | https://click.s | | https://s.ta | 2024-03-11 | |
| 华为Mate60 | 贰壹正品数码店 | https://store.t | 河南 | 现货Huawei/华为Mate60全网通北斗卫星通话mate60 | 6299.00 | 34 | https://g-sea | https://item.ta | 76196050 | https://s.ta | 2024-03-11 | |
| 华为Mate60 | 蜀都通讯 | https://store.t | 四川 | Huawei/华为Mate60新款现货旗舰手机华为mte60遥遥 | 6189.00 | 3 | https://g-sea | https://item.ta | 74130598 | https://s.ta | 2024-03-11 | |
| 华为Mate60 | 中电佳讯 | https://store.t | 广东 | Huawei/华为Mate60官方正品mate60玄武架构华为ma | 6350.00 | 7 | https://g-sea | https://item.ta | 73647810 | https://s.ta | 2024-03-11 | |
| 华为Mate60 | 宏信通讯 | https://store.t | 广东 | Huawei/华为Mate60官方旗舰全新续航卫星华为mate | 5800.00 | 2 | https://g-sea | https://item.ta | 77291056 | https://s.ta | 2024-03-11 | |
| 华为Mate60 | 米佳手机店 | https://store.t | 广东 | 正品Huawei/华为Mate60官方旗舰5G鸿蒙麒麟双向北 | 5198.00 | 10 | https://g-sea | https://item.ta | 77258965 | https://s.ta | 2024-03-11 | |
| 华为Mate60 | 新疆恒天通讯官方店 | https://store.t | 新疆 | Mate60全网通手机5华Huamate60遥遥领先wei为威G新 | 6839.00 | 2 | https://g-sea | https://item.ta | 74829126 | https://s.ta | 2024-03-11 | |
| 华为Mate60 | 旭日远航数码专营店 | https://store.t | 河南 | 【Mate60RS直降300元】HUAWEI/华为Mate60RS非凡大 | 10899.00 | 7 | https://g-sea | https://detail. | 77068973 | https://s.ta | 2024-03-11 | |
| 华为Mate60 | 新疆恒天通讯官方店 | https://store.t | 新疆 | Mate60Pro全网通手机5wei华mate60pro遥遥Hua领先 | 7239.00 | 2 | https://g-sea | https://item.ta | 74114070 | https://s.ta | 2024-03-11 | |
| 华为Mate60 | 国盛数码国际 | https://store.t | 广东 | Huawei/华为Mate60Pro新款正品鸿蒙官方旗舰magic | 899.00 | 100+ | https://g-sea | https://item.ta | 77024628 | https://s.ta | 2024-03-11 | |

图 5-1　华为 Mate60 手机销售原始数据-部分

### 2. 数据结构

该文件共有销售数据 221 条，每条数据有 13 个字段，各字段的含义及数据类型如表 5-1 所示。

表 5-1　华为 Mate60 手机销售原始数据的数据结构

| 字段名称 | 字段含义 | 字段数据类型 |
| --- | --- | --- |
| 关键词 | 爬取关键词 | 字符串 |
| 店铺名称 | 页面商品详情 | 字符串 |
| 店铺链接 | 页面商品详情 | URL 网址 |
| 地理位置 | 页面商品详情 | 字符串 |
| 产品名称 | 页面商品详情 | 字符串 |
| 产品价格 | 页面商品详情 | 浮点型（小数） |
| 付款人数 | 页面商品详情 | 字符串 |

续表

| 字 段 名 称 | 字 段 含 义 | 字段数据类型 |
|---|---|---|
| 图片地址 | 页面商品详情 | URL 网址 |
| 商品链接 | 页面商品详情 | URL 网址 |
| 商品 ID | 页面商品详情 | 字符串 |
| 当前页面网址 | 爬取页面的网址 | URL 网址 |
| 当前时间 | 爬取时间 | 日期(年-月-日) |
| 页码 | 爬取商品所属页码 | 数值(整数) |

## 5.4 Execution——实际动手解决问题

### 5.4.1 正确定义问题

案例主题:气候变化对生物多样性的影响分析。

为了完成"气候变化对生物多样性的影响分析"这一任务,我们首先要明确两个问题:

(1) 能体现气候变化的因素有哪些?

(2) 用什么指标来衡量生物多样性呢?

为了回答这两个问题,我们可以参考相关文献的研究成果。当然,也可以寻求 AI 的帮助。表 5-2 列举了相关研究。

表 5-2　气候变化对生物多样性影响的相关研究

| 组织/机构名称 | 主　题 | 主 要 观 点 | 来　源 |
|---|---|---|---|
| 科学网 | 控制全球变暖程度有望减少7 成物种灭绝 | **地表温度变化**威胁物种生存 | https://news.sciencenet.cn/htmlnews/2023/10/509719.shtm |
| 维基百科 | 气候变化对生态环境的影响 | **地表温度变化**将破坏相互作用物种之间的生态伙伴关系 | https://zh.wikipedia.org/zh-hans/%E6%B0%A3%E5%80%99%E8%AE%8A%E5%8C%96%E5%B0%8D%E7%94%9F%E6%85%8B%E7%92%B0%E5%A2%83%E7%9A%84%E5%BD%B1%E9%9F%BF |
| 香港天文台 | 气候变化下的海洋 | **海平面上升**使沿岸气候恶化,导致生物迁徙和生物多样性的降低 | https://www.hko.gov.hk/tc/climate_change/faq/faq022-Oceans-under-Climate-Change.html |
| global change biology | 海平面上升对岛屿生物多样性的次生影响 | 全球变暖导致的**海平面上升**可能对人类居民和岛屿生物多样性产生巨大影响 | https://zhuanlan.zhihu.com/p/74599586 |

续表

| 组织/机构名称 | 主　题 | 主要观点 | 来　源 |
|---|---|---|---|
| 科学网 | 二氧化碳让淡水也变"酸" | 随着**二氧化碳**分压增加，一些淡水生态系统也变得更酸。不断增加的二氧化碳水平可能对淡水生态系统产生广泛影响 | https://news.sciencenet.cn/htmlnews/2018/1/399968.shtm |
| 新华网 | 破解气候环境危机 | 2019 年大气**二氧化碳浓度**达到创记录的 415ppm，是工业革命前的 1.5 倍。**温室气体**造成海洋热含量和酸度持续增加，导致海洋—陆地—大气碳循环失衡，大大增加了物种灭绝风险 | http://www.xinhuanet.com/politics/2020-11/05/c_1126699195.htm |

结合案例的背景信息与表 5-2 中列举的研究成果，我们发现生物多样性的锐减主要受以下三个气候相关因素的影响。

（1）地表温度。

（2）大气二氧化碳浓度。

（3）海平面高度。

对于生物多样性，我们很容易想到用濒危物种数量作为衡量指标。

于是，我们用地表温度、大气二氧化碳浓度、海平面高度三个指标衡量气候变化，用濒危物种数衡量生物多样性。

这样，我们就得到了一个明确问题：地表温度变化、大气二氧化碳浓度变化、海平面高度变化对濒危物种数有何影响？我们还可以进一步探究，地表温度升高和大气二氧化碳浓度增加，与海平面升高的关系。

## 5.4.2　获取分析数据

明确了具体问题后，我们就开始收集地表温度变化、大气二氧化碳浓度变化、海平面高度变化和濒危物种相关数据集。

经过检索，在两个国际网站中找到了气候变化和生物多样性相关的数据。一个是国际货币基金组织（International Monetary Fund，IMF）网站，该网站主要向全球公众传递信息、展示研究成果和提供数据服务；另外一个是国际自然保护联盟（International Union for Conservation of Nature，IUCN）所编制的红色名录网站，该网站是迄今全球动植物物种保护现状最全面的名录，也被认为是生物多样性状况最具权威的网站之一，该网站提供了关于全球濒危物种的详细信息，包括其分类、数量、分布、威胁因素以及保护状况等。

### 5.4.2.1　采集 IMF 网站气候变化相关数据集

IMF 网站的网址为 https://climatedata.imf.org/pages/climate-and-weather。

图 5-2 所示是 IMF 网站气候和天气网页界面，涵盖了与气候变化相关的各类数据，主要涉及大气二氧化碳浓度的监测以及全球变暖的相关数据，如海平面上升、气温上升等，这

些都是气候变化的关键指标。

图 5-2　IMF 气候变化相关数据页面

**1. 年度地表温度变化数据集**

（1）数据集简介。

图 5-3 是网站上图形化显示的年度地表温度变化数据集。该数据集记录了 1961—2021 年的年度地表平均表面温度变化数据。数据集中的数据以美国国家航空航天局戈达德空间研究所（NASA GISS）公开的 GISTEMP 数据为基础，具体由联合国粮食及农业组织企业统计数据库（FAOSTAT）提供。

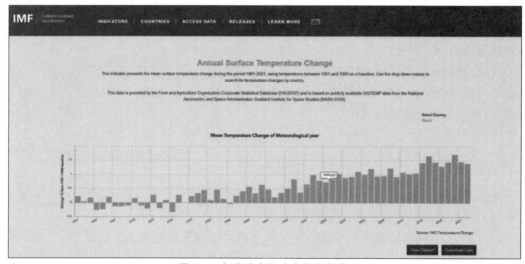

图 5-3　年度地表温度变化数据集

（2）下载与查看数据集。

单击图 5-3 中"Download Data"按钮，可以下载该数据集，我们将得到一个"Annual_Surface_Temperature_Change.csv"文件。打开该文件，部分数据如图 5-4 所示。

其中，"CTS"是某种特定的编码系统，"ECCS"是该编码系统下的一个具体分类代码。从图 5-4 中可以看到，数据集中每一条数据的 CTS_Code、CTS Name 和 CTS_Full_Descriptor 都完全一样。

- CTS Code：ECCS。
- CTS Name：Surface Temperature Change。

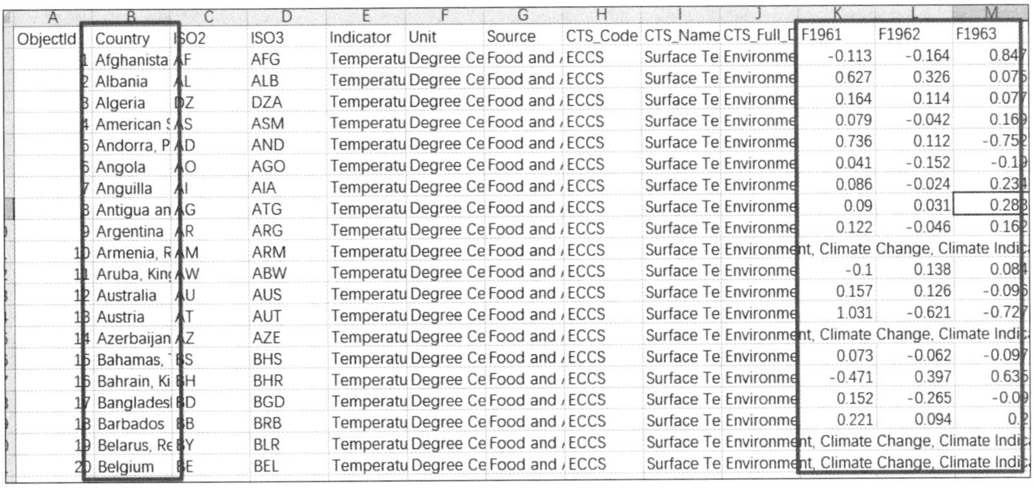

| A | B | C | D | E | F | G | H | I | J | K | L | M |
|---|---|---|---|---|---|---|---|---|---|---|---|---|
| ObjectId | Country | ISO2 | ISO3 | Indicator | Unit | Source | CTS_Code | CTS_Name | CTS_Full_D | F1961 | F1962 | F1963 |
| 1 | Afghanista | AF | AFG | Temperatu | Degree Ce | Food and / | ECCS | Surface Te | Environme | -0.113 | -0.164 | 0.847 |
| 2 | Albania | AL | ALB | Temperatu | Degree Ce | Food and / | ECCS | Surface Te | Environme | 0.627 | 0.326 | 0.075 |
| 3 | Algeria | DZ | DZA | Temperatu | Degree Ce | Food and / | ECCS | Surface Te | Environme | 0.164 | 0.114 | 0.077 |
| 4 | American S | AS | ASM | Temperatu | Degree Ce | Food and / | ECCS | Surface Te | Environme | 0.079 | -0.042 | 0.169 |
| 5 | Andorra, P | AD | AND | Temperatu | Degree Ce | Food and / | ECCS | Surface Te | Environme | 0.736 | 0.112 | -0.752 |
| 6 | Angola | AO | AGO | Temperatu | Degree Ce | Food and / | ECCS | Surface Te | Environme | 0.041 | -0.152 | -0.19 |
| 7 | Anguilla | AI | AIA | Temperatu | Degree Ce | Food and / | ECCS | Surface Te | Environme | 0.086 | -0.024 | 0.234 |
| 8 | Antigua an | AG | ATG | Temperatu | Degree Ce | Food and / | ECCS | Surface Te | Environme | 0.09 | 0.031 | 0.288 |
| 9 | Argentina | AR | ARG | Temperatu | Degree Ce | Food and / | ECCS | Surface Te | Environme | 0.122 | -0.046 | 0.162 |
| 10 | Armenia, R | AM | ARM | Temperatu | Degree Ce | Food and / | ECCS | Surface Te | Environment, Climate Change, Climate Indic | | | |
| 11 | Aruba, King | AW | ABW | Temperatu | Degree Ce | Food and / | ECCS | Surface Te | Environme | -0.1 | 0.138 | 0.084 |
| 12 | Australia | AU | AUS | Temperatu | Degree Ce | Food and / | ECCS | Surface Te | Environme | 0.157 | 0.126 | -0.096 |
| 13 | Austria | AT | AUT | Temperatu | Degree Ce | Food and / | ECCS | Surface Te | Environme | 1.031 | -0.621 | -0.727 |
| 14 | Azerbaijan | AZ | AZE | Temperatu | Degree Ce | Food and / | ECCS | Surface Te | Environment, Climate Change, Climate Indic | | | |
| 15 | Bahamas, T | BS | BHS | Temperatu | Degree Ce | Food and / | ECCS | Surface Te | Environme | 0.073 | -0.062 | -0.097 |
| 16 | Bahrain, Ki | BH | BHR | Temperatu | Degree Ce | Food and / | ECCS | Surface Te | Environme | -0.471 | 0.397 | 0.635 |
| 17 | Banglades | BD | BGD | Temperatu | Degree Ce | Food and / | ECCS | Surface Te | Environme | 0.152 | -0.265 | -0.09 |
| 18 | Barbados | BB | BRB | Temperatu | Degree Ce | Food and / | ECCS | Surface Te | Environme | 0.221 | 0.094 | 0.2 |
| 19 | Belarus, Re | BY | BLR | Temperatu | Degree Ce | Food and / | ECCS | Surface Te | Environment, Climate Change, Climate Indic | | | |
| 20 | Belgium | BE | BEL | Temperatu | Degree Ce | Food and / | ECCS | Surface Te | Environment, Climate Change, Climate Indic | | | |

图 5-4　年度地表温度变化数据集部分数据

- CTS_Full_Descriptor：Environment，Climate Change，Climate Indicators，Surface Temperature Change。

（3）编写数据集说明文档。

单击图 5-3 中“View Dataset”按钮，可以看到详细的数据描述信息，进而参考这些信息编写数据说明文档。

① 文档概要。

- 数据来源：联合国粮食及农业组织提供。
- 数据类别：年度地表气温变化。
- 采集时间范围：1961—2022 年。
- 测量频度：每年一次。
- 更新日期：2023 年 4 月 4 日。
- 数据的主要用途：用于地表温度变化与生物多样性关系的研究。

② 数据结构。

该数据集共有 225 条数据，72 个字段，每个字段的含义和数据类型如表 5-3 所示。

表 5-3　“Annual_Surface_Temperature_Change.csv”数据集的数据结构

| 字段名称 | 字段含义 | 字段数据类型 |
|---|---|---|
| ObjectId | 序号 | 字符串 |
| Country | 国家 | 字符串 |
| ISO2 | 国家的 ISO 3166-1 alpha-2 编码 | 字符串 |
| ISO3 | 国家的 ISO 3166-1 alpha-3 编码 | 字符串 |
| Indicator | 基准指标 | 字符串 |
| Unit | 温度单位，摄氏度 | 字符串 |
| Source | 数据来源 | 字符串 |
| CTS_Code | CTS 编码 | 字符串 |

续表

| 字 段 名 称 | 字 段 含 义 | 字 段 数 据 类 型 |
| --- | --- | --- |
| CTS_name | CTS 名称 | 字符串 |
| CTS_Full_Descriptor | CTS 完整描述 | 字符串 |
| F1961 | 1961 年平均温度变化 | 双精度浮点数（小数） |
| F1962 | 1962 年平均温度变化 | 双精度浮点数（小数） |
| ... | ... | ... |
| F2022 | 2022 年平均温度变化 | 双精度浮点数（小数） |

**2. 世界大气二氧化碳浓度数据集**

（1）数据集简介。

图 5-5 是网站上图形化显示的世界 1958 年以来不同年份大气中二氧化碳的浓度变化情况。左侧图展示了不同年份二氧化碳的月浓度变化，右侧图展示了不同年份二氧化碳浓度的年增长率变化。这些数据均来自美国国家海洋和大气协会全球监测实验室。

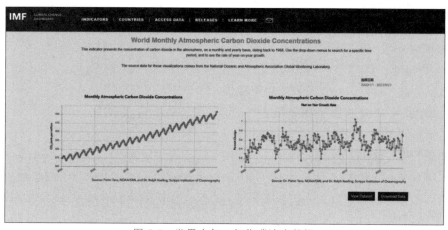

图 5-5　世界大气二氧化碳浓度数据

（2）下载与查看数据集。

单击图 5-5 中"Download Data"按钮，可以下载该数据集，将得到一个"Atmospheric_CO2_Concentrations.csv"文件。打开该文件，部分数据如图 5-6 所示。

（3）编写数据集说明文档。

单击图 5-5 中"View Dataset"按钮，可以看到详细的数据描述信息，进而参考这些信息编写数据说明文档。

① 文档概要。

- 数据来源：美国国家海洋和大气管理局（NOAA）。
- 数据类别：气候变化数据。
- 采集时间范围：1958—2022 年。
- 更新日期：2024 年 2 月 24 日。
- 测量频度：每月一次。

| | A | B | C | D | E | F | G | H | I | J | K | L | M |
|---|---|---|---|---|---|---|---|---|---|---|---|---|---|
| | ObjectId | Country | ISO2 | ISO3 | Indicator | Unit | Source | CTS_Code | CTS_Nam | CTS_Full_[ | Date | Value | |
| 1 | World | | WLD | Monthly A | Parts Per Million | Dr. Pieter | ECCA | Atmosphe | Environme | 1958M03 | 315.7 | | |
| 2 | World | | WLD | Monthly A | Parts Per Million | Dr. Pieter | ECCA | Atmosphe | Environme | 1958M04 | 317.45 | | |
| 3 | World | | WLD | Monthly A | Parts Per Million | Dr. Pieter | ECCA | Atmosphe | Environme | 1958M05 | 317.51 | | |
| 4 | World | | WLD | Monthly A | Parts Per Million | Dr. Pieter | ECCA | Atmosphe | Environme | 1958M06 | 317.24 | | |
| 5 | World | | WLD | Monthly A | Parts Per Million | Dr. Pieter | ECCA | Atmosphe | Environme | 1958M07 | 315.86 | | |
| 6 | World | | WLD | Monthly A | Parts Per Million | Dr. Pieter | ECCA | Atmosphe | Environme | 1958M08 | 314.93 | | |
| 7 | World | | WLD | Monthly A | Parts Per Million | Dr. Pieter | ECCA | Atmosphe | Environme | 1958M09 | 313.2 | | |
| 8 | World | | WLD | Monthly A | Parts Per Million | Dr. Pieter | ECCA | Atmosphe | Environme | 1958M10 | 312.43 | | |
| 9 | World | | WLD | Monthly A | Parts Per Million | Dr. Pieter | ECCA | Atmosphe | Environme | 1958M11 | 313.33 | | |
| 10 | World | | WLD | Monthly A | Parts Per Million | Dr. Pieter | ECCA | Atmosphe | Environme | 1958M12 | 314.67 | | |
| 11 | World | | WLD | Monthly A | Parts Per Million | Dr. Pieter | ECCA | Atmosphe | Environme | 1959M01 | 315.58 | | |
| 12 | World | | WLD | Monthly A | Parts Per Million | Dr. Pieter | ECCA | Atmosphe | Environme | 1959M02 | 316.48 | | |
| 13 | World | | WLD | Monthly A | Parts Per Million | Dr. Pieter | ECCA | Atmosphe | Environme | 1959M03 | 316.65 | | |
| 14 | World | | WLD | Monthly A | Percent | Dr. Pieter | ECCA | Atmosphe | Environme | 1959M03 | 0.3 | | |
| 15 | World | | WLD | Monthly A | Parts Per Million | Dr. Pieter | ECCA | Atmosphe | Environme | 1959M04 | 317.72 | | |
| 16 | World | | WLD | Monthly A | Percent | Dr. Pieter | ECCA | Atmosphe | Environme | 1959M04 | 0.09 | | |

图 5-6　世界大气二氧化碳浓度数据集部分数据

- 数据的主要用途：用于大气二氧化碳浓度变化与生物多样性关系的研究。

② 数据结构。

该数据集共有 1570 条数据，12 个字段，每个字段的含义和数据类型如表 5-4 所示。

表 5-4　"Atmospheric_CO2_Concentrations.csv"数据集的数据结构

| 字 段 名 称 | 字 段 含 义 | 字段数据类型 |
|---|---|---|
| ObjectId | 序号 | 字符串 |
| Country | 国家 | 字符串 |
| ISO2 | 国家的 ISO 3166-1 alpha-2 编码 | 字符串 |
| ISO3 | 国家的 ISO 3166-1 alpha-3 编码 | 字符串 |
| Indicator | 基准指标 | 字符串 |
| Unit | 浓度单位 | 字符串 |
| Source | 数据来源 | 字符串 |
| CTS_Code | CTS 编码 | 字符串 |
| CTS_name | CTS 名称 | 字符串 |
| CTS_Full_Descriptor | CTS 完整描述 | 字符串 |
| Date | 日期，格式为"年 M 月" | 字符串 |
| Value | CO2 浓度值 | 双精度浮点数（小数） |

其中，Unit 列标识二氧化碳浓度变化的表现形式，取值 Parts Per Million，用于描述每月大气二氧化碳浓度；取值 Percent，用于描述每月大气二氧化碳浓度的同比百分比变化，对应的值均显示在 Value 列。

3. 平均海平面高度变化数据集

（1）数据集简介。

图 5-7 是网站可视化显示的 1992 年以来不同年份、不同海洋的海平面高度变化。该指标根据卫星雷达高度计的测量结果估计全球海平面上升。数据中包含 4 个卫星高度计

（TOPEX/Poseidon、Jason-1、Jason-2 和 Jason-3）获得的数据，监测基于相同的表面。

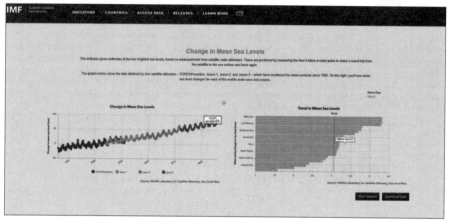

图 5-7　平均海平面高度变化数据

（2）下载和查看数据集。

我们按照同样的下载方法得到一个名为"Change_in_Mean_Sea_Levels.csv"的数据集文件。打开该文件，部分数据如图 5-8 所示。

| ObjectId | Country | ISO2 | ISO3 | Indicator | Unit | Source | CTS_Code | CTS_Name | CTS_Full | Measure | Date | Value |
|---|---|---|---|---|---|---|---|---|---|---|---|---|
| 1 | World | | WLD | Change in mean sea level: Sea level: TOPEX.Poseidon | Millimeter | National ( | ECCL | | Change in Environm | Andaman | D12/17/1992 | -10.34 |
| 2 | World | | WLD | Change in mean sea level: Sea level: TOPEX.Poseidon | Millimeter | National ( | ECCL | | Change in Environm | Arabian S | D12/17/1992 | -18.46 |
| 3 | World | | WLD | Change in mean sea level: Sea level: TOPEX.Poseidon | Millimeter | National ( | ECCL | | Change in Environm | Atlantic O | D12/17/1992 | -15.41 |
| 4 | World | | WLD | Change in mean sea level: Sea level: TOPEX.Poseidon | Millimeter | National ( | ECCL | | Change in Environm | Baltic Sea | D12/17/1992 | 196.85 |
| 5 | World | | WLD | Change in mean sea level: Sea level: TOPEX.Poseidon | Millimeter | National ( | ECCL | | Change in Environm | Bay Benga | D12/17/1992 | 3.27 |
| 6 | World | | WLD | Change in mean sea level: Sea level: TOPEX.Poseidon | Millimeter | National ( | ECCL | | Change in Environm | Caribbean | D12/17/1992 | -13.58 |
| 7 | World | | WLD | Change in mean sea level: Sea level: TOPEX.Poseidon | Millimeter | National ( | ECCL | | Change in Environm | Gulf Mexi | D12/17/1992 | -3.95 |
| 8 | World | | WLD | Change in mean sea level: Sea level: TOPEX.Poseidon | Millimeter | National ( | ECCL | | Change in Environm | Indian Oc | D12/17/1992 | -27.63 |
| 9 | World | | WLD | Change in mean sea level: Sea level: TOPEX.Poseidon | Millimeter | National ( | ECCL | | Change in Environm | Indonesia | D12/17/1992 | -3.09 |
| 10 | World | | WLD | Change in mean sea level: Sea level: TOPEX.Poseidon | Millimeter | National ( | ECCL | | Change in Environm | Mediterra | D12/17/1992 | 39.02 |
| 11 | World | | WLD | Change in mean sea level: Sea level: TOPEX.Poseidon | Millimeter | National ( | ECCL | | Change in Environm | Nino | D12/17/1992 | -3.13 |
| 12 | World | | WLD | Change in mean sea level: Sea level: TOPEX.Poseidon | Millimeter | National ( | ECCL | | Change in Environm | North Pac | D12/17/1992 | 19.59 |
| 13 | World | | WLD | Change in mean sea level: Sea level: TOPEX.Poseidon | Millimeter | National ( | ECCL | | Change in Environm | North Sea | D12/17/1992 | 44.01 |
| 14 | World | | WLD | Change in mean sea level: Sea level: TOPEX.Poseidon | Millimeter | National ( | ECCL | | Change in Environm | Pacific Oc | D12/17/1992 | -14.88 |
| 15 | World | | WLD | Change in mean sea level: Sea level: TOPEX.Poseidon | Millimeter | National ( | ECCL | | Change in Environm | Persian G | D12/17/1992 | 134.53 |
| 16 | World | | WLD | Change in mean sea level: Sea level: TOPEX.Poseidon | Millimeter | National ( | ECCL | | Change in Environm | Sea Japan | D12/17/1992 | -46.65 |
| 17 | World | | WLD | Change in mean sea level: Sea level: TOPEX.Poseidon | Millimeter | National ( | ECCL | | Change in Environm | Sea Okho | D12/17/1992 | -4.39 |
| 18 | World | | WLD | Change in mean sea level: Sea level: TOPEX.Poseidon | Millimeter | National ( | ECCL | | Change in Environm | South Chi | D12/17/1992 | -4.6 |
| 19 | World | | WLD | Change in mean sea level: Sea level: TOPEX.Poseidon | Millimeter | National ( | ECCL | | Change in Environm | Southern | D12/17/1992 | -24.43 |
| 20 | World | | WLD | Change in mean sea level: Sea level: TOPEX.Poseidon | Millimeter | National ( | ECCL | | Change in Environm | Tropics | D12/17/1992 | -19.64 |
| 21 | World | | WLD | Change in mean sea level: Sea level: TOPEX.Poseidon | Millimeter | National ( | ECCL | | Change in Environm | World | D12/17/1992 | -15.95 |

图 5-8　平均海平面高度变化数据集部分数据

（3）编写数据集说明文档。

① 文档概要。

● 数据来源：美国国家海洋和大气管理局（NOAA）。

● 数据类别：气候变化数据。

● 采集时间范围：1992—2022 年。

● 测量频度：每月一次。

● 更新日期：2024 年 3 月 5 日。

● 数据的主要用途：用于平均海平面高度变化与生物多样性关系的研究。

② 数据结构。

该数据集共有 35604 条数据，13 个字段，每个字段的含义和数据类型如表 5-5 所示。

表 5-5　"Change_in_Mean_Sea_Levels.csv"数据集的数据结构

| 字 段 名 称 | 字 段 含 义 | 字段数据类型 |
| --- | --- | --- |
| ObjectId | 序号 | 字符串 |
| Country | 国家 | 字符串 |
| ISO2 | 国家的 ISO 3166-1 alpha-2 编码 | 字符串 |
| ISO3 | 国家的 ISO 3166-1 alpha-3 编码 | 字符串 |
| Indicator | 基准指标(提供数据卫星名称) | 字符串 |
| Unit | 单位 | 字符串 |
| Source | 数据来源 | 字符串 |
| CTS_Code | CTS 编码 | 字符串 |
| CTS_name | CTS 名称 | 字符串 |
| CTS_Full_Descriptor | CTS 完整描述 | 字符串 |
| Measure | 受测地理区域 | 字符串 |
| Date | 测量日期,格式为"D 月/日/年" | 字符串 |
| Value | 海平面高度较上个月变化 | 双精度浮点数(小数) |

### 5.4.2.2　采集 IUCN 网站濒危物种数量变化数据集

IUCN 网站的网址为 https://www.iucnredlist.org/en。

**1. 数据集简介**

进入该网站首页,依次选择图 5-9 中的"Resource & Publications"、图 5-10 中的"Summary Statistics"、图 5-11 的"Click here",进入图 5-12 所示的 Summary Tables 数据资源区。其中,Table 2 记录的是 1996—2023 年处于受威胁(极危、濒危、易危)物种的数量变化,其中物种受威胁程度分为极度濒危(CR)、濒危(EN)、易危(VU)三个等级。

这正是我们所需的数据。

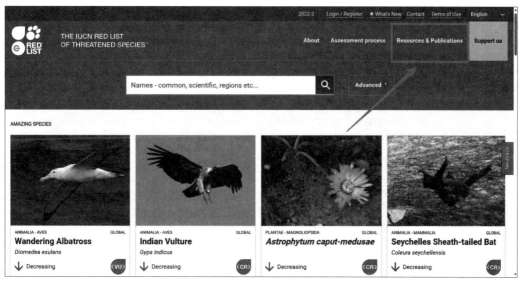

图 5-9　濒危物种数量变化数据下载操作 1

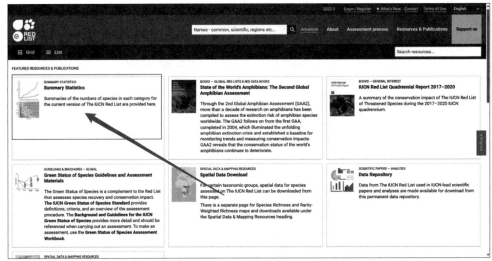

图 5-10　濒危物种数量变化数据下载操作 2

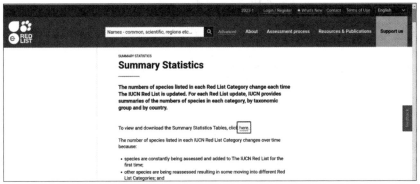

图 5-11　濒危物种数量变化数据下载操作 3

**Summary Tables**

### Tables 1 & 2: Threatened species in past and present IUCN Red Lists

Tables 1 and 2 are organized by taxonomic group and show numbers of threatened species listed in the current version of The IUCN Red List in relation to the estimated number of described species (Table 1a), and numbers of threatened species in each version of The IUCN Red List since 1996 (Tables 1b and 2). These tables highlight the disparity between the number of described species and the number of species that have been assessed. They also provide a summary of overall changes in numbers of threatened species on The IUCN Red List over the last twenty years, however please note that there are many different reasons for these figures changing between different versions of The IUCN Red List (see A Dynamic Red List: reasons for changing status above).

Tables 1 and 2 are currently available as PDF documents only.

- Table 1a - Number of species evaluated in relation to the overall number of described species, and numbers of threatened species by major groups of organisms.

- Table 1b - Numbers of threatened species by major groups of organisms (1996–2022).

- Table 2 - Changes in numbers of species in the threatened categories (CR, EN, VU) from 1996 to 2022.

图 5-12　Summary Tables 数据资源区

**2. 下载与查看数据集**

下载的 Table 2 包括 3 个 PDF 格式的数据表文件，分别对应 3 种不同受威胁程度的物种数量变化。图 5-13 展示的是其中一张极度濒危(CR)物种的数量变化数据表。

IUCN Red List version 2022-2: Table 2
Last updated: 09 December 2022

**Table 2: Changes in numbers of species in the threatened categories (CR, EN, VU) from 1996 to 2022 (IUCN Red List version 2022-2) for the major taxonomic groups on the Red List**

Changes in number of threatened species from year to year **should not** be directly interpreted as trends in the status of biodiversity. The figures displayed below reflect increased assessment efforts by IUCN and its Partners over time, rather than genuine changes in numbers of threatened species. For a clearer view of genuine trends in the status of biodiversity please see the IUCN Red List Index page on The IUCN Red List web site (https://www.iucnredlist.org/assessment/red-list-index).

| Critically Endangered (CR) | | | | | | | | | | |
|---|---|---|---|---|---|---|---|---|---|---|
| Year | Mammals | Birds | Reptiles | Amphibians | Fishes | Insects | Molluscs | Other invertebrates | Plants | Fungi & protists | TOTAL |
| 2022 | 233 | 233 | 433 | 722 | 792 | 425 | 725 | 314 | 5,336 | 38 | 9,251 |
| 2021 | 229 | 225 | 433 | 673 | 739 | 408 | 717 | 290 | 4,976 | 32 | 8,722 |
| 2020 | 221 | 223 | 324 | 650 | 666 | 347 | 682 | 282 | 4,337 | 30 | 7,762 |
| 2019 | 203 | 225 | 309 | 588 | 592 | 311 | 667 | 270 | 3,229 | 19 | 6,413 |
| 2018 | 201 | 224 | 287 | 550 | 486 | 300 | 633 | 252 | 2,879 | 14 | 5,826 |
| 2017 | 202 | 222 | 266 | 552 | 468 | 273 | 625 | 243 | 2,722 | 10 | 5,583 |
| 2016 | 204 | 225 | 237 | 546 | 461 | 226 | 586 | 211 | 2,506 | 8 | 5,210 |
| 2015 | 209 | 218 | 180 | 528 | 446 | 176 | 576 | 209 | 2,347 | 5 | 4,894 |
| 2014 | 213 | 213 | 174 | 518 | 443 | 168 | 576 | 205 | 2,119 | 2 | 4,631 |
| 2013 | 196 | 198 | 164 | 520 | 413 | 125 | 553 | 154 | 1,957 | 2 | 4,282 |
| 2012 | 196 | 197 | 144 | 509 | 415 | 119 | 549 | 132 | 1,821 | 2 | 4,084 |
| 2011 | 194 | 189 | 137 | 498 | 414 | 91 | 487 | 132 | 1,731 | 2 | 3,875 |
| 2010 | 188 | 190 | 106 | 486 | 376 | 89 | 373 | 132 | 1,619 | 2 | 3,561 |
| 2009 | 188 | 192 | 93 | 484 | 306 | 89 | 291 | 99 | 1,577 | 2 | 3,321 |
| 2008 | 188 | 190 | 86 | 475 | 289 | 70 | 268 | 99 | 1,575 | 2 | 3,242 |
| 2007 | 163 | 189 | 79 | 441 | 254 | 69 | 268 | 86 | 1,569 | 2 | 3,120 |
| 2006 | 162 | 181 | 73 | 442 | 253 | 68 | 265 | 84 | 1,541 | 2 | 3,071 |
| 2004 | 162 | 179 | 64 | 413 | 171 | 47 | 265 | 61 | 1,490 | 1 | 2,853 |
| 2003 | 184 | 182 | 57 | 30 | 162 | 46 | 250 | 61 | 1,276 | 1 | 2,249 |
| 2002 | 181 | 182 | 55 | 30 | 157 | 46 | 222 | 59 | 1,046 | 0 | 1,978 |
| 2000 | 180 | 182 | 56 | 25 | 156 | 45 | 222 | 59 | 1,014 | 0 | 1,939 |
| 1996/1998 | 169 | 168 | 41 | 18 | 157 | 44 | 257 | 57 | 909 | 0 | 1,820 |
| Endangered (EN) | | | | | | | | | | |

图 5-13　Table 2 部分数据

由于数据分析的需要，我们要将下载的三个"pdf"格式的数据文件转换成"csv"格式的数据文件。转换后的数据集含义及文件名分别为：

(1) 极度濒危物种数量变化数据集 Critical Endangered.csv。

(2) 濒危物种数量变化数据集 Endangered.csv。

(3) 易危物种数量变化数据集 Vulnerable.csv。

提示：在将 PDF 文件转换其他格式文件时，可以使用免费的在线 PDF 转换工具，如 smallpdf(https://smallpdf.com/pdf-converter)，操作十分简单。

**3. 编写数据集说明文档**

(1) 文档概要。

● 数据来源：世界自然保护联盟红色名录。

● 数据类别：濒危物种数量变化数据。

● 采集时间范围：1996—2022 年。

● 测量频度：每年一次。

● 数据的主要用途：用于气候变化与濒危物种数量关系的研究。

(2) 数据结构。

3 张数据表的结构完全相同，都有 22 条记录，分别是不同年份的数据。数据表有 12 个字段，每个字段的含义和数据类型如表 5-6 所示。

表 5-6　物种数量变化数据表各字段含义

| 字 段 名 称 | 字 段 含 义 | 字段数据类型 |
| --- | --- | --- |
| Year | 年份 | 数值 |
| Mammals | 哺乳动物濒危数目 | 数值 |
| Birds | 鸟类濒危数目 | 数值 |
| Reptiles | 爬行动物濒危数目 | 数值 |
| Amphibians | 两栖动物濒危数目 | 数值 |
| Fishes | 鱼类濒危数目 | 数值 |
| Insects | 昆虫濒危数目 | 数值 |
| Molluscs | 软体动物濒危数目 | 数值 |
| Other invertebrates | 其他无脊椎动物濒危数目 | 数值 |
| Plants | 植物濒危数目 | 数值 |
| Fungi & protists | 真菌与原核生物濒危数目 | 数值 |
| TOTAL | 濒危物种总数 | 数值 |

### 5.4.3　明确具体需求

要明确以下具体需求。

(1) 分析目标：探索二氧化碳浓度变化、温度变化、海平面变化等因素对生物多样性的影响。

(2) 数据来源和类型：详细的数据见 5.4.2 节。

(3) 时间范围：基于采集的数据集。使用最近五十年的数据进行气候变化的相关分析，即 1973—2022 年；使用全部年份的濒危物种数据，即 1996—2022 年。

(4) 地理范围：对全球平均数据进行分析。感兴趣的读者可以对一个国家或一个地区的数据进行分析。

(5) 变量和指标：共 4 个变量，分别是：年度二氧化碳浓度、年度温度升高度数、年度海平面上升毫米数、年度濒危物种的数量。

(6) 数据处理和分析方法：首先进行数据预处理；然后进行相关性分析，确定关键影响因子；最后对关键影响因子进行深入分析，尝试探索数据背后的规律。

(7) 预期结果：通过探索数据背后的规律，发现气候变化对生物多样性产生影响的内在关联和趋势，尝试给出解决方案，力求改善生物多样性锐减的现状。

(8) 数据可视化需求：用直观的图像呈现出各个数据的变化趋势以及它们的内在联系，反映数据背后的规律。

### 5.4.4　合理地分解问题

为探究地表温度变化、大气二氧化碳浓度变化、海平面高度变化对濒危物种数有何影响，我们可以按照以下步骤进行分析：

(1) 对数据进行描述性分析，发现数据的变化趋势，了解数据的基本情况。

（2）探究三个与气候相关的因素分别对濒危物种数量的影响程度,通过数据发现各因素的内在关联规律。

（3）利用数据的内在关联规律,对未来生物多样性的发展趋势进行预测,或者对近年来生物多样性的恶化情况进行评估。

根据上面的分析,我们可以得到以下三个子问题:

（1）当地表温度变化、大气二氧化碳浓度变化、海平面高度变化时,对应的濒危物种数呈现什么趋势?

（2）对于三个气候变化因素,哪个因素对濒危物种数的影响最大?

（3）如何抓住数据的内在规律,并运用这种规律预测未来濒危物种的发展趋势?

## 5.4.5　抓住关键的问题

随着深入探讨地表温度变化、大气二氧化碳浓度变化、海平面高度变化对濒危物种数的影响,我们发现问题的核心在于深入挖掘数据的内在规律。因此,关键问题在于理解数据中隐藏的模式和趋势,我们唯有通过对这些模式的洞察,才能更准确地预测濒危物种数在不同气候变化因素下的变化趋势。

我们要考虑不同因素之间的相互关联关系。例如,地表温度、大气二氧化碳浓度和海平面高度之间的复杂交互作用。通过深入挖掘数据规律,我们可以了解这些因素如何相互影响,从而对问题有一个更全面、深刻的认识。这种认识不仅有助于解释现有数据,还能够为未来的预测工作提供有力支撑。

综上所述,第三个子问题是最关键的问题。通过深入挖掘数据规律,我们不仅可以更好地理解过去的变化,还能够更自信地预测未来可能出现的情况。这种数据驱动的预测能力将为制定科学有效的物种保护策略提供有力支持。

## 5.5　Evaluation——评价与反思

经过一系列的研究和思考,我们定义了问题,获取了分析数据,明确了具体的数据分析需求,并对问题进行了分解。在这些基础上,我们明确了要抓住的关键问题:把握数据的内在规律,并运用这些规律预测未来濒危物种的发展趋势。

至此,我们已经完成了数据分析的第一阶段——明确分析目的,这使得后续的数据分析工作变得更加清晰明朗,也为接下来的数据分析指明了方向。

但对于用于分析的数据,还存在明显的两点不足:

（1）影响气候变化的因素可能还有很多,在数据分析之前还应该进行更加深入的探讨。

（2）仅采集了两个公开数据集,后续读者可尝试获取包含更多因素的数据。

当然,对于上述不足,可以尝试寻求 AI 的帮助,进而为我们未来的优化工作提供思路。

**AI 助学**

问题:

导致气候变化的因素有哪些?

文心一言回答：

气候变化是一个复杂的现象，其影响因素多种多样，主要包括自然因素和人为因素。

（1）自然因素主要包括：

① 太阳辐射的变化。太阳辐射是地球气候系统的主要能量来源，其变化会直接影响气候变化。例如，地球轨道偏心率的改变以及地轴倾斜度的变化，都会改变不同纬度带接收到的太阳辐射能的多少，从而导致气候的变化。

② 火山活动。火山喷发会释放大量的气体和颗粒物，这些物质进入大气层后会影响大气的透明度和辐射平衡，从而改变气候。

③ 大气与海洋环流的变化。大气环流和海洋环流的变化会影响气候带的分布和移动，对气候变化产生重要影响。

（2）人为因素则主要包括：

① 温室气体排放。人类活动，如燃烧化石燃料和毁林，导致大气中温室气体浓度的增加，尤其是二氧化碳浓度的急剧上升。这些温室气体在大气中形成一层"毯子"，阻止地球热量向外散发，从而导致全球气候变暖。

② 土地利用和覆盖变化。人类活动，如城市化、农业扩张和森林砍伐，改变了地球表面的土地利用和覆盖情况，进而影响了气候。例如，森林砍伐会减少植被对二氧化碳的吸收，增加大气中的温室气体含量。

（3）其他因素：此外，还有一些其他因素也会对气候变化产生影响，如地球内部的热过程、地球自转速度的变化等。这些因素虽然对气候变化的影响相对较小，但在长期的气候变化过程中也不容忽视。

综上所述，气候变化是一个复杂的现象，其影响因素多种多样。要应对气候变化，就需要深入了解这些影响因素，采取有效的措施来减少人为因素的影响，同时适应自然因素的变化。

为了进一步获取更多的数据，读者还可以向 AI 工具提问。例如，如何获取影响气候变化因素的数据？

## 5.6  动手做一做

（1）了解用数据分析"气候变化对生物多样性的影响分析"的任务的分析目标、具体分析需求和三个子任务。

（2）按照书中的方法，采集用于分析的数据集，并对 PDF 文件进行转换，最后生成 6 个 csv 文件。

可扫描二维码获得下载的数据集文件。

（3）继续完成项目小组分配的具体任务，尝试增加探索性分析目标和具体分析需求。

# 第6章 气候变化对生物多样性的影响分析

## ——提高数据质量、预处理数据

### 使命

高质量的数据是数据分析的前提。本章将根据特征工程的思想，对原始数据开展一系列的数据预处理工作，以提高数据的质量。数据预处理，主要包括缺失值、重复值、异常值的检测与处理，根据感兴趣的问题提取出相关特征数据，调整数据格式等。在此过程中，读者将进一步养成"问题逻辑认知模式"思维习惯，在实战中提出感兴趣的话题，分析和发现问题，设计解决方案并学习相关方法，最后解决问题。

## 6.1 Excitation——提出问题

基于感兴趣的"气候变化如何对生物多样性产生影响"话题，我们已经搜集到4类数据——气象数据、海洋数据、大气数据、生物多样性调查数据，共6张数据表格。打开任意一个数据表，我们都会发现眼前的信息无比庞大繁杂。因此，现有的数据表在用于数据分析之前，还需要进行一系列预处理工作。

### 6.1.1 查看年度地表温度变化数据

图 6-1 是年度地表温度变化数据表（Annual_Surface_Temperature_Change.csv）的部分数据。该表共有 255 行数据，72 列。尽管我们已经提供了详细的数据说明文档，但简单浏览这些数据，我们还是可以发现存在以下问题：

（1）年度地表温度变化数据表中的 Country 列标记了很多国家的地表温度信息，根据分析目的可知，我们的数据分析仅需选取全球平均地表温度数据作为研究对象，这对应的是 Country 列中显示为"World"的各行数据。

如何提取数据表中用于数据分析的行？

（2）图 6-2 是年度地表温度变化数据表中 Indicator 列的情况。我们发现，该列内容的取值完全相同，在进行数据分析时可以忽略此列。查看 Unit、Source、CTS_Code、CTS_Name、CTS_Full_Descriptor 5 列，出现类似问题，我们同样忽略这些列。

| ObjectId | Country | ISO2 | ISO3 | Indicator | Unit | Source | CTS_Code | CTS_Name | CTS_Full_D | F1961 | F1962 | F1963 | F1964 | F1965 | F1966 |
|---|---|---|---|---|---|---|---|---|---|---|---|---|---|---|---|
| 1 | Afghanistan, Islamic | AF | AFG | Temperatu | Degree Ce | Food and | ECCS | Surface Te | Environme | -0.113 | -0.164 | 0.847 | -0.764 | -0.244 | 0.226 |
| 2 | Albania• | AL | ALB | Temperatu | Degree Ce | Food and | ECCS | Surface Te | Environme | 0.627 | 0.326 | 0.075 | -0.166 | -0.388 | 0.559 |
| 3 | Algeria | DZ | DZA | Temperatu | Degree Ce | Food and | ECCS | Surface Te | Environme | 0.164 | 0.114 | 0.077 | 0.25 | -0.1 | 0.433 |
| 4 | American Samoa | AS | ASM | Temperatu | Degree Ce | Food and | ECCS | Surface Te | Environme | 0.079 | -0.042 | 0.169 | -0.14 | -0.562 | 0.181 |
| 5 | Andorra, Principality | AD | AND | Temperatu | Degree Ce | Food and | ECCS | Surface Te | Environme | 0.736 | 0.112 | -0.752 | 0.308 | -0.49 | 0.415 |
| 6 | Angola | AO | AGO | Temperatu | Degree Ce | Food and | ECCS | Surface Te | Environme | 0.041 | -0.152 | -0.19 | -0.229 | -0.196 | 0.175 |
| 7 | Anguilla | AI | AIA | Temperatu | Degree Ce | Food and | ECCS | Surface Te | Environme | 0.086 | -0.024 | 0.234 | 0.189 | -0.365 | -0.001 |
| 8 | Antigua and Barbud | AG | ATG | Temperatu | Degree Ce | Food and | ECCS | Surface Te | Environme | 0.09 | 0.031 | 0.288 | 0.214 | -0.385 | 0.09 |
| 9 | Argentina | AR | ARG | Temperatu | Degree Ce | Food and | ECCS | Surface Te | Environme | 0.122 | -0.046 | 0.162 | -0.343 | 0.09 | -0.163 |
| 10 | Armenia, Rep. of | AM | ARM | Temperatu | Degree Ce | Food and | ECCS | Surface Te | Environment, Climate Change, Climate Indicators, Surface Temperature Char |
| 11 | Aruba, Kingdom of | AW | ABW | Temperatu | Degree Ce | Food and | ECCS | Surface Te | Environme | -0.1 | 0.138 | 0.084 | 0.271 | -0.18 | 0.12 |
| 12 | Australia | AU | AUS | Temperatu | Degree Ce | Food and | ECCS | Surface Te | Environme | 0.157 | 0.126 | -0.096 | -0.012 | 0.14 | -0.23 |
| 13 | Austria | AT | AUT | Temperatu | Degree Ce | Food and | ECCS | Surface Te | Environme | 1.031 | -0.621 | -0.727 | -0.371 | -0.883 | 0.602 |
| 14 | Azerbaijan, Rep. of | AZ | AZE | Temperatu | Degree Ce | Food and | ECCS | Surface Te | Environment, Climate Change, Climate Indicators, Surface Temperature Char |
| 15 | Bahamas, The | BS | BHS | Temperatu | Degree Ce | Food and | ECCS | Surface Te | Environme | 0.073 | -0.062 | -0.097 | 0.192 | 0.054 | -0.172 |
| 16 | Bahrain, Kingdom o | BH | BHR | Temperatu | Degree Ce | Food and | ECCS | Surface Te | Environme | -0.471 | 0.397 | 0.635 | -0.561 | 0.234 | 0.535 |
| 17 | Bangladesh | BD | BGD | Temperatu | Degree Ce | Food and | ECCS | Surface Te | Environme | 0.152 | -0.265 | -0.09 | 0.107 | -0.195 | 0.308 |
| 18 | Barbados | BB | BRB | Temperatu | Degree Ce | Food and | ECCS | Surface Te | Environme | 0.221 | 0.094 | 0.2 | -0.011 | -0.28 | -0.149 |
| 19 | Belarus, Rep. of | BY | BLR | Temperatu | Degree Ce | Food and | ECCS | Surface Te | Environment, Climate Change, Climate Indicators, Surface Temperature Char |
| 20 | Belgium | BE | BEL | Temperatu | Degree Ce | Food and | ECCS | Surface Te | Environment, Climate Change, Climate Indicators, Surface Temperature Char |
| 21 | Belize | BZ | BLZ | Temperatu | Degree Ce | Food and | ECCS | Surface Te | Environme | -0.001 | -0.137 | -0.06 | -0.055 | -0.105 | -0.195 |
| 22 | Benin | BJ | BEN | Temperatu | Degree Ce | Food and | ECCS | Surface Te | Environme | -0.137 | -0.24 | 0.152 | -0.218 | -0.094 | -0.007 |
| 23 | Bhutan | BT | BTN | Temperatu | Degree Ce | Food and | ECCS | Surface Te | Environme | 0.213 | -0.292 | -0.22 | 0.065 | -0.565 | 0.14 |
| 24 | Bolivia | BO | BOL | Temperatu | Degree Ce | Food and | ECCS | Surface Te | Environme | 0.247 | 0.012 | 0.409 | -0.123 | 0.22 | -0.082 |
| 25 | Bosnia and Herzego | BA | BIH | Temperatu | Degree Ce | Food and | ECCS | Surface Te | Environment, Climate Change, Climate Indicators, Surface Temperature Char |
| 26 | Botswana | BW | BWA | Temperatu | Degree Ce | Food and | ECCS | Surface Te | Environme | 0.151 | 0.262 | -0.472 | -0.057 | 0.098 | 0.436 |
| 27 | Brazil | BR | BRA | Temperatu | Degree Ce | Food and | ECCS | Surface Te | Environme | 0.167 | -0.184 | 0.158 | -0.213 | -0.075 | 0.04 |
| 28 | British Virgin Islands | VG | VGB | Temperatu | Degree Ce | Food and | ECCS | Surface Te | Environme | 0.093 | -0.072 | 0.189 | 0.184 | -0.338 | -0.1 |
| 29 | Brunei Darussalam | BN | BRN | Temperatu | Degree Ce | Food and | ECCS | Surface Te | Environme | 0.062 | -0.017 | -0.165 | 0.054 | -0.235 | 0.183 |
| 30 | Bulgaria | BG | BGR | Temperatu | Degree Ce | Food and | ECCS | Surface Te | Environme | 0.903 | 0.488 | -0.248 | -0.528 | -0.456 | 1.15 |
| 31 | Burkina Faso | BF | BFA | Temperatu | Degree Ce | Food and | ECCS | Surface Te | Environme | -0.285 | -0.208 | 0.168 | -0.218 | -0.141 | -0.14 |
| 32 | Burundi | BI | BDI | Temperatu | Degree Ce | Food and | ECCS | Surface Te | Environme | 0.022 | -0.502 | -0.007 | -0.18 | -0.265 | 0.009 |
| 33 | Cabo Verde | CV | CPV | Temperatu | Degree Ce | Food and | ECCS | Surface Te | Environme | -0.12 | 0.219 | 0.47 | 0.011 | -0.322 | 0.26 |
| 34 | Cambodia | KH | KHM | Temperatu | Degree Ce | Food and | ECCS | Surface Te | Environme | -0.035 | -0.134 | -0.309 | 0.156 | -0.196 | 0.433 |
| 35 | Cameroon | CM | CMR | Temperatu | Degree Ce | Food and | ECCS | Surface Te | Environme | -0.117 | -0.218 | 0.126 | -0.157 | -0.11 | -0.01 |
| 36 | Canada | CA | CAN | Temperatu | Degree Ce | Food and | ECCS | Surface Te | Environme | 0.057 | -0.118 | 0.335 | -0.299 | -0.867 | -0.153 |
| 37 | Cayman Islands | KY | CYM | Temperatu | Degree Ce | Food and | ECCS | Surface Te | Environme | 0.153 | -0.203 | | | | |

图 6-1　年度地表温度变化数据表的部分内容

| Indicator |
|---|
| Temperature change with respect to a baseline climatology, corresponding to the period 1951-1980 |
| Temperature change with respect to a baseline climatology, corresponding to the period 1951-1980 |
| Temperature change with respect to a baseline climatology, corresponding to the period 1951-1980 |
| Temperature change with respect to a baseline climatology, corresponding to the period 1951-1980 |
| Temperature change with respect to a baseline climatology, corresponding to the period 1951-1980 |
| Temperature change with respect to a baseline climatology, corresponding to the period 1951-1980 |
| Temperature change with respect to a baseline climatology, corresponding to the period 1951-1980 |
| Temperature change with respect to a baseline climatology, corresponding to the period 1951-1980 |
| Temperature change with respect to a baseline climatology, corresponding to the period 1951-1980 |
| Temperature change with respect to a baseline climatology, corresponding to the period 1951-1980 |
| Temperature change with respect to a baseline climatology, corresponding to the period 1951-1980 |

图 6-2　年度地表温度变化数据表中-Indicator 列的部分内容

如何把数据表中无用的数据列删除掉?

(3) 图 6-3 展示了年度地表温度变化数据中的部分年份数据,列名是字母 F 连接具体

| F1961 | F1962 | F1963 | F1964 | F1965 | F1966 | F1967 | F1968 | F1969 | F1970 | F1971 | F1972 | F1973 |
|---|---|---|---|---|---|---|---|---|---|---|---|---|
| -0.113 | -0.164 | 0.847 | -0.764 | -0.244 | 0.226 | -0.371 | -0.423 | -0.539 | 0.813 | 0.619 | -1.124 | 0. |
| 0.627 | 0.326 | 0.075 | -0.166 | -0.388 | 0.559 | -0.074 | 0.081 | -0.013 | -0.106 | -0.195 | -0.069 | -0. |
| 0.164 | 0.114 | 0.077 | 0.25 | -0.1 | 0.433 | -0.026 | -0.067 | 0.291 | 0.116 | -0.385 | -0.348 | -0. |
| 0.079 | -0.042 | 0.169 | -0.14 | -0.562 | 0.181 | -0.368 | -0.187 | 0.132 | -0.047 | -0.477 | -0.067 | ( |
| 0.736 | 0.112 | -0.752 | 0.308 | -0.49 | 0.415 | 0.637 | 0.018 | -0.137 | 0.121 | -0.326 | -0.499 | 0. |
| 0.041 | -0.152 | -0.19 | -0.229 | -0.196 | 0.175 | -0.081 | -0.193 | 0.188 | 0.248 | -0.097 | -0.035 | 0. |
| 0.086 | -0.024 | 0.234 | 0.189 | -0.365 | -0.001 | -0.257 | -0.2 | 0.317 | 0.082 | -0.269 | -0.179 | ( |
| 0.09 | 0.031 | 0.288 | 0.214 | -0.385 | 0.097 | -0.192 | -0.225 | 0.271 | 0.109 | -0.233 | -0.214 | 0. |
| 0.122 | -0.046 | 0.162 | -0.343 | 0.09 | -0.163 | 0 | 0.472 | 0.292 | 0.438 | -0.26 | -0.008 | -0. |
| ge | | | | | | | | | | | | |
| -0.1 | 0.138 | 0.084 | 0.271 | -0.18 | 0.122 | -0.258 | 0.055 | 0.476 | 0.354 | -0.349 | -0.02 | 0. |
| 0.157 | 0.126 | -0.096 | -0.012 | 0.14 | -0.23 | -0.093 | -0.203 | 0.103 | -0.007 | -0.044 | 0.091 | 0. |
| 1.031 | -0.621 | -0.727 | -0.371 | -0.883 | 0.602 | 0.676 | 0.211 | -0.126 | -0.55 | -0.06 | 0.103 | -0. |
| ge | | | | | | | | | | | | |
| 0.073 | -0.062 | -0.097 | 0.192 | 0.054 | -0.172 | -0.146 | -0.324 | -0.065 | -0.469 | -0.055 | 0.301 | 0. |
| -0.471 | 0.397 | 0.635 | -0.561 | 0.234 | 0.535 | -0.362 | -0.446 | 0.567 | 0.247 | -0.248 | -0.613 | -0. |
| 0.152 | -0.265 | -0.09 | 0.107 | -0.195 | 0.308 | -0.226 | -0.236 | -0.007 | -0.021 | -0.579 | -0.012 | 0. |
| 0.221 | 0.094 | 0.2 | -0.011 | -0.28 | -0.149 | -0.252 | -0.363 | 0.31 | 0.074 | -0.174 | -0.015 | 0. |
| ge | | | | | | | | | | | | |
| ge | | | | | | | | | | | | |
| -0.001 | -0.137 | -0.06 | -0.055 | -0.105 | -0.195 | -0.297 | -0.205 | 0.26 | -0.21 | -0.275 | 0.442 | 0. |
| -0.137 | -0.24 | 0.152 | -0.218 | -0.094 | -0.007 | -0.252 | -0.129 | 0.303 | 0.305 | -0.183 | 0.08 | 0. |
| 0.213 | -0.292 | -0.22 | 0.065 | -0.565 | 0.14 | -0.378 | -0.478 | 0.102 | -0.027 | -0.227 | -0.014 | ( |
| 0.247 | 0.012 | 0.409 | -0.123 | 0.22 | -0.083 | 0.332 | -0.162 | 0.522 | 0.173 | -0.583 | 0.13 | 0. |

图 6-3　年度地表温度变化数据的部分年份数值列

年份。在进行数据分析时,各年份字段名称前面的字母 F 无用,需要将其删除;另外,我们分析地表温度变化时是准备按照年份进行相关分析的,因此,需要将数据转换成表 6-1 所示的数据表的形式,这种数据格式的转换称为数据重塑。

表 6-1　重塑后的年度地表温度变化数据表格式

| ObjectId | Country | year | temperature |
|---|---|---|---|
| 0 | World | 1961 | −0.113000 |
| 1 | xxx | xxx | xxx |
| 2 | xxx | xxx | xxx |
| 3 | xxx | xxx | xxx |
| 4 | xxx | xxx | xxx |
| … | … | … | … |

数据重塑指的是转换一个表格或者向量的结构,使其适合于进一步的分析。在数据分析过程中,经常需要根据不同的分析需求调整数据表的格式。例如,将宽格式数据转换为长格式数据,或将数据从一种层次化结构转换为另一种层次化结构。

如何对数据表进行数据重塑处理?

## 6.1.2　查看世界月度二氧化碳浓度变化数据

图 6-4 是世界月度二氧化碳浓度数据表(Atmospheric_CO2_Concentrations.csv)的前 10 行数据。

| ObjectId | Country | ISO2 | ISO3 | Indicator | Unit | Source | CTS_Code | CTS_Name | CTS_Full_De | Date | Value |
|---|---|---|---|---|---|---|---|---|---|---|---|
| 1 | World | | WLD | Monthly Atmospl | Parts Per Million | Dr. Pieter | ECCA | Atmospheri | Environmer | 1958M03 | 315.7 |
| 2 | World | | WLD | Monthly Atmospl | Parts Per Million | Dr. Pieter | ECCA | Atmospheri | Environmer | 1958M04 | 317.45 |
| 3 | World | | WLD | Monthly Atmospl | Parts Per Million | Dr. Pieter | ECCA | Atmospheri | Environmer | 1958M05 | 317.51 |
| 4 | World | | WLD | Monthly Atmospl | Parts Per Million | Dr. Pieter | ECCA | Atmospheri | Environmer | 1958M06 | 317.24 |
| 5 | World | | WLD | Monthly Atmospl | Parts Per Million | Dr. Pieter | ECCA | Atmospheri | Environmer | 1958M07 | 315.86 |
| 6 | World | | WLD | Monthly Atmospl | Parts Per Million | Dr. Pieter | ECCA | Atmospheri | Environmer | 1958M08 | 314.93 |
| 7 | World | | WLD | Monthly Atmospl | Parts Per Million | Dr. Pieter | ECCA | Atmospheri | Environmer | 1958M09 | 313.2 |
| 8 | World | | WLD | Monthly Atmospl | Parts Per Million | Dr. Pieter | ECCA | Atmospheri | Environmer | 1958M10 | 312.43 |
| 9 | World | | WLD | Monthly Atmospl | Parts Per Million | Dr. Pieter | ECCA | Atmospheri | Environmer | 1958M11 | 313.33 |
| 10 | World | | WLD | Monthly Atmospl | Parts Per Million | Dr. Pieter | ECCA | Atmospheri | Environmer | 1958M12 | 314.67 |

图 6-4　世界月度二氧化碳浓度数据表的前 10 行

浏览该表我们发现,ObjectId、Country、ISO2、ISO3、Indicator、Source、CTS_Code、CTS_Name、CTS_Full_Descriptor 这些列的数据取值完全相同,我们进行数据分析时可以忽略这些数据列。因此,这个数据表只有 Unit、Date、Value 三列数据可以用于数据分析。

如何提取数据表中用于数据分析的列?

(1) Unit 列中涉及二氧化碳浓度变化的两个单位。Parts Per Million 表示二氧化碳浓度,Percent 表示二氧化碳同比变化。为了进行数据分析,需要根据 Unit 列中的内容对表格进行拆分,形成两个分别只有 Parts Per Million 与 Percent 单位的子表。表 6-2 展示了我们所期望的数据格式。

表 6-2　世界月度二氧化碳浓度变化表拆分后对应子表的期望格式

| Unit | Date | Value | Unit | Date | Value |
|---|---|---|---|---|---|
| Parts Per Million | xxx | xxx | Percent | xxx | xxx |
| Parts Per Million | xxx | xxx | Percent | xxx | xxx |
| ... | ... | ... | ... | ... | ... |
| Parts Per Million | xxx | xxx | Percent | xxx | xxx |

　　如何将一个数据表按条件拆分成多个表？

　　（2）基于分析的需求，我们将每一年 12 个月的年平均数据作为研究对象。因此，我们需要对 Date 列给出的日期信息进行提取并处理，最终得到目标数据对象。

　　如何根据当前的日期格式，得到每一年 12 个月的平均数据呢？

　　（3）一个数据表经过处理之后，往往会使原来的索引变得杂乱。

　　如何重置索引？

### 6.1.3　查看平均海平面高度变化数据

　　图 6-5 是平均海平面高度变化数据表（Change_in_Mean_Sea_Levels.csv）的部分数据。

| ObjectId | Country | ISO2 | ISO3 | Indicator | Unit | Source | CTS_Code | CTS_Nam | CTS_Full_I | Measure | Date | Value |
|---|---|---|---|---|---|---|---|---|---|---|---|---|
| 1 | World | | WLD | Change in mean sea level: Sea level: TOPEX.Poseidon | Millimeters | National O | ECCL | | Change in Environme | Andaman | D12/17/19 | -10.34 |
| 2 | World | | WLD | Change in mean sea level: Sea level: TOPEX.Poseidon | Millimeters | National O | ECCL | | Change in Environme | Arabian S | D12/17/19 | -18.46 |
| 3 | World | | WLD | Change in mean sea level: Sea level: TOPEX.Poseidon | Millimeters | National O | ECCL | | Change in Environme | Atlantic O | D12/17/19 | -15.41 |
| 4 | World | | WLD | Change in mean sea level: Sea level: TOPEX.Poseidon | Millimeters | National O | ECCL | | Change in Environme | Baltic Sea | D12/17/19 | 196.85 |
| 5 | World | | WLD | Change in mean sea level: Sea level: TOPEX.Poseidon | Millimeters | National O | ECCL | | Change in Environme | Bay Benga | D12/17/19 | 3.27 |
| 6 | World | | WLD | Change in mean sea level: Sea level: TOPEX.Poseidon | Millimeters | National O | ECCL | | Change in Environme | Caribbean | D12/17/19 | -13.58 |
| 7 | World | | WLD | Change in mean sea level: Sea level: TOPEX.Poseidon | Millimeters | National O | ECCL | | Change in Environme | Gulf Mexi | D12/17/19 | -3.95 |
| 8 | World | | WLD | Change in mean sea level: Sea level: TOPEX.Poseidon | Millimeters | National O | ECCL | | Change in Environme | Indian Oc | D12/17/19 | -27.63 |
| 9 | World | | WLD | Change in mean sea level: Sea level: TOPEX.Poseidon | Millimeters | National O | ECCL | | Change in Environme | Indonesia | D12/17/19 | -3.09 |
| 10 | World | | WLD | Change in mean sea level: Sea level: TOPEX.Poseidon | Millimeters | National O | ECCL | | Change in Environme | Mediterra | D12/17/19 | 39.02 |
| 11 | World | | WLD | Change in mean sea level: Sea level: TOPEX.Poseidon | Millimeters | National O | ECCL | | Change in Environme | Nino | D12/17/19 | -3.13 |
| 12 | World | | WLD | Change in mean sea level: Sea level: TOPEX.Poseidon | Millimeters | National O | ECCL | | Change in Environme | North Pac | D12/17/19 | 19.59 |
| 13 | World | | WLD | Change in mean sea level: Sea level: TOPEX.Poseidon | Millimeters | National O | ECCL | | Change in Environme | North Sea | D12/17/19 | 44.01 |
| 14 | World | | WLD | Change in mean sea level: Sea level: TOPEX.Poseidon | Millimeters | National O | ECCL | | Change in Environme | Pacific Oc | D12/17/19 | -14.88 |
| 15 | World | | WLD | Change in mean sea level: Sea level: TOPEX.Poseidon | Millimeters | National O | ECCL | | Change in Environme | Persian G | D12/17/19 | 134.53 |
| 16 | World | | WLD | Change in mean sea level: Sea level: TOPEX.Poseidon | Millimeters | National O | ECCL | | Change in Environme | Sea Japan | D12/17/19 | -46.65 |
| 17 | World | | WLD | Change in mean sea level: Sea level: TOPEX.Poseidon | Millimeters | National O | ECCL | | Change in Environme | Sea Okho | D12/17/19 | -4.39 |
| 18 | World | | WLD | Change in mean sea level: Sea level: TOPEX.Poseidon | Millimeters | National O | ECCL | | Change in Environme | South Chi | D12/17/19 | -4.6 |
| 19 | World | | WLD | Change in mean sea level: Sea level: TOPEX.Poseidon | Millimeters | National O | ECCL | | Change in Environme | Southern | D12/17/19 | -24.43 |
| 20 | World | | WLD | Change in mean sea level: Sea level: TOPEX.Poseidon | Millimeters | National O | ECCL | | Change in Environme | Tropics | D12/17/19 | -19.64 |
| 21 | World | | WLD | Change in mean sea level: Sea level: TOPEX.Poseidon | Millimeters | National O | ECCL | | Change in Environme | World | D12/17/19 | -15.95 |
| 22 | World | | WLD | Change in mean sea level: Sea level: TOPEX.Poseidon | Millimeters | National O | ECCL | | Change in Environme | Yellow Se | D12/17/19 | -70.61 |
| 23 | World | | WLD | Change in mean sea level: Sea level: TOPEX.Poseidon | Millimeters | National O | ECCL | | Change in Environme | Adriatic S | D12/18/19 | 9.19 |
| 24 | World | | WLD | Change in mean sea level: Sea level: TOPEX.Poseidon | Millimeters | National O | ECCL | | Change in Environme | Bering Se | D12/18/19 | -5.35 |
| 25 | World | | WLD | Change in mean sea level: Sea level: TOPEX.Poseidon | Millimeters | National O | ECCL | | Change in Environme | North Atl | D12/18/19 | -0.23 |
| 26 | World | | WLD | Change in mean sea level: Sea level: TOPEX.Poseidon | Millimeters | National O | ECCL | | Change in Environme | Andaman | D12/26/19 | -2.64 |
| 27 | World | | WLD | Change in mean sea level: Sea level: TOPEX.Poseidon | Millimeters | National O | ECCL | | Change in Environme | Baltic Sea | D12/26/19 | 228.05 |
| 28 | World | | WLD | Change in mean sea level: Sea level: TOPEX.Poseidon | Millimeters | National O | ECCL | | Change in Environme | Bay Benga | D12/26/19 | 11.67 |

图 6-5　平均海平面高度变化数据表的部分内容

　　（1）与前面数据表中存在的部分问题一样，该表同样存在多个对数据分析无意义的数据列。对于数据分析来说，只需要 Indicator、Measure、Date、Value 4 列。

　　（2）分析时选取研究范围为世界，所以我们也需要将 Measure 列中取值为"World"的数据提取出来。

　　（3）与表 6-2 的世界月度二氧化碳浓度数据表类似，如果计划将年平均数据作为研究对象，同样需要根据 Date 列给出的日期信息计算每一年的平均数据值。表 6-3 示意了海平面高度变化表处理后的我们所期望的格式。

表 6-3　海平面高度变化数据表转换后的期望格式

| ObjectId | Year | Mean Sea Levels Change |
|---|---|---|
| 0 | 1992 | −16.80 |
| 1 | xxxx | xx |
| 2 | xxxx | xx |
| ... | ... | ... |

## 6.1.4　查看濒危物种数量变化数据

有关濒危物种数量变化，共有三张数据表，数据表名称分别为极度濒危物种数量变化数据表（Critically Endangered.csv）、濒危物种数量变化数据表（Endangered.csv）和易危物种数量变化数据表（Vulnerable.csv）。三张数据表的数据格式完全相同。

图 6-6 为 Critically Endangered.csv 数据表的完整数据，可以看出：

| Year | Mammals | Birds | Reptiles | Amphibia | Fishes | Insects | Molluscs | Other inv | Plants | Fungi & p | TOTAL |
|---|---|---|---|---|---|---|---|---|---|---|---|
| 2022 | 232 | 231 | 433 | 681 | 800 | 412 | 717 | 291 | 5,232 | 36 | 9,065 |
| 2021 | 229 | 225 | 433 | 673 | 739 | 408 | 717 | 290 | 4,976 | 32 | 8,722 |
| 2020 | 221 | 223 | 324 | 650 | 666 | 347 | 682 | 282 | 4,337 | 30 | 7,762 |
| 2019 | 203 | 225 | 309 | 588 | 592 | 311 | 667 | 270 | 3,229 | 19 | 6,413 |
| 2018 | 201 | 224 | 287 | 550 | 486 | 300 | 633 | 252 | 2,879 | 14 | 5,826 |
| 2017 | 202 | 222 | 266 | 552 | 468 | 273 | 625 | 243 | 2,722 | 10 | 5,583 |
| 2016 | 204 | 225 | 237 | 546 | 461 | 226 | 586 | 211 | 2,506 | 8 | 5,210 |
| 2015 | 209 | 218 | 180 | 528 | 446 | 176 | 576 | 209 | 2,347 | 5 | 4,894 |
| 2014 | 213 | 213 | 174 | 518 | 443 | 168 | 576 | 205 | 2,119 | 2 | 4,631 |
| 2013 | 196 | 198 | 164 | 520 | 413 | 125 | 553 | 154 | 1,957 | 2 | 4,282 |
| 2012 | 196 | 197 | 144 | 509 | 415 | 119 | 549 | 132 | 1,821 | 2 | 4,084 |
| 2011 | 194 | 189 | 137 | 498 | 414 | 91 | 487 | 132 | 1,731 | 2 | 3,875 |
| 2010 | 188 | 190 | 106 | 486 | 376 | 89 | 373 | 132 | 1,619 | 2 | 3,561 |
| 2009 | 188 | 192 | 93 | 484 | 306 | 89 | 291 | 99 | 1,577 | 2 | 3,321 |
| 2008 | 188 | 190 | 86 | 475 | 289 | 70 | 268 | 99 | 1,575 | 2 | 3,242 |
| 2007 | 163 | 189 | 79 | 441 | 254 | 69 | 268 | 86 | 1,569 | 2 | 3,120 |
| 2006 | 162 | 181 | 73 | 442 | 253 | 68 | 265 | 84 | 1,541 | 2 | 3,071 |
| 2004 | 162 | 179 | 64 | 413 | 171 | 47 | 265 | 61 | 1,490 | 1 | 2,853 |
| 2003 | 184 | 182 | 57 | 30 | 162 | 46 | 250 | 61 | 1,276 | 1 | 2,249 |
| 2002 | 181 | 182 | 55 | 30 | 157 | 46 | 222 | 59 | 1,046 | 0 | 1,978 |
| 2000 | 180 | 182 | 56 | 25 | 156 | 45 | 222 | 59 | 1,014 | 0 | 1,939 |
| 1996/1998 | 169 | 168 | 41 | 18 | 157 | 44 | 257 | 57 | 909 | 0 | 1,820 |

图 6-6　Critically Endangered.csv 完整数据

（1）这个数据表并不大，我们能明显看到年份列中存在异常年份数据，即"1996/1998"，且缺失了 1999、2001 和 2005 这三个年份数据。

怎么处理异常年份数据，怎么处理缺失年份数据？

（2）濒危物种数量变化数据表中有些数据存在逗号，因此这些数据会被识别成字符串。如果我们想要得到濒危物种数量的数值，需要将字符串转换为数值类型。

如何将字符串数据转换成数值类型？

## 6.2　Exploration——探寻问题本质

### 6.2.1　数据预处理与特征工程

#### 6.2.1.1　分析问题本质

通过查看数据表,我们发现了一系列问题,包括数据缺失、数据重复以及数据格式不一致等。对于缺失值,可以通过填充、删除等方法来处理;对于异常值,可以进行替换或剔除。对于重复记录,则可以进行合并或删除。这一系列的处理方式,实际上就是特征工程的一部分。

#### 6.2.1.2　特征工程的概念

特征工程(Feature Engineering)是将原始数据转化为能够更好表达问题本质的特征的过程。特征工程中有自变量和因变量的概念,通常称自变量 $x$ 为特征,特征工程的目的是发现在自变量 $x$ 中对因变量 $y$ 有明显影响作用的关键特征。

在本案例中,年度地表温度变化数据、平均海平面高度变化数据、世界月度大气二氧化碳浓度数据是自变量 $x$,濒危物种数是因变量 $y$。根据上述思想对本案例进行特征工程,要求我们定位对生物多样性产生影响的关键特征。

简而言之,特征工程就是探究如何分解和聚合原始数据,更好地表达问题的本质。特征工程的思想贯彻数据分析全过程。

#### 6.2.1.3　特征工程在数据预处理阶段的三类任务

**1. 数据清洗类**

数据清洗类操作的主要任务是清洗和填充缺失值,处理重复值、异常值,以最大化数据集的价值。

(1)处理缺失值:找出并处理数据中的缺失值,我们可以选择删除缺失值或填充它们,或使用合适的插补方法。

(2)去除重复项:检测并去除数据中的重复记录,以避免重复计算和出现分析偏差。

(3)处理异常值:检测和处理异常值,这些异常值可能是由于错误记录或数据输入错误引起的。

**2. 特征选择类**

选择一部分特征,从而减少数据噪声。数据噪声就是指在数据收集、传输或处理过程中产生的随机误差或干扰,这些误差或干扰可能导致数据的不准确或失真。我们需要根据分析目标选择合适的特征或变量,去除无关或冗余的特征。

**3. 特征转换类**

将原始数据进行转换,使其满足数据分析的需求。包括以下操作:

（1）数据类型的转换。

（2）数据重塑。

（3）将数据表按条件拆分。

（4）提取数据中的隐藏结构（如字符串类型的日期格式），创建新的特征或转换现有特征，以更好地分析问题。

（5）数据抽样，提取指定行进行研究或处理。

## 6.2.2　对数据预处理任务进行梳理

根据 6.2.1 节的思路，我们将每个数据表在数据预处理阶段的三类任务进行细化。如表 6-4 所示，第一列用来标识表名，后面三列给出了不同数据表三类任务所涉及的具体处理需求。

表 6-4　数据处理任务梳理

| 表　名 | 处理需求 | | |
| --- | --- | --- | --- |
| | 数据清洗类 | 特征选择类 | 特征转换类 |
| 年度地表温度变化数据 | 缺失值、重复值、异常值的处理 | 提取对数据分析有意义的列 | 提取日期格式；数据重塑；提取 Country 列中值为"World"的行 |
| 世界月度二氧化碳浓度数据 | 缺失值、重复值、异常值的处理 | 提取对数据分析有意义的列 | 提取日期格式，按 Unit 列中的内容对原表进行拆分；取每一年 12 个月的平均数据作为研究指标，重置数据表，调整索引格式 |
| 平均海平面高度变化数据 | 缺失值、重复值、异常值的处理 | 提取对数据分析有意义的列 | 提取日期格式；将 Measure 列中值为"World"的行提取出来；提取年份与年平均数据作为特征列 |
| 濒危物种数量变化数据 | 缺失值、重复值、异常值的处理 | 提取对数据分析有意义的列 | 对缺失的年份进行填充，对格式有误的年份进行修改；按年份从小到大对数据表进行排序 |

## 6.2.3　数据表的合并

对各个数据表完成预处理后，就可以根据具体的分析需求使用这些数据。例如，如果我们的分析需求是研究地表温度的变化趋势，那就可以直接使用年度地表温度变化数据表。由于我们的分析目的是探究气候变化相关因素对生物多样性的影响，涉及与气候变化相关的温度变化、海平面高度变化和二氧化碳大气浓度占比等因素，这些因素来自多个表格。为了便于相关性分析与研究，我们需要将各个数据表按年份合并到一张表中。表 6-5 是合并后数据表的期望格式。一级、二级、三级分别对应原表中的 critical endangered、endangered、vulnerable。其中一级是最高的濒危等级。

表 6-5　合并后表格的期望格式

| 年份 | 温度变化/℃ | 平均海平面变化/mm | 二氧化碳大气占比/% | 二氧化碳浓度/ppm | 一级濒危物种种数 | 二级濒危物种种数 | 三级濒危物种种数 |
|---|---|---|---|---|---|---|---|
| 1998 | 0.993 | −4.95 | 0.82 | 366.84 | 1820 | 2376 | 6337 |
| 1999 | 0.783 | −3.27 | 0.46 | 368.54 | 1820 | 2376 | 6337 |
| … | … | … | … | … | … | … | … |
| 2022 | 1.394 | 72.81 | 0.51 | 418.56 | 9065 | 16094 | 16300 |

## 6.3　Enhancement——拓展求解问题必备的知识和能力

我们在第 3 章已经学习了数据清洗和特征选择的相关方法,下面重点学习特征转换、特征提取和数据表合并。

### 6.3.1　使用 Pandas 进行数据转换

#### 6.3.1.1　DataFrame 的常用属性及方法

**1. 常见属性**

(1) DataFrame.index:用于获取或设置 DataFrame 的行索引。

(2) DataFrame.columns:用于获取或设置 DataFrame 的列名。

(3) DataFrame.dtypes:用于获取 DataFrame 中每一列的数据类型。

(4) DataFrame.values:用于获取 DataFrame 中的数据,并将数据转换为一个标准的 NumPy 数组,从而可以利用 NumPy 提供的各种数组操作和功能。

提示:NumPy(Numerical Python)是 Python 的一种开源的数值计算扩展库,凭借其高效、灵活和强大的功能,在科学计算、数据分析、机器学习等领域有着广泛的应用。关于 NumPy,将在第 7 章介绍。

(5) DataFrame.at:用于根据行列标签访问 DataFrame 中的单个值。

(6) DataFrame.iat:用于根据行列索引位置访问 DataFrame 中的单个值。

**2. 常见方法**

(1) 标签重命名方法 rename()。

rename()方法用于重命名 DataFrame 对象的行或列标签,该方法允许根据特定映射更改行或列的标签,其语法如下:

```
DataFrame.rename(mapper=None,index=None,columns=None,
                 axis=None, inplace=False, *)
```

其中,常见参数的含义:

　　① mapper,字典或函数,可选。用于转换的标签。如果传入字典,则字典的键是原始标签,值是新的标签;如果传入函数,则该函数应接收并返回一个标签。

　　② index,字典、序列或函数,可选。用于重命名的行标签(索引)。如果传入字典或序列,则其长度必须与 DataFrame 的行数相同;如果传入函数,则该函数应接收并返回一个标签。

　　③ columns,字典、序列或函数,可选。用于重命名列标签。如果传入字典或序列,则其长度必须与 DataFrame 的列数相同;如果传入函数,则该函数应接受并返回一个标签。

　　④ axis,{0 或 'index', 1 或 'columns'},可选。指定是针对行(0 或 'index')还是列(1 或 'columns')进行重命名。

　　(2)设置索引方法 set_index()。

　　set_index()方法用于将一列或多列数据设置为索引,其语法如下:

```
DataFrame.set_index(keys,drop=True,inplace=False, *)
```

　　其中,常见参数的含义:

　　① keys,想要设置为索引的列标签或列标签列表。

　　② drop,布尔值,默认为 True。若为 True,则删除原索引;否则,保留原索引。

　　③ inplace,布尔值,默认为 False;若为 True,会直接修改原始的 DataFrame,不返回任何值。

　　(3)重新设置索引方法 reset_index()。

　　reset_index()方法用于重置 DataFrame 的索引,其语法如下:

```
DataFrame.reset_index(level=None, *, drop=False, inplace=False, *)
```

　　其中,常见参数的含义:

　　① level,可以为 int、str、list-like 类型,默认为 None。只删除指定级别的索引。默认情况下,重置所有级别的索引。

　　② drop,布尔值,默认为 False。是否删除旧的索引列。如果为 False,则将旧索引作为 DataFrame 的一个新列。

　　③ inplace,布尔值,默认为 False。若为 True,会直接修改原始的 DataFrame,不返回任何值。

　　【例 6-1】　DataFrame 的 rename()、set_index()、reset_index()方法的使用。

```
1    import pandas as pd
2
3    #创建一个包含销售人员信息的 DataFrame
4    data = {
5        '姓名': ['朱一鸣', '张嘉义', '陈丽'],
6        '员工编号': ['001', '002', '003'],
7        '年龄': ['28', '32', '25'],
8        '出生日期': ['1994-05-12', '1989-08-23', '1997-01-05'],
9        '销售额': ['12,345', '56,789', '91,012'],
```

```
10          '电子邮件': ['zhangsan@example.com', 'lisi@example.com', 'wangwu@
   example.com']
11 }
12 df = pd.DataFrame(data)
13
14 #设置员工编号为索引列
15 df.set_index('员工编号',inplace=True)
16
17 #把朱一鸣的年龄修改为 29
18 df.at['001','年龄']=29
19
20 print('重命名前的 DataFrame:')
21 print(df)
22 df.rename(columns = {'销售额':'2023年销售额'},inplace=True)
23 print('重命名后的 DataFrame:')
24 print(df)
25
26 #按照销量进行降序排列
27 df = df.sort_values(by='2023年销售额',ascending=False)
28 print('降序排列后的 DataFrame:')
29 print(df)
30 df.reset_index(drop=False,inplace=True)
31 print('重置索引后的 DataFrame:')
32 print(df)
```

程序运行结果如图 6-7 所示。

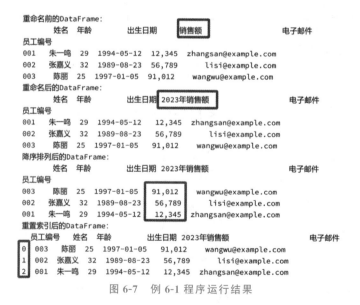

图 6-7 例 6-1 程序运行结果

（4）成员运算符 in。

in 用于检查一个元素是否存在于一个序列（如列表、元组、字符串或集合）中，可以判断某个值是否存在于 DataFrame 的某一列中。当与 for 循环结合使用时，in 通常用于遍历序列中的每个元素。

【例 6-2】　判断例 6-1 的 DataFrame 中有几个人的销售额大于 50000。

```
1   import pandas as pd
2   #创建一个包含销售人员信息的 DataFrame
3   data = {
4       '姓名': ['朱一鸣', '张嘉义', '陈丽'],
5       '员工编号': ['001', '002', '003'],
6       '年龄': ['28', '32', '25'],
7       '出生日期': ['1994-05-12', '1989-08-23', '1997-01-05'],
8       '销售额': [12345, 56789, 91012],
9       '电子邮件': ['zhangsan@example.com', 'lisi@example.com', 'wangwu@
    example.com']
10  }
11  df = pd.DataFrame(data)
12
13  counter = 0
14  for i in df['销售额'].values:
15      if i >50000:
16          counter+=1
17  print(f'销售额大于 50000 的有{counter}人')
```

在上面的代码中,第 14 行代码,for 循环语句中,$i$ 依次取到了"销售额"列的数值。

程序运行结果如图 6-8 所示。

2023年销售额大于50000的有2人

图 6-8　例 6-2 程序的运行结果

### 6.3.1.2　常见的类型转换方法

**1. 数据类型转换方法 astype()**

astype 方法用于将 DataFrame 中的列转换为指定的数据类型,其语法如下:

**DataFrame.astype(dtype, *)**

其中,dtype 可以是数据类型或字典。如果它是一个数据类型,则整个 DataFrame 都会被转换为该数据类型;如果它是一个字典,则字典的键是列名,值是要将该列转换为的数据类型。

**2. 日期类型转换方法 to_datetime()**

Pandas 提供的 to_datetime() 方法可以将各种格式的日期字符串、整数(通常表示 UNIX 时间戳)等转换为 Pandas 的日期 datetime 对象。其语法如下:

**pandas.to_datetime(arg, format=None, *)**

其中,常见参数的含义:

① arg,待转换对象,可以是多种类型,如整数、字符串、列表、Series、DataFrame 等。

② format,是一个字符串,用于指定日期时间字符串的格式,默认为 None。常见的日期格式包括"%Y-%m-%d"(2023-09-13)、"%m/%d/%Y"(09/13/2023)、"%Y-%m-%d %H:%M:%S"(2023-09-13 14:30:00)、"%H:%M:%S"(14:30:00)、"%Y-%m"(2023-

09)等。其中,"%Y"表示 4 位数年份,"%m"表示 2 位数月份,"%d"表示 2 位数日期。

提示:to_datetime()没有固定默认的日期格式,Pandas 会根据输入内容尝试解析,但如果可能的话,最好明确指定 format 参数以确保正确的解析。

【例 6-3】 将例 6-1 中 DataFrame 的年龄转换成数值,将日期字符串转换成"%Y-%m-%d"日期类型。

```
1    import pandas as pd
2    #创建一个包含销售人员信息的 DataFrame
3    data = {
4        '姓名': ['朱一鸣', '张嘉义', '陈丽'],
5        '员工编号': ['001', '002', '003'],
6        '年龄': ['28', '32', '25'],                    #字符串需要转换为整数
7        '出生日期': ['1994-05-12', '1989-08-23', '1997-01-05'], #字符串需要转换为日期
8        '销售额': ['12,345', '56,789', '91,012'],
9        '电子邮件': ['zhangsan@example.com', 'lisi@example.com', 'wangwu@
    example.com']
10   }
11   df = pd.DataFrame(data)
12
13   #数据类型转换:将年龄列从字符串转换为整数
14   df['年龄'] = df['年龄'].astype(int)
15
16   #日期类型转换:将出生日期列从字符串转换为日期时间类型
17   df['出生日期'] = pd.to_datetime(df['出生日期'],format="%Y-%m-%d")
18   df
```

程序运行结果如图 6-9 所示。

| | 姓名 | 员工编号 | 年龄 | 出生日期 | 销售额 | 电子邮件 |
|---|---|---|---|---|---|---|
| 0 | 朱一鸣 | 001 | 28 | 1994-05-12 | 12,345 | zhangsan@example.com |
| 1 | 张嘉义 | 002 | 32 | 1989-08-23 | 56,789 | lisi@example.com |
| 2 | 陈丽 | 003 | 25 | 1997-01-05 | 91,012 | wangwu@example.com |

图 6-9 例 6-3 程序运行结果

### 6.3.1.3 常见数据替换方法

Pandas 提供的 Series.str.replace() 方法用来替换 Series 中字符串的特定模式。其语法如下:

```
Series.str.replace(pat, repl, *)
```

其中,常见参数的含义:

① pat,字符串或正则表达式,要被替换的模式,可以是字符串或者正则表达式。

② repl,字符串或可调用的对象,表示要替换成的文本或替换函数。

【例 6-4】 将例 6-1 中 DataFrame 中的销售额数据中的逗号去掉,并转换为整型。

```
1    import pandas as pd
2    #创建一个包含销售人员信息的 DataFrame
3    data = {
4        '姓名': ['朱一鸣', '张嘉义', '陈丽'],
5        '员工编号': ['001', '002', '003'],
6        '年龄': ['28', '32', '25'],
7        '出生日期': ['1994-05-12', '1989-08-23', '1997-01-05'],
8        '销售额': ['12,345', '56,789', '91,012'],
                                        #字符串中的逗号需要去除,然后转换为整数
9        '电子邮件': ['zhangsan@example.com', 'lisi@example.com', 'wangwu@
    example.com']
10   }
11   df = pd.DataFrame(data)
12   #替换数据中的逗号,并将销售额列从字符串转换为整数
13   df['销售额'] = df['销售额'].str.replace(',', '').astype(int)
14   #查看处理后的 DataFrame 及其数据类型
15   print(df)
16   print(df.dtypes)
```

程序运行结果如图 6-10 所示。

```
     姓名  员工编号  年龄    出生日期       销售额
0   朱一鸣  001   28  1994-05-12  12345  zhangsan@example.com
1   张嘉义  002   32  1989-08-23  56789      lisi@example.com
2    陈丽  003   25  1997-01-05  91012  wangwu@example.com
姓名        object
员工编号      object
年龄        object
出生日期      object
销售额       int64
电子邮件      object
dtype: object
```

图 6-10　例 6-4 程序的运行结果

## 6.3.2　使用 Pandas 进行特征提取

在 Pandas 中,有多种方法可以实现特征提取。除了第 4 章介绍的直接使用方括号"[]"操作符、loc 和 iloc 方法选择数据集中的特定列之外,drop()方法也是一种非常实用的工具,可以用来删除不相关的数据列,从而间接地实现特征提取。具体语法如下:

**DataFrame.drop(labels=None, axis=0, index=None, columns=None, inplace=False, \*)**

其中,常见参数的含义:

① labels,要删除的行或列的标签。注意,此参数不能与 index 或 columns 同时使用。

② axis,确定删除的是行还是列。♯0 或 'index',表示删除行;1 或'columns',表示删除列。默认 0。

③ index,要删除的行标签,与 labels 参数功能相同,但仅用于行。

④ columns,要删除的列标签,与 labels 参数功能相同,但仅用于列。

⑤ inplace,布尔值,默认 False。

【例 6-5】 删除例 6-1 中的电子邮件数据列。

```
1   import pandas as pd
2   #创建一个包含销售人员信息的 DataFrame
3   data = {
4       '姓名': ['朱一鸣', '张嘉义', '陈丽'],
5       '员工编号': ['001', '002', '003'],
6       '年龄': ['28', '32', '25'],
7       '出生日期': ['1994-05-12', '1989-08-23', '1997-01-05'],
8       '销售额': ['12,345', '56,789', '91,012'],
9       '电子邮件': ['zhangsan@example.com', 'lisi@example.com', 'wangwu@
    example.com']
10  }
11  df = pd.DataFrame(data)
12  df.drop(columns='电子邮件', inplace=True)
13  df
```

程序运行结果如图 6-11 所示。

| | 姓名 | 员工编号 | 年龄 | 出生日期 | 销售额 |
|---|---|---|---|---|---|
| 0 | 朱一鸣 | 001 | 28 | 1994-05-12 | 12,345 |
| 1 | 张嘉义 | 002 | 32 | 1989-08-23 | 56,789 |
| 2 | 陈丽 | 003 | 25 | 1997-01-05 | 91,012 |

图 6-11 例 6-5 程序运行结果

## 6.3.3 使用 Pandas 进行特征转换

### 6.3.3.1 使用 melt() 函数实现数据重塑

**1. 宽格式数据和长格式数据**

宽格式数据(简称宽数据)和长格式数据(简称长数据)是数据集中两种不同的数据排列方式。

宽格式数据的特点是:每一列代表一个观测变量;每一行则是一组所有观测变量的观测值。在宽格式数据中,每一列都有明确的含义,通常不需要进一步细分。在表 6-6 中,每个城市的 2019 年、2020 年和 2021 年的 GDP 都被放在了不同的列中。这种结构在查看特定城市某年的 GDP 时可能很直观,但不利于进行跨城市或跨时间的比较分析。我们要分析的年度地表温度变化数据表就是宽格式数据。

表 6-6 宽格式数据示例

| 编　　号 | 城　　市 | 2019 年 GDP | 2020 年 GDP | 2021 年 GDP |
|---|---|---|---|---|
| 0 | 北京 | 35371.3 | 36102.6 | 40269.6 |
| 1 | 上海 | 38155.3 | 38700.6 | 43214.9 |

| 编　　号 | 城　　市 | 2019 年 GDP | 2020 年 GDP | 2021 年 GDP |
|---|---|---|---|---|
| 2 | 广州 | 23628.6 | 25019.1 | 28231.9 |
| 3 | 深圳 | 26927.1 | 27670.2 | 30664.9 |

长格式数据的特点是：变量少；观察值多。通常，长格式数据将一列用于存放观测变量（variable 列），另一列则用于存放观测变量对应的观测值（value 列）。这种格式由于将每个观测变量的观测值分开存储，因此在处理单个变量的分析时更为简便。表 6-7 长格式数据示例中，每条记录包含了每个城市每年的 GDP 信息。这种格式更便于进行时间序列分析、城市间比较或绘制时间序列图表等分析工作。

表 6-7　长格式数据示例

| 编　　号 | 城　　市 | 年　　份 | GDP |
|---|---|---|---|
| 0 | 北京 | 2019 | 35371.3 |
| 1 | 上海 | 2019 | 38155.3 |
| 2 | 广州 | 2019 | 23628.6 |
| 3 | 深圳 | 2019 | 26927.1 |
| 4 | 北京 | 2020 | 36102.6 |
| 5 | 上海 | 2020 | 38700.6 |
| 6 | 广州 | 2020 | 25019.1 |
| 7 | 深圳 | 2020 | 27670.2 |
| 8 | 北京 | 2021 | 40269.6 |
| 9 | 上海 | 2021 | 43214.9 |
| 10 | 广州 | 2021 | 28231.9 |
| 11 | 深圳 | 2021 | 30664.9 |

表 6-6 和表 6-7 展示了相同的数据集，但是以不同的格式呈现。宽格式数据更适合直接查看，以及比较不同属性的值；长格式数据则更适合进行某些类型的数据分析和可视化。

**2. melt( )方法**

Pandas 提供的 melt( )方法是一个数据重塑工具，用于将宽格式数据转换为长格式数据。简单来说，就是将一个数据集中很多列需要重塑的变量转换为两列，一列为变量的名字，一列为对应变量的取值。其语法如下：

```
pandas.melt(frame,id_vars=None,value_vars=None,var_name=None,
            value_name='value')
```

其中，常见参数的含义：

① frame，表示传入需要重塑的 DataFrame。

② id_vars，指定保留不变的列，即不进行重塑的列。

③ value_vars，指定要进行重塑的列。若没有为该变量赋值，则默认为所有未包含在 id_vars 中的列。

④ var_name，指定新列中变量名一列的列名。

⑤ value_name，指定新列中变量值一列的列名。

【例 6-6】 将表 6-6 中的宽数据表格转换成表 6-7 所示的长数据表格。

```
1   import pandas as pd
2
3   #假设 df 是宽格式的城市 GDP 数据框
4   df_wide = pd.DataFrame({
5       '城市': ['北京', '上海', '广州', '深圳'],
6       '2019 年 GDP': [35371.3, 38155.3, 23628.6, 26927.1],
7       '2020 年 GDP': [36102.6, 38700.6, 25019.1, 27670.2],
8       '2021 年 GDP': [40269.6, 43214.9, 28231.9, 30664.9]
9   })
10
11  print("原始宽格式数据:")
12  print(df_wide)
13
14  #使用 melt 函数转换为长格式
15  df_long = df_wide.melt(id_vars='城市',
16                          var_name='年份',
17                          value_name='GDP',
18                          value_vars=['2019 年 GDP', '2020 年 GDP', '2021 年 GDP'])
19
20  #为了使年份列更易于分析，可能需要将'年份'列中的'年 GDP'文本去掉
21  df_long['年份'] = df_long['年份'].str.replace('年 GDP', '')
22  print("\n 转换为长格式后的数据:")
23  print(df_long)
```

在上面的代码中，第 15 行代码使用 melt() 方法将宽数据表格转换成长数据表格，转换过程中通过指定 id_vars 参数指定的城市列保持不变，不进行重塑。通过指定 var_name 参数指定新列中用于存储宽数据表格中进行重塑的列名变量的列名称为年份。通过指定 value_name 参数指定新列中用于存储宽数据表格中进行重塑的列名变量对应取值的列名称为 GDP。value_vars 指定要进行重塑的列。

程序运行结果如图 6-12 所示。

#### 6.3.3.2　提取日期数据

dt 对象是 Pandas 中的一个日期/时间对象，用于简化时间序列数据的操作。它提供了一些简便的方法和属性，可以完成常见的日期时间操作。其中，dt.year 是年，dt.month 是月，dt.day 是日，dt.hour 是小时，dt.minute 是分钟，dt.second 是秒。

【例 6-7】 dt 使用示例。

```
1   import pandas as pd
2
3   #创建一个包含日期时间的 Series
4   data = pd.Series(['2023-09-13', '2023-10-25', '2022-11-07'])
5   dates = pd.to_datetime(data)
6
7   #获取年
8   years = dates.dt.year
9   print("年份:\n", years)
10
11  #获取月
12  months = dates.dt.month
13  print("月份:\n", months)
14
15  #获取日
16  days = dates.dt.day
17  print("日期:\n", days)
```

程序运行结果如图 6-13 所示。

**原始宽格式数据:**

|   | 城市 | 2019年GDP | 2020年GDP | 2021年GDP |
|---|------|-----------|-----------|-----------|
| 0 | 北京 | 35371.3   | 36102.6   | 40269.6   |
| 1 | 上海 | 38155.3   | 38700.6   | 43214.9   |
| 2 | 广州 | 23628.6   | 25019.1   | 28231.9   |
| 3 | 深圳 | 26927.1   | 27670.2   | 30664.9   |

**转换为长格式后的数据:**

|    | 城市 | 年份 | GDP     |
|----|------|------|---------|
| 0  | 北京 | 2019 | 35371.3 |
| 1  | 上海 | 2019 | 38155.3 |
| 2  | 广州 | 2019 | 23628.6 |
| 3  | 深圳 | 2019 | 26927.1 |
| 4  | 北京 | 2020 | 36102.6 |
| 5  | 上海 | 2020 | 38700.6 |
| 6  | 广州 | 2020 | 25019.1 |
| 7  | 深圳 | 2020 | 27670.2 |
| 8  | 北京 | 2021 | 40269.6 |
| 9  | 上海 | 2021 | 43214.9 |
| 10 | 广州 | 2021 | 28231.9 |
| 11 | 深圳 | 2021 | 30664.9 |

图 6-12　例 6-6 程序的运行结果

```
年份:
 0    2023
1    2023
2    2022
dtype: int64
月份:
 0     9
1    10
2    11
dtype: int64
日期:
 0    13
1    25
2     7
dtype: int64
```

图 6-13　例 6-7 程序的运行结果

## 6.3.4　使用 Pandas 进行数据表合并

对表格的操作常常涉及表格相互拼接和合并问题。Pandas 为我们提供了很强大的合并功能,包括 join()方法、merge()方法、concat()方法、append()方法、combine()方法和 update()方法等。读者使用时,可以根据具体需求选择合适的方法。这里介绍两种常用的数据整合方法:join()和 concat()。

**1. join()方法**

join()方法在合并数据表时基于索引将表进行合并,其语法如下:

```
DataFrame.join(other,on=None,how='left', *)
```

其中,常见参数含义:

① other,要连接的 DataFrame 或 Series。

② on,用于连接的列名。如果两个 DataFrame 有相同的列名,并且希望基于这个列名进行连接,则可以指定这个列名。如果 on 是 None 且 other 是一个 Series,那么 other 的索引会与调用者的索引对齐。

③ how,连接类型,默认为 'left',表示返回左侧 DataFrame 的所有行,以及与右侧 DataFrame 匹配的行。如果在右侧 DataFrame 中没有匹配的行,则结果中的相应位置将包含缺失值(NaN)。可选值还有'right'、'outer'、'inner',分别对应右连接、外连接和内连接。关于不同连接方式,有兴趣的读者可以查阅相关资料。

【例 6-8】 join()方法使用示例。

```
1    import pandas as pd
2
3    #创建两个 DataFrame
4    df1 = pd.DataFrame({
5        'key': ['K0', 'K1', 'K2', 'K3'],
6        'A': ['A0', 'A1', 'A2', 'A3'],
7        'B': ['B0', 'B1', 'B2', 'B3']
8    })
9    print('df1:')
10   print(df1)
11
12   df2 = pd.DataFrame({
13       'key': ['K0', 'K1', 'K2', 'K4'],
14       'C': ['C0', 'C1', 'C2', 'C4'],
15       'D': ['D0', 'D1', 'D2', 'D4']
16   })
17   print('df2:')
18   print(df2)
19
20   #使用 join 方法基于 'key' 列进行左连接
21   result = df1.join(df2.set_index('key'), on='key')
22
23   #将结果转换回原始的索引(如果需要)
24   result = result.reset_index(drop=True)
25
26   print('df1 和 df2 按照'key'左连接后:')
27   print(result)
```

在上面的代码中,第 21 行代码将"key"列设置为 df2 的索引,将 df1 和 df2 按照"key"列进行左连接。程序运行结果如图 6-14 所示。

**2. concat() 方法**

concat() 方法用于沿着一条特定的轴(行或列)将多个对象(如 Series、DataFrame)堆叠在一起,其语法如下:

```
pandas.concat(objs,axis=0,ignore_index=False,
sort=False, *)
```

其中,常见参数的含义:

① objs,表示要拼接的对象序列,这些对象可以是 Series、DataFrame。

② axis,取值为{0, 1, 'index', 'columns'},默认值是 0。0 或 'index' 表示沿着行拼接(纵向拼接),1 或 'columns' 表示沿着列拼接(横向拼接)。

```
df1:
   key   A    B
0  K0   A0   B0
1  K1   A1   B1
2  K2   A2   B2
3  K3   A3   B3
df2:
   key   C    D
0  K0   C0   D0
1  K1   C1   D1
2  K2   C2   D2
3  K4   C4   D4
df1和df2按照 'key' 左连接后:
   key   A    B    C     D
0  K0   A0   B0   C0    D0
1  K1   A1   B1   C1    D1
2  K2   A2   B2   C2    D2
3  K3   A3   B3   NaN   NaN
```

图 6-14　例 6-8 程序的运行结果

③ ignore_index,布尔型,默认值是 False。如果取值为 True,则连接后的对象将有一个新的整数索引;如果取值为 False,则保留原有索引,这可能会导致索引有重复值。

④ sort,布尔型,默认值是 False。是否根据连接键对连接轴上的标签进行排序。

【例 6-9】　用 concat() 方法拼接 DataFrame。

```
1    import pandas as pd
2
3    #创建示例 DataFrame
4    df1 = pd.DataFrame({'A': ['A0', 'A1', 'A2'], 'B': ['B0', 'B1', 'B2']})
5    df2 = pd.DataFrame({'A': ['A3', 'A4', 'A5'], 'B': ['B3', 'B4', 'B5']})
6    print('原始 df1')
7    print(df1)
8    print('原始 df2')
9    print(df2)
10
11   #纵向拼接(按行拼接)
12   result_vertical = pd.concat([df1, df2])
13   print('按行拼接结果:')
14   print(result_vertical)
15
16   #横向拼接(按列拼接)
17   result_horizontal = pd.concat([df1, df2], axis=1)
18   print('按列拼接结果:')
19   print(result_horizontal)
20
21   #使用 ignore_index=True 重置索引
22   result_reset_index = pd.concat([df1, df2], ignore_index=True)
23   print('重置索引按行拼接结果:')
24   print(result_reset_index)
```

程序的运行结果如图 6-15 所示。

```
原始df1
     A   B
0   A0  B0
1   A1  B1
2   A2  B2
原始df2
     A   B
0   A3  B3
1   A4  B4
2   A5  B5
按行拼接结果:
     A   B
0   A0  B0
1   A1  B1
2   A2  B2
0   A3  B3
1   A4  B4
2   A5  B5
按列拼接结果:
     A   B   A   B
0   A0  B0  A3  B3
1   A1  B1  A4  B4
2   A2  B2  A5  B5
重置索引按行拼接结果:
     A   B
0   A0  B0
1   A1  B1
2   A2  B2
3   A3  B3
4   A4  B4
5   A5  B5
```

图 6-15    例 6-9 程序的运行结果

## 6.4 Execution——实际动手解决问题

在进行数据预处理之前,先要明确预处理的步骤,数据预处理的步骤并不是固定不变的,可以根据具体的数据集和分析目标进行灵活调整。但一般来说,常见的数据预处理流程如下:

(1)数据收集。收集所需分析的数据。这可能涉及从各种来源(如数据库、API、文件等)获取数据。

(2)数据探索。在收集到数据后,对数据进行初步的探索是很重要的。有助于了解数据的分布、缺失值、异常值等情况,为后续的预处理步骤打下基础。

(3)去除无用特征。根据分析目标和数据的特性,去除那些对分析没有贡献或者贡献很小的特征。有助于减少数据的维度,提高后续分析的效率。

（4）数据清洗。数据清洗是数据预处理中非常关键的一步,涉及处理缺失值、异常值、重复值等问题,以及进行数据的格式转换、单位统一等操作。清洗后的数据应该更加规范、准确,适合进行后续的分析。

（5）数据转换与缩放。根据分析的需要,对数据进行适当的转换和缩放。例如,对于某些算法,可能需要将数据转换为正态分布;对于某些机器学习模型,可能需要对特征进行标准化或归一化处理。

（6）特征工程。通过创建新的特征或者组合现有的特征,来增强模型的预测能力。这涉及对原始特征的变换、聚合等操作。

（7）数据划分。如果是进行机器学习或深度学习等任务,还需要将数据划分为训练集、验证集和测试集,以便进行模型的训练和评估。

总之,在进行数据预处理时我们可以根据实际情况灵活调整预处理的步骤,重要的是确保在预处理过程中充分考虑到数据的特性和分析目标,以便得到高质量、适合分析的数据集。

提示：

① 在实际的数据预处理过程中,我们先对缺失值和重复值进行处理,在预处理的最后才进行异常值处理。这是因为如果有缺失值可能会影响到数据预处理的其他操作。例如,如果有缺失值,在进行数据类型转换时就可能出错。存在重复值数据也应该尽早删除。但是,数据规模越小,异常值处理的负担就越小,故放在数据预处理的末尾会更有效率。

② 在接下来的数据预处理过程中,从第二张数据表的预处理开始,若遇到与前面相同或类似的问题,会以"做一做"的形式出现,读者参考 Enhancement 中的方法或是已处理完的数据表自主完成,相关代码存放在二维码中,可供参考。

## 6.4.1　年度地表温度变化数据预处理

**1. 导入库和数据**

年度地表温度变化数据存储在"Annual_Surface_Temperature_Change.csv"文件中,在数据预处理之前需要导入并查看数据,其具体代码如下：

```
1    import pandas as pd
2    #导入数据表
3    Temp_data = pd.read_csv("d:/project/Annual_Surface_Temperature_Change.csv")
4    Temp_data
```

程序运行结果如图 6-16 所示。

**2. 使用 info()方法探索数据**

具体代码如下：

```
5  Temp_data.info()
```

程序运行结果如图 6-17 所示。

| | ObjectId | Country | ISO2 | ISO3 | Indicator | Unit | Source | CTS_Code | CTS_Name | CTS_Full_Descriptor | ... | F2013 | F2014 | F2015 | F2016 | F2 |
|---|---|---|---|---|---|---|---|---|---|---|---|---|---|---|---|---|
| 0 | 1 | Afghanistan, Islamic Rep. of | AF | AFG | Temperature change with respect to a baseline | Degree Celsius | Food and Agriculture Organization of the Unite... | ECCS | Surface Temperature Change | Environment, Climate Change, Climate Indicator... | ... | 1.281 | 0.456 | 1.093 | 1.555 | 1. |
| 1 | 2 | Albania | AL | ALB | Temperature change with respect to a baseline ... | Degree Celsius | Food and Agriculture Organization of the Unite... | ECCS | Surface Temperature Change | Environment, Climate Change, Climate Indicator... | ... | 1.333 | 1.198 | 1.569 | 1.464 | 1. |
| 2 | 3 | Algeria | DZ | DZA | Temperature change with respect to a baseline ... | Degree Celsius | Food and Agriculture Organization of the Unite... | ECCS | Surface Temperature Change | Environment, Climate Change, Climate Indicator... | ... | 1.192 | 1.690 | 1.121 | 1.757 | 1. |
| 3 | 4 | American Samoa | AS | ASM | Temperature change with respect to a baseline | Degree Celsius | Food and Agriculture Organization of the Unite... | ECCS | Surface Temperature Change | Environment, Climate Change, Climate Indicator... | ... | 1.257 | 1.170 | 1.009 | 1.539 | 1. |
| 4 | 5 | Andorra, Principality of | AD | AND | Temperature change with respect to a baseline ... | Degree Celsius | Food and Agriculture Organization of the Unite... | ECCS | Surface Temperature Change | Environment, Climate Change, Climate Indicator... | ... | 0.831 | 1.946 | 1.690 | 1.990 | 1. |

图 6-16　年度地表温度变化数据的部分内容

```
<class 'pandas.core.frame.DataFrame'>
RangeIndex: 225 entries, 0 to 224
Data columns (total 72 columns):
ObjectId              225 non-null int64
Country               225 non-null object
ISO2                  223 non-null object
ISO3                  225 non-null object
Indicator             225 non-null object
Unit                  225 non-null object
Source                225 non-null object
CTS_Code              225 non-null object
CTS_Name              225 non-null object
CTS_Full_Descriptor   225 non-null object
F1961                 188 non-null float64
F1962                 189 non-null float64
F1963                 188 non-null float64
F1964                 188 non-null float64
F1965                 188 non-null float64
F1966                 192 non-null float64
F1967                 191 non-null float64
F1968                 191 non-null float64
F1969                 190 non-null float64
```

图 6-17　年度地表温度变化数据概况的部分内容

由图 6-17 可知,"Annual_Surface_Temperature_Change.csv"文件中,共存在 225 条年度温度变化数据,每条数据有 72 列。根据字段含义,可以将 72 列数据划分为数据描述类字段和温度值变化类字段(以 F 开头字段)。描述类字段数据类型大都为 object,且不存在缺失值;温度变化类字段数据类型为 float,且存在缺失值,需要后续进一步处理。

**3. 去除无用特征**

描述类字段中,只有 Country 和 Unit 两个字段对分析年度温度变化有益,其他描述类字段可以直接删除。另外,对于"Unit"字段,我们通过 value_counts()方法查看该字段取值情况,发现"Unit"字段只有一种取值,为"Degree Celsius"。数据预处理时对于仅有一种取

值的字段,也需要删除。其具体代码如下:

```
1   #定义想要删除的数据列表
2   columns_to_drop = ['ObjectId','ISO2','ISO3','Indicator','Unit','Source',
    'CTS_Code','CTS_Name','CTS_Full_Descriptor']
3   #调用 drop()方法删除无用字段
4   Temp_data.drop(columns = columns_to_drop,inplace=True,axis=1)
5   #删除无用字段后的数据概要信息
6   Temp_data.info()
```

在上面的代码中:

第 2 行代码通过 columns_to_drop 指定了要删除的数据列。

第 4 行代码调用 drop()方法删除 columns_to_drop 中的数据列,删除时通过指定 inplace 为 True 表示修改原来的 DataFrame,axis 为 1 指定按列删除。

程序运行结果如图 6-18 所示。

```
<class 'pandas.core.frame.DataFrame'>
RangeIndex: 225 entries, 0 to 224
Data columns (total 63 columns):
Country    225 non-null object
F1961      188 non-null float64
F1962      189 non-null float64
F1963      188 non-null float64
F1964      188 non-null float64
F1965      188 non-null float64
F1966      192 non-null float64
F1967      191 non-null float64
F1968      191 non-null float64
F1969      190 non-null float64
```

图 6-18　删除无用信息后的年度温度变化数据概况(部分)

由图 6-18 可知,去除无用特征后,年度温度变化数据表中仍然是 225 条数据,但每条数据有 63 个字段,其中"Country"表示地区,其余字段表示温度变化值,且存在缺失数据,需要进一步处理。

**4. 转换并提取关键数据**

在进行数据清洗前,观察数据表我们可以发现,目前的年度温度变化数据为宽格式数据,不方便我们按照年份分析温度变化。因此,我们先将宽数据格式的年度地表温度变化数据转变为长格式的数据,其具体代码如下:

```
1   #通过 melt 方法将宽格式地表温度数据转换成长格式
2   Temp_data = Temp_data.melt(id_vars=['Country'], var_name='Year', value_
    name='temperature')
3   #把 year 数据列中的数据中的 F 去掉,并转为方便处理的数字类型
4   Temp_data['Year'] = Temp_data['Year'].str.replace('F', '').astype(int)
5   Temp_data
```

在上面的代码中:

第 2 行代码通过 melt() 方法将宽格式的年度地表温度变化数据转换成长格式,通过 id_vars 参数指定转换时 Country 列不变,var_name 参数指定转换后的变量名一列的列名为"year",value_name 参数指定转换后存储温度值的数据列的列名为"'temperature'"。

第 4 行代码将年份数据列中各个数据中的字符"F"去掉,只保留具体的年份,并将字符串转换为整型。

程序运行结果如图 6-19 所示。

由图 6-19 可知,转换后的年度地表温度变化数据为各个地区的数据,而我们只关心 Country 列中取值为"World"的数据,可以通过条件筛选得到我们需要的全球的年度地表温度变化数据,筛选后的数据中 Country 列的取值相同,可以选择删除。其具体代码如下:

```
1  Sel_Temp_data = Temp_data[Temp_data['Country']=='World']
2  new_Temp_data = Sel_Temp_data.drop(['Country'],axis = 1)
3  new_Temp_data
```

程序运行结果如图 6-20 所示。

|  | Country | Year | temperature |
|---|---|---|---|
| 0 | Afghanistan, Islamic Rep. of | 1961 | -0.113 |
| 1 | Albania | 1961 | 0.627 |
| 2 | Algeria | 1961 | 0.164 |
| 3 | American Samoa | 1961 | 0.079 |
| 4 | Andorra, Principality of | 1961 | 0.736 |
| 5 | Angola | 1961 | 0.041 |
| 6 | Anguilla | 1961 | 0.086 |

图 6-19　长格式的年度地表温度变化数据(部分)

|  | Year | temperature |
|---|---|---|
| 221 | 1961 | 0.211 |
| 446 | 1962 | 0.038 |
| 671 | 1963 | 0.168 |
| 896 | 1964 | -0.246 |
| 1121 | 1965 | -0.223 |
| 1346 | 1966 | 0.201 |
| 1571 | 1967 | -0.117 |

图 6-20　全球年度地表温度变化数据(部分)

### 5. 检测缺失值与重复值

使用第 2 章学习的方法检查缺失值和重复值,其具体代码如下:

```
1  #查看是否有重复值
2  print('重复值数量:',new_Temp_data.duplicated().sum())
3  #查看有无缺失值
4  print('缺失值数量:')
5  print(new_Temp_data.isnull().sum())
```

程序运行结果如图 6-21 所示。

由图 6-21 可知,数据中不存在重复和缺失数据的情况,不需要处理。

### 6. 检测异常值

通过箱线图查看数据中是否存在异常值。若存在异常,则通过计算上下四分位数和四分位距得到异常值,并

```
重复值数量为: 0
缺失值数量:
year           0
temperature    0
dtype: int64
```

图 6-21　全球年度地表温度变化数据重复和缺失情况

且通过筛选删除异常值,其具体代码如下:

```
1  new_Temp_data.boxplot(column = 'temperature')
```

程序运行结果如图 6-22 所示。

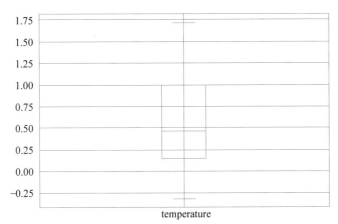

图 6-22　全球年度地表温度变化数据箱线图

由图 6-22 可知,全球年度地表温度变化数据中不存在异常值,不需要处理异常。

**7. 保存预处理后的全球年度地表温度变化数据**

将预处理后的全球年度地表温度变化数据保存至"1961—2022 地表温度变化数据(预处理后).csv"文件中。

具体代码如下:

```
1  new_Temp_data.to_csv('d:/project/1961—2022 地表温度变化数据(预处理后).csv',
index = False)
```

至此,完成了年度地表温度变化数据预处理的全部工作。

 扫描二维码获得年度地表温度变化数据预处理完整代码"年度地表温度变化数据预处理.py"和预处理后的数据文件"1961—2022 地表温度变化数据(预处理后).csv"。

## 6.4.2　世界大气二氧化碳浓度数据处理

**1. 导入库和数据**

世界大气二氧化碳浓度数据存储在"Atmospheric_CO2_Concentrations.csv"文件中,在数据预处理之前,需要导入并查看数据,具体代码如下:

```
1  import pandas as pd
2  #导入数据表
```

```
3    co2_con = pd.read_csv("d:/project/Atmospheric_CO2_Concentrations.csv")
4    co2_con.head()
```

程序运行结果如图 6-23 所示。

| | ObjectId | Country | ISO2 | ISO3 | Indicator | Unit | Source | CTS_Code | CTS_Name | CTS_Full_Descriptor | Date | Value |
|---|---|---|---|---|---|---|---|---|---|---|---|---|
| 0 | 1 | World | NaN | WLD | Monthly Atmospheric Carbon Dioxide Concentrations | Parts Per Million | Dr. Pieter Tans, National Oceanic and Atmosphe... | ECCA | Atmospheric Carbon Dioxide Concentrations | Environment, Climate Change, Climate and Weath... | 1958M03 | 315.70 |
| 1 | 2 | World | NaN | WLD | Monthly Atmospheric Carbon Dioxide Concentrations | Parts Per Million | Dr. Pieter Tans, National Oceanic and Atmosphe... | ECCA | Atmospheric Carbon Dioxide Concentrations | Environment, Climate Change, Climate and Weath... | 1958M04 | 317.45 |
| 2 | 3 | World | NaN | WLD | Monthly Atmospheric Carbon Dioxide Concentrations | Parts Per Million | Dr. Pieter Tans, National Oceanic and Atmosphe... | ECCA | Atmospheric Carbon Dioxide Concentrations | Environment, Climate Change, Climate and Weath... | 1958M05 | 317.51 |
| 3 | 4 | World | NaN | WLD | Monthly Atmospheric Carbon Dioxide Concentrations | Parts Per Million | Dr. Pieter Tans, National Oceanic and Atmosphe... | ECCA | Atmospheric Carbon Dioxide Concentrations | Environment, Climate Change, Climate and Weath... | 1958M06 | 317.24 |
| 4 | 5 | World | NaN | WLD | Monthly Atmospheric Carbon Dioxide Concentrations | Parts Per Million | Dr. Pieter Tans, National Oceanic and Atmosphe... | ECCA | Atmospheric Carbon Dioxide Concentrations | Environment, Climate Change, Climate and Weath... | 1958M07 | 315.86 |

图 6-23　世界大气二氧化碳浓度部分数据

**动手做一做**

请使用 info() 方法探索世界大气二氧化碳浓度数据,并提取数据表中对后续分析有用的 Unit 列、日期列、数值列。

**2. 按照 Unit 列中的数据分类情况,将数据分为两个字表**

首先通过 value_counts() 方法统计 Unit 列中不同数据的条数,具体代码如下:

```
1    co2_con['Unit'].value_counts()
```

程序运行结果如图 6-24 所示。

```
Parts Per Million    791
Percent              779
Name: Unit, dtype: int64
```

图 6-24　世界大气二氧化碳浓度数据单位取值情况

由图 6-24 可知,世界大气二氧化碳浓度数据共有两类单位,分别是"Parts Per Million"和"Percent"。

按照不同单位,可以将世界大气二氧化碳浓度数据分成两个子表,分别简称"ppm 子表"和"Percent 子表",其具体代码如下:

```
1    #按照 Unit 列中的数据描述信息,将数据分为两个子表
2    co2_con_ppm = co2_con[co2_con['Unit'] == 'Parts Per Million']
3    co2_con_per = co2_con[co2_con['Unit'] == 'Percent']
```

处理后的两个子表如图 6-25 和图 6-26 所示。

**3. 删除无用字段**

后续操作先对"ppm"子表进行处理,子表中的 Unit 字段取值相同,可以删除。其具体代码如下:

```
        Unit      Date   Value

0  Parts Per Million  1958M03  315.70

1  Parts Per Million  1958M04  317.45

2  Parts Per Million  1958M05  317.51

3  Parts Per Million  1958M06  317.24

4  Parts Per Million  1958M07  315.86

5  Parts Per Million  1958M08  314.93

6  Parts Per Million  1958M09  313.20

7  Parts Per Million  1958M10  312.43
```

图 6-25　"ppm"子表（部分）

```
       Unit     Date  Value

13  Percent  1959M03   0.30

15  Percent  1959M04   0.09

17  Percent  1959M05   0.25

19  Percent  1959M06   0.29

21  Percent  1959M07   0.22

23  Percent  1959M08  -0.04

25  Percent  1959M09   0.20

27  Percent  1959M10   0.29
```

图 6-26　"Percent"子表（部分）

```
1  #删除第一列(分成两个子表后,Unit 列中的值都是相同的,已不再具有意义)
2  co2_con_ppm = co2_con_ppm.drop('Unit', axis=1)
3  #为了数据更加直观,把 value 列名改成 CO2_Con_ppm
4  co2_con_ppm = co2_con_ppm.rename(columns={'Value':'CO2_Con_ppm'})
5  #重置索引
6  co2_con_ppm.reset_index(drop=True, inplace=True)
7  co2_con_ppm
```

程序运行结果如图 6-27 所示。

**4. 数据清洗**

（1）重复值和缺失值处理。

具体代码如下：

```
1  #检查子表是否有缺失值
2  print(co2_con_ppm.isnull().sum())
3  #检查子表是否有重复值
4  print(co2_con_ppm.duplicated().sum())
```

程序运行结果如图 6-28 所示。

```
      Date  CO2_Con_ppm

0  1958M03      315.70

1  1958M04      317.45

2  1958M05      317.51

3  1958M06      317.24

4  1958M07      315.86

5  1958M08      314.93
```

图 6-27　删除无用字段后的"ppm"子表

```
Date           0
CO2_Con_ppm    0
dtype: int64
0
```

图 6-28　"ppm"子表数据重复和缺失情况

由图 6-28 可知，"ppm"子表中不存在重复值和缺失值。

（2）异常值处理。

首先通过 boxplot 绘制浓度列的箱线图，若存在异常值，则处理异常值。其具体代码如下：

```
1   #检查子表是否有异常值
2   co2_con_ppm.boxplot(column='CO2_Con_ppm')
```

程序运行结果如图 6-29 所示。

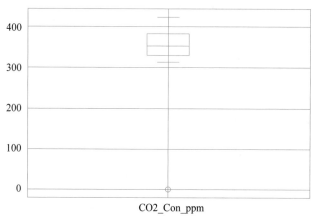

图 6-29 "ppm"子表二氧化碳浓度箱线图

由图 6-29 可知，"ppm"子表中的二氧化碳浓度这一列存在异常值，我们需要通过计算上下四分位数和四分位距，得到数据的上限和下限，并通过条件筛选删除异常值。具体代码如下：

```
1   stat_data = co2_con_ppm['CO2_Con_ppm'].describe()
2   #从统计信息 stat_data 中获取上四分位数和下四分位数
3   Q3 = stat_data.loc['75%']
4   Q1 = stat_data.loc['25%']
5   #计算四分位距
6   IQR = Q3-Q1
7   #计算下限、上限
8   lower_limit = Q1 - 1.5 * IQR
9   upper_limit = Q3 + 1.5 * IQR
10  #筛选数据
11  cond = (co2_con_ppm['CO2_Con_ppm']<lower_limit) | (co2_con_ppm['CO2_Con_ppm']>
    upper_limit)
12  #删除异常数据
13  new_co2_con_ppm = co2_con_ppm[~cond]
14  #绘制删除异常数据后的箱线图
15  new_co2_con_ppm.boxplot(column='CO2_Con_ppm')
```

程序运行结果如图 6-30 所示。

5. 数据转换

由于我们最终关注的是年度二氧化碳浓度，而"ppm"子表中记录的是月度二氧化碳浓

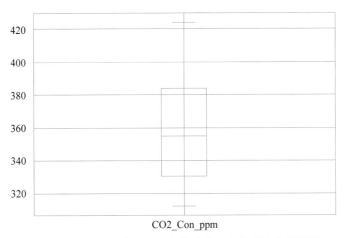

图 6-30　"ppm"子表删除异常值后的二氧化碳浓度箱线图

度,所以我们需要对数据中的日期进行处理,并通过 groupby()方法进行分组聚合得到年度二氧化碳数据。其具体代码如下:

```
1   #设置日期格式(最终目的就是把年份单独提取出来)
2   #指定 format 参数为 '%Y-%m',告诉 pandas 如何解析日期字符串
3   new_co2_con_ppm_copy = new_co2_con_ppm.copy()
4   #将 Date 列数据转换成指定格式的 datetime 类型
5   new_co2_con_ppm_copy['Date'] = pd.to_datetime(new_co2_con_ppm_copy['Date'],
    format='%Y-%m')
6   #提取 Date 列中的年份到新增的数据列 Year 中
7   new_co2_con_ppm_copy['Year'] = new_co2_con_ppm_copy['Date'].dt.year
8   #删除 Date 数据列
9   new_co2_con_ppm_copy = new_co2_con_ppm_copy.drop('Date',axis=1)
10  #按照年份分组,计算每年的二氧化碳浓度均值
11  new_co2_con_ppm_copy_year = new_co2_con_ppm_copy.groupby('Year').mean()
    .round(2)
12  #重置索引
13  new_co2_con_ppm_copy_year.reset_index(inplace=True)
14  new_co2_con_ppm_copy_year
```

在上述的代码中,第 11 行代码中的 round()方法用于设置数据保留的小数点位数。
程序运行结果如图 6-31 所示。

| | Year | CO2_Con_ppm |
|---|---|---|
| 0 | 1958 | 315.23 |
| 1 | 1959 | 315.98 |
| 2 | 1960 | 316.91 |
| 3 | 1961 | 317.64 |
| 4 | 1962 | 318.45 |
| 5 | 1963 | 318.99 |

图 6-31　"ppm"子表年度二氧化碳数据

**6. 保存预处理后的世界年度二氧化碳浓度数据**

具体代码如下：

```
1   co2_con_ppm_year.to_csv('d:/project/1958—2023 co2_con_ppm_year(预处理后)
    .csv',index=False)
```

至此，"ppm"子表的数据预处理工作全部完成。

🎮 动手做一做

请参考对 ppm 子表的数据预处理流程和方法，完成对 Percent 子表的数据预处理操作。

 扫描二维码获得世界大气二氧化碳浓度数据预处理完整代码"世界大气二氧化碳浓度数据预处理.py"和预处理后的两个数据文件"1958—2023 co2_con_ppm_year(预处理后).csv"和"1958—2023 co2_con_per_year (预处理后).csv"。

## 6.4.3 平均海平面高度变化数据处理

**1. 导入库和数据**

平均海平面高度变化数据存储在"Change_in_Mean_Sea_Levels.csv"文件中，在数据预处理之前需要导入并查看数据。其具体代码如下：

```
1   import pandas as pd
2   mean_sea_lel_chn = pd.read_csv('d:/project/Change_in_Mean_Sea_Levels.csv')
3   mean_sea_lel_chn
```

程序运行结果如图 6-32 所示。

| | ObjectId | Country | ISO2 | ISO3 | Indicator | Unit | Source | CTS_Code | CTS_Name | CTS_Full_Descriptor | Measure | Date | Value |
|---|---|---|---|---|---|---|---|---|---|---|---|---|---|
| 0 | 1 | World | NaN | WLD | Change in mean sea level: Sea level: TOPEX.Pos... | Millimeters | National Oceanic and Atmospheric Administratio... | ECCL | Change in Mean Sea Level | Environment, Climate Change, Climate Indicator... | Andaman Sea | D12/17/1992 | -10.34 |
| 1 | 2 | World | NaN | WLD | Change in mean sea level: Sea level: TOPEX.Pos... | Millimeters | National Oceanic and Atmospheric Administratio... | ECCL | Change in Mean Sea Level | Environment, Climate Change, Climate Indicator... | Arabian Sea | D12/17/1992 | -18.46 |
| 2 | 3 | World | NaN | WLD | Change in mean sea level: Sea level: TOPEX.Pos... | Millimeters | National Oceanic and Atmospheric Administratio... | ECCL | Change in Mean Sea Level | Environment, Climate Change, Climate Indicator... | Atlantic Ocean | D12/17/1992 | -15.41 |
| 3 | 4 | World | NaN | WLD | Change in mean sea level: Sea level: TOPEX.Pos... | Millimeters | National Oceanic and Atmospheric Administratio... | ECCL | Change in Mean Sea Level | Environment, Climate Change, Climate Indicator... | Baltic Sea | D12/17/1992 | 196.85 |
| 4 | 5 | World | NaN | WLD | Change in mean sea level: Sea level: TOPEX.Pos... | Millimeters | National Oceanic and Atmospheric Administratio... | ECCL | Change in Mean Sea Level | Environment, Climate Change, Climate Indicator... | Bay Bengal | D12/17/1992 | 3.27 |
| ... | ... | ... | ... | ... | ... | ... | ... | ... | ... | ... | ... | ... | ... |

图 6-32 平均海平面高度变化数据（部分）

动手做一做

请使用 info()方法探索海平面高度变化数据,并通过 value_counts()方法查看 Country 列和 Unit 列的数据取值情况。

**2. 去除无关数据列**

平均海平面高度变化原始数据中,只有 Measure、Date 和 Value 列对最终的分析有用,因此我们可以选择删除无关数据列。其具体代码如下:

```
1  #删除用不着的列
2  columns_to_drop = ['ObjectId','Country','ISO2','ISO3','Indicator','Unit',
   'Source','CTS_Code','CTS_Name','CTS_Full_Descriptor']
3  mean_sea_lel_chn.drop(columns = columns_to_drop ,inplace=True)
4  mean_sea_lel_chn
```

程序运行结果如图 6-33 所示。

**3. 数据转换**

(1)筛选数据。

由于最终分析的是世界年度海平面高度变化数据,所以首先选择 Measure 列中对应"World"的所有行作为分析对象。其具体代码如下:

```
1  #选择 Measure 列中对应 World 的所有行
2  mean_sea_lel_chn_world = mean_sea_lel_chn[mean_sea_lel_chn['Measure'] ==
   'World']
3  mean_sea_lel_chn_world = mean_sea_lel_chn_world.drop(columns='Measure')
```

程序运行结果如图 6-34 所示。

|   | Measure | Date | Value |
|---|---|---|---|
| 0 | Andaman Sea | D12/17/1992 | -10.34 |
| 1 | Arabian Sea | D12/17/1992 | -18.46 |
| 2 | Atlantic Ocean | D12/17/1992 | -15.41 |
| 3 | Baltic Sea | D12/17/1992 | 196.85 |
| 4 | Bay Bengal | D12/17/1992 | 3.27 |
| 5 | Caribbean Sea | D12/17/1992 | -13.58 |
| 6 | Gulf Mexico | D12/17/1992 | -3.95 |

图 6-33　去除无关数据列的海平面高度变化数据

|   | Date | Value |
|---|---|---|
| 20 | D12/17/1992 | -15.95 |
| 47 | D12/27/1992 | -17.65 |
| 71 | D01/05/1993 | -14.55 |
| 93 | D01/15/1993 | -19.55 |
| 122 | D01/25/1993 | -24.95 |
| 147 | D02/05/1993 | -29.05 |
| 172 | D02/14/1993 | -27.35 |
| 195 | D02/24/1993 | -21.55 |

图 6-34　筛选后的平均海平面高度变化数据(部分)

(2)得到年度海平面高度变化数据。

由于我们最终分析的是年度海平面高度变化数据,而数据表中记录的是以天为单位的数据,所以需要对日期进行处理,并通过 groupby()方法进行分组聚合得到年度变化数据。其具体代码如下:

```
1    #把日期列中多余的 D 去掉,并设置日期格式(最终目的是把年份单独提取出来)
2    mean_sea_lel_chn_world['Date'] = mean_sea_lel_chn_world['Date'].str
     .replace('D', '')
3    mean_sea_lel_chn_world['Date'] = pd.to_datetime(mean_sea_lel_chn_world
     ['Date'], format='%m/%d/%Y')
4
5    #新增一个年份数据列,并删除 Date 列
6    mean_sea_lel_chn_world['Year'] =mean_sea_lel_chn_world['Date'].dt.year
7    mean_sea_lel_chn_world.drop(columns=['Date'],inplace=True)
8
9    #利用分组与聚合,取出每年的平均数据汇总成表
10   mean_sea_lel_chn_world_year = mean_sea_lel_chn_world.groupby(by=['Year'])
     .mean().round(2)
11
12   #修改列名
13   mean_sea_lel_chn_world_year.rename(columns={'Value':'Mean Sea Levels
     Change'},inplace=True)
14
15   mean_sea_lel_chn_world_year.reset_index(inplace=True)
16   mean_sea_lel_chn_world_year
```

程序运行结果如图 6-35 所示。

| | Year | Mean Sea Levels Change |
|---|---|---|
| 0 | 1992 | -16.80 |
| 1 | 1993 | -16.73 |
| 2 | 1994 | -13.13 |
| 3 | 1995 | -9.62 |
| 4 | 1996 | -6.26 |
| 5 | 1997 | -4.49 |
| 6 | 1998 | -4.95 |
| 7 | 1999 | -3.27 |

图 6-35　年度海平面高度变化数据(部分)

**4. 数据清洗**

检测数据中是否存在重复值、缺失值和异常值。其具体代码如下:

```
1    print(mean_sea_lel_chn_world_year.duplicated().sum())
2    print(mean_sea_lel_chn_world_year.isnull().sum())
3    mean_sea_lel_chn_world_year.boxplot(column='Mean Sea Levels Change')
```

程序运行结果如图 6-36 所示。

由图 6-36 可知,年度海平面高度变化数据表中不存在重复值、缺失值和异常值情况,无须处理。

**5. 保存预处理后的世界年度海平面高度变化数据**

具体代码如下:

```
0
year                        0
Mean Sea Levels Change      0
dtype: int64
```

<Axes: >

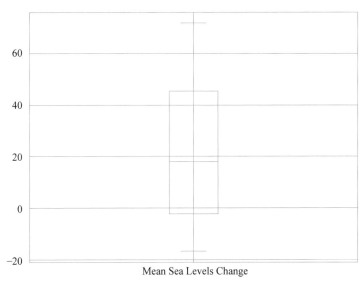

图 6-36　年度海平面高度变化数据情况

```
1  mean_sea_lel_chn_world_year.to_csv("d:/project/1992—2022 平均海平面高度变化
   数据(预处理后).csv", index=False)
```

至此，海平面高度变化数据预处理工作全部完成。

扫描二维码获得世界年度海平面高度变化数据预处理完整代码"世界年度海平面高度变化数据预处理.py"和预处理后的数据文件"1992—2022平均海平面高度变化数据(预处理后).csv"。

## 6.4.4　濒危物种数量变化数据处理

由于有三组不同濒危程度的物种数据，下面仅对极度濒危物种数量变化数据进行预处理。另外两组数据读者可自己处理。

1. 导入库和数据

```
1  #1.导入库和数据
2  import pandas as pd
3  #极度濒危数据
4  critically_endangered = pd.read_csv('d:/project/Critically Endangered.csv')
```

**2. 使用 info() 方法探索数据**

```
1  critically_endangered.info()
```

程序运行结果如图 6-37 所示。

由图 6-37 可知,极度濒危物种数量变化数据表中共有 22 条数据、12 个字段。字段类型包括两种:int64 和 object。

🖥️动手做一做

请对该表的缺失值与重复值进行检测与处理。

**3. 特征选择及转换数据**

(1) 特征选择及排序。

```
1  #选择特征,只保留 Year 和 Total 列
2  new_critically_endangered = critically_endangered[['Year','TOTAL']]
3  #排序
4  new_critically_endangered = new_critically_endangered.sort_values(by=
   'Year')
5  #重置索引
6  new_critically_endangered.reset_index(drop=True, inplace=True)
7  new_critically_endangered.head()
```

程序运行结果如图 6-38 所示。

```
<class 'pandas.core.frame.DataFrame'>
RangeIndex: 22 entries, 0 to 21
Data columns (total 12 columns):
Year                 22 non-null object
Mammals              22 non-null int64
Birds                22 non-null int64
Reptiles             22 non-null int64
Amphibians           22 non-null int64
Fishes               22 non-null int64
Insects              22 non-null int64
Molluscs             22 non-null int64
Other invertebrates  22 non-null int64
Plants               22 non-null object
Fungi & protists     22 non-null int64
TOTAL                22 non-null object
dtypes: int64(9), object(3)
memory usage: 2.1+ KB
```

|   | Year | TOTAL |
|---|------|-------|
| 0 | 1996/1998 | 1,820 |
| 1 | 2000 | 1,939 |
| 2 | 2002 | 1,978 |
| 3 | 2003 | 2,249 |
| 4 | 2004 | 2,853 |

图 6-37  极度濒危物种数量变化数据概况　　图 6-38  极度濒危数据预处理——年份排序(部分)

由图 6-38 可知,在极度濒危物种数量变化数据表中,1996 年和 1998 年是同一条数据,且缺失 1997 年、1999 年、2001 年和 2005 年数据。为此,我们可以将分析年限调整为 1998—2022 年,并填充 1999 年、2001 年和 2005 年的数据。

(2) 转换数据类型。

虽然极度濒危物种数量变化数据表中所有数据均为数值,但"Year"字段和"TOTAL"字段并非数值类型,故处理前需要先将所有数据转换成数值类型。

```
1   #统计年限从 1998 年开始
2   new_critically_endangered.at[0,'Year'] = 1998
3
4   #将年份转换成方便处理的类型
5   new_critically_endangered['Year'] = new_critically_endangered['Year']
    .astype(int)
6   #把 total 列数据元素中的逗号给去除，再转 int
7   new_critically_endangered['TOTAL'] = new_critically_endangered['TOTAL']
    .str.replace(',', '').astype(int)
8   new_critically_endangered
```

在上面的代码中，第 2 行代码是将'Year'列的值更新为 1998。

程序运行结果如图 6-39 所示。

由图 6-39 可知，在极度濒危物种数量变化数据表中，所有数据均转换成了 int64 数值类型。

（3）添加缺失年份数据，并重新调整格式。

```
1   #把缺失的年份给补上，年份列填年份，其他列直接设为缺失值
2   for i in range(1998, 2023):
3       if i not in new_critically_endangered['Year'].values:
4           #如果年份缺失，则生成新行
5           newline = pd.DataFrame([{'Year': i}])
6           #将新行与旧表合并（注意：这时年份的顺序就被打乱了）
7           new_critically_endangered =pd.concat([new_critically_
    endangered,newline], ignore_index=True,sort=True)
8   #根据年份将数据重新排序
9   new_critically_endangered.sort_values(by='Year', inplace=True)
10  #重置索引
11  new_critically_endangered.reset_index(drop=True, inplace=True)
12
13  #填充缺失值
14  new_critically_endangered.fillna(method='ffill', inplace=True)
15  new_critically_endangered
```

程序运行结果如图 6-40 所示。

| | Year | TOTAL |
|---|------|-------|
| 0 | 1998 | 1820 |
| 1 | 2000 | 1939 |
| 2 | 2002 | 1978 |
| 3 | 2003 | 2249 |
| 4 | 2004 | 2853 |

图 6-39　极度濒危数据预处理
——数据类型转换

| | TOTAL | Year |
|---|--------|------|
| 0 | 1820.0 | 1998 |
| 1 | 1820.0 | 1999 |
| 2 | 1939.0 | 2000 |
| 3 | 1939.0 | 2001 |
| 4 | 1978.0 | 2002 |

图 6-40　极度濒危数据预处理
——添加缺失年份数据

动手做一做

（1）请进行异常值的检测与处理。

（2）请完成另外两个数据表格的处理。

**4. 保存预处理后极度濒危物种数量变化数据**

```
1   #保存预处理数据
2   new_critically_endangered.to_csv('d:/project/1998—2022 CR_Endangered(预处
    理后).csv', index = False)
```

极度濒危、濒危物种和易危物种数量变化数据表格式完全相同，所以预处理的方案一致。完成了上述工作后，我们就完成了濒危物种数量变化数据的预处理工作。

扫描二维码获得极度濒危物种数量变化数据预处理完整代码"极度濒危物种数量变化数据预处理.py"和预处理后的数据文件"1998—2022 CR_Endangered(预处理后).csv"。

## 6.4.5　数据合并

为了探究地表温度变化、大气二氧化碳浓度变化、海平面高度变化对濒危物种数的影响，我们将处理后的地表温度变化数据、大气二氧化碳浓度变化数据、海平面高度变化数据和濒危物种数量变化数据合并到一张数据表中。具体代码如下。

**1. 导入相关数据**

```
1   #1.导入数据
2   import pandas as pd
3   draw_tem = pd.read_csv('d:/project/1961—2022 地表温度变化数据(预处理后).csv')
4   draw_sea_level = pd.read_csv('d:/project/1992—2022 平均海平面高度变化数据(预
    处理后).csv')
5   draw_co2_con_ppm = pd.read_csv('d:/project/1958—2023 co2_con_ppm_year(预处
    理后).csv')
6   draw_co2_con_per = pd.read_csv('d:/project/1958—2023 co2_con_per_year(预处
    理后).csv')
7   draw_critical_endangered = pd.read_csv('d:/project/1998—2022 CR_
    Endangered(预处理后).csv')
8   draw_endangered = pd.read_csv('d:/project/1998—2022 endangered(预处理后)
    .csv')
9   draw_vulnerable = pd.read_csv('d:/project/1998—2022 vulnerable(预处理后)
    .csv')
```

**2. 截取各个数据表中 1998—2022 年数据**

观察各个数据表，我们发现各数据表中的数据统计年份并不统一，合并数据表时需要提取所有数据表中共有的年份数据。查看这几个数据表格，不难发现年份的交集是 1998—2022 年，故我们需要截取每个数据表中 1998—2022 年的所有数据，且为方便合并数据表，

统一将每个数据表的 Year 字段设置为索引,即键。具体代码如下:

```
10  #2.截取 1998—2022 年温度变化数据、海平面高度变化数据、二氧化碳浓度变化数据(两张
    #表)和濒危物种数量变化数据(三张表)
11  #截取 1998—2022 年温度数据,将年份作为索引
12  draw_tem_pro=draw_tem.iloc[37:,:].reset_index(drop=True)
13  draw_tem_pro.set_index('Year',inplace=True)
14
15  #截取 1998~2022 年海平面高度变化数据,将年份作为索引
16  draw_sea_level=draw_sea_level.iloc[6:,:].reset_index(drop=True)
17  draw_sea_level.set_index('Year',inplace=True)
18
19  #截取 1998—2022 年二氧化碳 ppm 表浓度数据,将年份作为索引
20  draw_co2_con_per=draw_co2_con_per.iloc[39:-2,:].reset_index(drop=True)
21  draw_co2_con_per.set_index('Year',inplace=True)
22
23  #截取 1998—2022 年二氧化碳 Percent 表,将年份作为索引
24  draw_co2_con_ppm=draw_co2_con_ppm.iloc[40:-1,:].reset_index(drop=True)
25  draw_co2_con_ppm.set_index('Year',inplace=True)
26
27  #三个濒危动物数据进行同样的处理: 更改列名 设置年份为索引
28  #由于三张濒危物种数量变化表中的数量变化字段均为"Total",合并到一个数据表中时为方
    #便区分濒危等级,修改 TOTAL 字段的名称
29  draw_critical_endangered.rename(columns = {'TOTAL' : 'draw_critical_
    endangered_TOTAL'}, inplace = True)
30  #设置年份字段为索引,并删除原索引
31  draw_critical_endangered.set_index('Year',inplace=True)
32  draw_endangered.rename(columns = {'TOTAL' : 'draw_endangered_TOTAL'},
    inplace = True)
33  draw_endangered.set_index('Year',inplace=True)
34  draw_vulnerable.rename(columns = {'TOTAL' : 'draw_vulnerable_TOTAL'},
    inplace = True)
35  draw_vulnerable.set_index('Year',inplace=True)
```

### 3. 利用 join() 方法合并数据表

具体代码如下:

```
36  #3.用 join 函数,以年份字段为键,合并 7 张数据表中的数据
37  all_data = draw_tem_pro.join(draw_sea_level).join(draw_co2_con_per).join
    (draw_co2_con_ppm).join(draw_critical_endangered).join(draw_endangered)
    .join(draw_vulnerable)
```

### 4. 保存合并后的数据表

具体代码如下:

```
38  #4.存档
39  all_data.to_csv('d:/project/all_data.csv')
```

将合并后的"all_data.csv"数据表用 Excel 打开,数据内容如图 6-41 所示。

| Year | temperature | Value | CO2_Con_per | CO2_Con_ppm | draw_critical_endangered_TOTAL | draw_endangered_TOTAL | draw_vulnerable_TOTAL |
|------|------------|-------|-------------|-------------|-------------------------------|----------------------|----------------------|
| 1998 | 0.993 | -4.95 | 0.795454545 | 366.84 | 1820 | 2376 | 6337 |
| 1999 | 0.783 | -3.27 | 0.463333333 | 368.54 | 1820 | 2376 | 6337 |
| 2000 | 0.728 | -1.02 | 0.3175 | 369.7075 | 1939 | 2614 | 6488 |
| 2001 | 0.834 | 3.99 | 0.435 | 371.3191667 | 1939 | 2614 | 6488 |
| 2002 | 1.021 | 7.63 | 0.575 | 373.4525 | 1978 | 2646 | 6543 |
| 2003 | 0.893 | 11.55 | 0.68 | 375.9833333 | 2249 | 2999 | 7011 |
| 2004 | 0.913 | 12.95 | 0.454166667 | 377.6983333 | 2853 | 4328 | 8322 |
| 2005 | 1.095 | 14.38 | 0.605833333 | 379.9833333 | 2853 | 4328 | 8322 |
| 2006 | 0.998 | 18.11 | 0.555 | 382.0908333 | 3071 | 4481 | 8564 |
| 2007 | 1.195 | 18.19 | 0.505833333 | 384.025 | 3120 | 4563 | 8617 |
| 2008 | 0.935 | 23.46 | 0.471666667 | 385.8316667 | 3242 | 4769 | 8911 |
| 2009 | 0.957 | 25.87 | 0.4675 | 387.6425 | 3321 | 4890 | 9074 |
| 2010 | 1.219 | 27.19 | 0.635 | 390.1016667 | 3561 | 5255 | 9529 |
| 2011 | 0.921 | 25.56 | 0.449166667 | 391.8508333 | 3875 | 5688 | 10001 |
| 2012 | 1.074 | 36.46 | 0.563333333 | 394.0558333 | 4084 | 5918 | 10211 |
| 2013 | 1.016 | 37.25 | 0.68 | 396.7375 | 4282 | 6453 | 10545 |
| 2014 | 1.053 | 41.11 | 0.5225 | 398.8125 | 4631 | 6938 | 10836 |
| 2015 | 1.412 | 49.9 | 0.5525 | 401.0116667 | 4894 | 7322 | 11028 |
| 2016 | 1.66 | 52.88 | 0.83 | 404.4125 | 5210 | 7781 | 11316 |
| 2017 | 1.429 | 53.28 | 0.58 | 406.7583333 | 5583 | 8455 | 11783 |
| 2018 | 1.29 | 57.68 | 0.4825 | 408.715 | 5826 | 9032 | 11982 |
| 2019 | 1.444 | 63.87 | 0.7175 | 411.6491667 | 6413 | 10629 | 13136 |
| 2020 | 1.711 | 66.62 | 0.6225 | 414.2108333 | 7762 | 13285 | 14718 |
| 2021 | 1.447 | 71.82 | 0.530833333 | 416.4133333 | 8722 | 15403 | 15959 |
| 2022 | 1.394 | 70.69 | 0.508333333 | 418.5283333 | 9065 | 16094 | 16300 |

图 6-41　合并后的气候变化和濒危物种变化数据

扫描二维码获得合并数据表的完整代码"合并数据表处理.py"和合并处理后的数据文件"all_data.csv"。

## 6.5 Evaluation——评价与反思

### 6.5.1 评价

我们学习了数据预处理的基本方法,包括数据清洗、特征选择、特征转换等步骤。借助特征工程的思想,我们明确了如何对各个数据表进行预处理,并在 Execution 部分完成了 Exploration 中有关数据预处理的各项任务。在"动手做一做"中,我们提高了使用 Pandas 及相关库的熟练度,基本掌握了使用 Pandas 进行数据预处理的基本方法。

然而,在预处理时还存在以下两点不足:

(1) 数据处理时用到的手段较为单一。例如,在进行表的合并操作时只介绍了 join 函数,实际上还有很多能实现数据表合并的函数,如 merge 等。针对该不足,有兴趣的读者可以在课后通过查阅文档、浏览相关社区等形式继续学习和深化所学知识,力求一题多解。例如,我们可以使用其他函数实现数据表的合并。

(2) 在异常值与缺失值的处理时,我们仅采取了一种方案,为衡量最终效果,读者可以尝试其他缺失值和异常值处理方案。

通过不断反思和尝试新方法,我们正在朝着更全面的数据科学者方向迈进。继续保持好奇心,不断学习和实践,将使我们在数据分析领域更加卓越。

## 6.5.2　反思

在日常的学习中,我们会接触到许多具体的知识点,例如数学公式、历史事件、物理原理等。但仅仅学习具体的知识点并不是最重要的,最重要的是我们解决问题的能力,即如何学习并将学习的知识和方法应用到实际解决的问题中。

在当今信息爆炸的时代,随着 AI 智能化水平的飞速提高,我们很容易就可以从各种来源获取到知识点。目前的 AI 工具不仅可以提供海量的信息,还可以通过智能算法帮助我们筛选出最相关、最有价值的信息。因此,明确自己的需求,并熟练掌握如何运用这些工具,变得更加至关重要。事实上,在前面的章节中,很多我们需要做的工作 AI 已经能够为我们完成了。下面让我们再次感受 AI。

问题：给出一组数据：

165,178,173,180,156,174,164,135,210。请分析这组数是否存在异常值。

文心一言回答：

分析一组数是否存在异常值,通常需要根据数据的背景和分布情况来判断。异常值通常是指那些明显偏离其他数据点的值,可能是由于错误、测量误差或其他非典型因素造成的。

对于给出的这组数：165,178,173,180,156,174,164,135,210,我们首先观察其分布情况。

这组数的平均值大约为 170 左右(具体计算值略有差异),而标准差反映了数据点的离散程度。观察这组数,大部分数值都在 160～180,但有两个数值 135 和 210 偏离了这个范围。

135 是这个数据集中的最小值,比平均值小了约 35,而 210 是这个数据集中的最大值,比平均值大了约 40。这两个值与其他数据点相比,明显偏离了中心趋势。

在没有其他背景信息的情况下,我们可以假设这两个值可能是异常值。特别是 210,它比其他任何数值都大得多,很可能是异常值。135 虽然也偏小,但可能还在可接受的范围内,具体是否为异常值还需要根据数据的实际背景和情境来判断。

为了更准确地判断,我们还可以使用统计方法,如计算四分位距(IQR)来确定异常值的范围。但基于目前的观察,我们可以初步认为 210 是一个明显的异常值,而 135 可能是一个潜在的异常值,需要进一步分析或根据具体情境来判断。

未来如何学习？在未来的日子里,我们将会面临更多未知的挑战和问题。要想快速适应这些变化,就需要我们不断地学习新的知识和技能。而这就需要我们掌握高效的学习方法。例如,如何快速查找和理解新的知识点,如何有效地整理和运用信息等。

我们在学习过程中,不能仅满足于掌握知识点本身,更要注重培养自己解决问题的能力和学习方法。这样,无论遇到什么问题,我们都能从容应对,在 AI 的帮助下找到最佳的解决方案。

## 6.6 动手做一做

（1）阅读、编辑并运行例 6-1～例 6-4 的程序，掌握 Pandas 的常见属性和方法。

（2）阅读、编辑并运行例 6-5～例 6-9 的程序，掌握使用 Pandas 进行特征提取、特征转换和合并数据表的方法。

（3）阅读、编辑并运行 6.4 节的预处理程序，得到合并后的气候变化和物种变化数据表。

（4）查看自己项目的数据集，明确并完成数据预处理工作。

# 第7章 气候变化对生物多样性的影响分析
## ——探索数据相关性与分布情况

### 使 命

本章的目标是探索变量之间的相关性分析和数据分布情况,并明确探索性数据分析要做什么,以及怎么做。通过探索性数据分析,了解变量间的相互关系,特别是变量与预测值之间的关系,并依据这种关系进行特征选择。在进行探索性数据分析的过程中,掌握基本的数据可视化方法。认识聚类,了解监督学习与无监督学习,掌握使用聚类算法观察数据分布的方法。

## 7.1 Excitation——提出问题

我们已经获取了地表温度变化、二氧化碳浓度变化、海平面高度变化三个与气候变化相关的指标。现在,我们迫切想要了解这些气候因素与濒危物种数量之间是否存在某种密切的关联。这个问题至关重要,因为其答案或许能够揭示气候变化对濒危物种的影响规律,为未来的应对措施提供科学明确的指导。

那么,如何发现地表温度、二氧化碳浓度、二氧化碳浓度同比变化、海平面高度变化这些指标与濒危物种数的相关性?如何通过数据可视化了解特征的趋势或行为?

## 7.2 Exploration——探寻问题本质

上面提出的问题,分别对应着两个主题:变量的相关性分析和数据可视化。对于描述性数据分析,我们在第4章已经有了初步的了解。通过描述性分析仅仅简单呈现数据的状态往往是不够的,我们更希望对数据进行深入的探索,从中发现更多的规律。这是一个对数据进行探索性分析的过程。对于探索性分析,我们还没有一个较为完整的概念,下面先借助AI对其有一个初步的了解。

### 7.2.1　AI助学

问题：

探索性数据分析包括哪几个步骤？

文心一言的回答：

探索性数据分析（Exploratory Data Analysis，EDA）是一种数据分析方法，旨在通过初步的数据检查和可视化来揭示数据的主要特征、异常值、关系以及可能的模型。以下是探索性数据分析的主要步骤：

（1）数据收集。

确定需要收集哪些数据以及数据的来源。收集与问题或研究目标相关的数据。

（2）数据清洗。

① 处理缺失值：决定是删除含有缺失值的记录，还是通过插值、均值替换等方法填补缺失值。

② 处理异常值：识别并处理可能的异常值或错误数据。

③ 数据转换：根据需要对数据进行标准化、归一化或其他转换。

（3）描述性统计。

① 计算数据的均值、中位数、众数、标准差等描述性统计量。

② 使用四分位数、箱线图等方法描述数据的分布。

（4）数据可视化。

使用图表（如直方图、散点图、箱线图、热力图等）直观地展示数据的分布、关系以及趋势。通过可视化发现数据中的模式、关联和异常。

（5）变量间关系探索。

通过计算相关系数、绘制散点图等方法，探索不同变量之间的关联。使用聚类分析、主成分分析等方法进一步探索变量之间的关系。

（6）假设检验。

根据初步的观察和分析，提出假设。使用统计方法（如 t 检验、卡方检验等）进行假设检验，验证假设的合理性。

（7）模型初步选择。

根据数据特征和问题需求，初步选择适合的模型或方法。使用交叉验证、正则化等技术防止模型过拟合。

（8）总结与报告。

总结数据分析的主要发现和结论。编写报告或演示文稿，将分析结果呈现给相关人员。

在整个探索性数据分析的过程中，分析师应保持开放和灵活的态度，随时根据数据的特征和发现调整分析策略。同时，EDA 通常是一个迭代的过程，可能需要多次重复上述步骤以深化对数据的理解。

在 AI 的帮助下，我们很容易了解到探索性数据分析的步骤和分析目标，我们需要根据数据的特征和发现随时去调整分析策略。

在实施方面，数据分析从易到难可以分为三种类型：描述性分析、预测性分析和指导性分析,其分析价值依次由低到高。图 7-1 示意了三类分析的目的、作用、难度和价值。

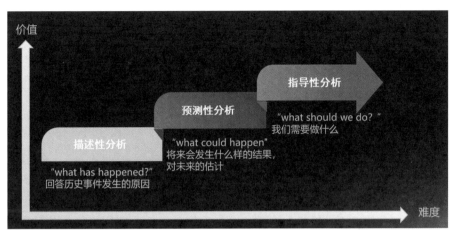

图 7-1　三类分析的目的、作用、难度和价值示意图

## 7.2.2　探索问题本质

7.2.1 节步骤中的(1)数据收集和(2)数据清洗步骤我们已经在第 5、6 章完成了。数据可视化有助于将复杂的数据模式呈现为易于理解的形式,从而促使更深入地对于数据现象的解释与推断。在探索性数据分析的过程中,我们使用数据可视化作为分析工具,通过可视化手段更好地理解和呈现不同特征之间的关系。在整个数据分析过程中,两者相辅相成,共同帮助我们理解数据。

基于我们的问题,本章我们首先进行探索性数据分析的相关性分析和数据可视化等工作,为后续建立模型进行预测性分析奠定良好的基础。因此,我们需要完成探索性分析的前期工作:

(1)了解数据结构与基本的统计信息。

在开始深入分析之前,应该对待分析的数据集有一个整体的了解。这主要包括数据的结构、每个变量的基本统计信息、可能存在的缺失值等。

(2)相关性分析。

针对我们感兴趣的变量,使用相关性分析来了解它们之间的关系。在这里,我们关心的是地表温度、二氧化碳浓度、二氧化碳浓度同比变化、海平面高度变化与濒危物种数之间的相关性。以及在三种气候变化因素中,哪种因素对濒危物种的影响最大。

(3)数据可视化。

通过数据可视化能够更直观地理解变量之间的关系和趋势。例如,使用散点图、柱形图、折线图、热力图等可视化工具展示地表温度、二氧化碳浓度、二氧化碳浓度同比变化、海平面高度变化与濒危物种数的关系。

(4)观察数据的分布。

深入理解数据的分布,能够为后续分析提供更好的基础。

## 7.3 Enhancement——拓展求解问题必备的知识和能力

### 7.3.1 AI助学——特征相关性分析

想要探究特征之间的相关性,我们首先就要确定有哪些量化标准,因此我们可以这样向AI工具提问:

问题:

在数据分析时,特征之间的相关性有哪些量化标准?

文心一言的回答:

在数据分析中,特征之间的相关性可以通过多种量化标准进行评估。以下是一些常用的相关性量化标准。

(1)皮尔逊相关系数(Pearson Correlation Coefficient):是一种衡量两个连续变量之间线性关系的指标,其值为$-1 \sim 1$。接近1表示强正相关,接近$-1$表示强负相关,接近0表示无关。

(2)斯皮尔曼秩相关系数(Spearman's Rank Correlation Coefficient):衡量的是两个变量之间的总体相关性强弱,而不是线性关系。它基于数据的秩次,而不是实际值。同样,其值为$-1 \sim 1$,接近1表示强正相关,接近$-1$表示强负相关,接近0表示无关。

(3)肯德尔秩相关系数(Kendall's Tau Correlation Coefficient):也是基于变量的秩次来评估相关性,适用于非参数数据。其值为$0 \sim 1$,接近1表示强正相关,接近0表示无关。

(4)余弦相似度(Cosine Similarity):主要用于衡量两个向量之间的角度,其值为$0 \sim 1$。它常用于文本挖掘和信息检索领域,因为这些领域的特征通常表示为向量。

(5)皮尔逊相关系数的变体:除了标准皮尔逊相关系数之外,还有多种变体用于处理非线性关系、部分数据缺失等情况。

(6)决策树和随机森林中的特征重要性:通过训练决策树或随机森林模型,可以评估每个特征对最终预测结果的贡献度,这是一种间接的相关性度量。

(7)互信息(Mutual Information):用于衡量两个变量之间的相互依赖程度,可以用于发现变量之间的隐含关系。

(8)相关性网络分析:通过构建特征之间的相关性网络,可以直观地展示特征之间的关联强度和模式。

选择适当的量化标准时,需要考虑数据的性质(如连续、离散、有序或无序)以及分析的目标(如检测线性关系、非线性关系、强度还是方向)。不同的场景可能需要不同的相关性度量方法。

思考:对于数据分析小白来说,使用AI最恰当的时机就是遇到了完全陌生的知识点。在这里,我们可以根据文心一言的回答找到相关性分析的思路,确定其中一个量化标准,对特征相关性进行研究。可见 **AI工具大大减少了我们以往在学习具体知识点上所花费的时间**。

## 7.3.2 进行相关性分析的方法

皮尔逊相关系数的应用广泛,特别是在统计学、数据分析和机器学习等领域,能够用来评估两个变量之间的线性关联程度。下面使用 Python 计算皮尔逊相关系数,进行相关性分析。

### 7.3.2.1 Numpy 库和 SciPy 库

**1. Numpy 库**

NumPy(Numerical Python 的简称)是 Python 语言的一个扩展程序库,它支持大量的维度数组与矩阵运算,此外也针对数组运算提供大量的数学函数库。下面仅介绍 Numpy 生成数组的部分方法,有兴趣或有需求的读者可以自行查阅相关文档了解其他用法。

(1) numpy.array()方法:可以将 Python 的列表转换成 Numpy 数组。

(2) numpy.arange(beg,end,step)方法:生成指定范围、指定步长的数组。

(3) numpy.random 模块:生成随机数或随机数组,可以结合以下方法生成特定的随机数组:

① numpy.random.rand(d0, d1, ⋯, dn)

该方法用于生成指定维度在[0,1)内均匀分布的随机数,其中参数 d0, d1, ⋯, dn 表示输出的形状。如果不指定参数,则返回一个浮点型的随机数;如果指定一个整数,则返回一个一维的 NumPy 数组;如果指定两个整数,则返回一个二维的 NumPy 数组;以此类推。参数的数量决定了返回数组的维度。例如,np.random.rand(2,3)用于生成一个 2 行 3 列的数组。

② numpy.random.randn(d0, d1, ⋯, dn)

该方法用于生成均值为 0、标准差为 1 的服从标准正态分布的随机数,参数含义与 rand 方法相同。

③ numpy.random.randint(low, high=None, size=None, dtype='l')

该方法用于生成指定范围、指定形状的随机数组。low 指定随机数的最小值,high 指定随机数的最大值(不包含),size 指定随机数的形状(如一维数组元素的数量、二维数组的行和列数等),dtype 指定输出数组的类型。

【例 7-1】 Numpy 库使用示例。

```
1    #导入 Numpy 库,并命名别名 np
2    import numpy as np
3
4    #将列表转换为 NumPy 数组
5    python_list = [1, 2, 3, 4, 5, 6, 7, 8, 9, 10]
6    numpy_array = np.array(python_list)
7    print('列表转换为 NumPy 数组:')
8    print(numpy_array)
9
10   #生成指定范围、指定步长的 NumPy 数组
```

```
11   array = np.arange(0, 20, 2)
12   print('0-20,步长为2的NumPy数组:')
13   print(array)
14
15   #生成一个形状为 (3, 4) 的NumPy 随机数组
16   random_array = np.random.rand(3, 4)
17   print('3行4列的均匀分布于 [0, 1] 的NumPy 随机数组:')
18   print(random_array)
```

程序运行结果如图 7-2 所示。

列表转换为NumPy数组:
[ 1  2  3  4  5  6  7  8  9 10]
0-20,步长为2的NumPy数组:
[ 0  2  4  6  8 10 12 14 16 18]
3行4列的均匀分布于 [0, 1] 的NumPy随机数组:
[[0.32327072 0.33820922 0.60967623 0.12503471]
 [0.08485784 0.47104437 0.56184883 0.18815307]
 [0.21646179 0.90859269 0.91264597 0.26803123]]

图 7-2　例 7-1 程序的运行结果

**2. SciPy 库和 stats 模块**

SciPy 库和 stats 模块被广泛用于使用 Python 进行数据分析和统计计算中。

SciPy 库是一个开源的 Python 算法库和数学工具包,它建立在 NumPy 的基础上,提供了更多的高级科学计算功能,包括优化、信号处理、统计分析、插值、线性代数等。它的目标是提供一种高级的、高效的科学计算环境,为科学家、工程师和数据分析师提供丰富的工具和函数。SciPy 的主要模块包括 Integration(数值积分)、Optimization(优化)、Interpolation(插值)、Signal Processing(信号处理)和 Statistics(统计学)等。

stats 模块是 SciPy 库中专门用于统计计算的模块。它包含了大量的概率分布函数,可以用于描述和分析数据的统计特性。这些概率分布函数既有连续分布,如正态分布、指数分布等,也有离散分布,如二项分布、泊松分布等。此外,stats 模块还提供了随机变量生成器,可以用于生成符合特定分布的随机样本数据。同时,stats 模块还包含了许多统计测试方法,如 t 检验、卡方检验、KS 检验等,这些方法可以用于检验样本数据是否符合特定的分布,或者判断两组数据之间是否存在显著差异。

SciPy 库和 stats 模块为使用 Python 进行数据分析和统计计算提供了强大的工具和支持,使得用户可以更加高效地进行科学计算和数据分析工作。感兴趣和有需求的读者可以自己拓展学习。

### 7.3.2.2　皮尔逊相关系数

皮尔逊相关系数,又称皮尔逊相关性,是用来衡量两个连续变量之间线性关系强弱的统计量。它通常用字母 r 表示,取值为 -1～1。其计算公式如下:

$$r = \frac{\Sigma(X_i - \overline{X})(Y_i - \overline{Y})}{\sqrt{\Sigma(X_i - \overline{X})^2 \Sigma(Y_i - \overline{Y})^2}}$$

其中,各参数含义:

① $r$ 是皮尔逊相关系数。

② $X_i$ 与 $Y_i$ 分别是两个变量 $X$ 和 $Y$ 的第 $i$ 次观测值。

③ $\overline{X}$ 与 $\overline{Y}$ 分别是两个变量 $X$ 和 $Y$ 的均值。

④ 分子表示每个样本点与其对应变量的均值的偏差的乘积之和,即协方差,表示两个变量之间的总体误差。

⑤ 分母是每个变量偏差平方和的乘积之平方根,即两个变量标准差乘积,表示两个变量各自的变化程度。

皮尔逊相关系数 $r$ 的取值范围为 $-1 \sim 1$:

① 当 $r$ 接近于 1 时,表示 $X$ 和 $Y$ 之间存在强正相关关系,即当 $X$ 增加时,$Y$ 也随之同比例增加。

② 当 $r$ 接近于 $-1$ 时,表示 $X$ 和 $Y$ 之间存在强负相关关系,即当 $X$ 增加时,$Y$ 反而同比例减少。

③ 当 $r$ 接近于 0 时,表示 $X$ 和 $Y$ 之间几乎没有线性相关性。

提示:皮尔逊相关系数可以帮助我们理解两个连续变量之间的线性关系强度和方向(正或负)。但在使用时,我们需要注意其局限性和前提条件,以确保得到准确和有意义的结果。皮尔逊相关系数只能衡量变量之间的线性相关程度,不能用于判断非线性关系或者其他类型的关联。如果变量之间存在非线性关系,或者数据中存在极端值(outliers),皮尔逊相关系数可能会受到影响,其结果可能不准确。此外,皮尔逊相关系数通常用于衡量两个连续变量之间的关联程度,这意味着变量的取值是在一个连续的数值范围内变化的。对于离散变量或有序变量的关联度量,通常会使用其他的相关系数,如斯皮尔曼相关系数。

扫描二维码,学习另外两种最常用的相关系数:斯皮尔曼相关系数和肯德尔秩相关系数。

### 7.3.2.3　使用 Python 计算皮尔逊相关系数

#### 1. 计算方法

使用 Python 计算数据的皮尔逊相关系数时,可以直接使用 SciPy 库中的 pearsonr()方法。该方法位于 SciPy 库的 stats 模块中。使用 pearsonr()方法之前需要先将 SciPy 安装在自己的 Python 环境中,然后通过 import 导入 Scipy 的 stats 模块后使用。

pearsonr()方法的具体语法如下:

```
scipy.stats.pearsonr(x, y, *)
```

其中,$x$ 和 $y$ 代表两个需要计算相关系数的数据样本,可以是列表、数组等。

pearsonr()方法返回的值有两个:

(1) correlation_coefficient(相关系数)。浮点数,代表皮尔逊相关系数,取值范围为 $-1 \sim 1$,表示两列数据之间的线性关系强度和方向。

(2) $p$_value($p$ 值)。浮点数,代表相关系数显著性检验的 $p$ 值。$p$ 值越小,表明这种相关性在统计学上越显著。

**2. 根据 pearsonr()的返回值判断数据的相关性**

（1）相关系数：

① 如果相关系数等于1,则表示两个变量完全正相关,即当一个变量增加时,另一个变量也完全按照相同的比率增加。

② 如果相关系数等于−1,则表示两个变量完全负相关,即当一个变量增加时,另一个变量也完全按照相同的比率减少。

③ 如果相关系数接近0,则两个变量之间几乎没有线性关系。

④ 如果相关系数介于0～1,则表示两个变量之间存在正相关,但相关性不如完全正相关那么强。值越接近1,相关性越强。

⑤ 如果相关系数介于−1～0,则表示两个变量之间存在负相关,但相关性不如完全负相关那么强。值越接近−1,相关性越强。

（2）$p$-value（$p$ 值）：

① 选择一个显著性水平,如常用的0.05或0.01。

② 如果 $p$-value 小于我们选择的显著性水平,就认为这两个变量之间存在显著的相关性;否则,我们认为没有足够的证据表明两个变量之间存在显著的相关性。

提示:无须过分关注 $p$ 值的大小,而忽视了其他重要的统计量或实际研究背景。$p$ 值只是判断假设是否成立的依据之一,还需要结合其他统计指标和实际情况进行综合判断。

【例 7-2】 使用 pearsonr()方法分析身高和体重数据的相关性。假设我们认为如果相关系数的绝对值≥0.8,则两个变量之间存在强相关性;如果相关系数的绝对值为[0.5,0.8),则两个变量之间存在中度相关性;如果相关系数的绝对值为[0.3,0.5),则两个变量之间存在弱相关性;如果相关系数小于0.3,我们就认为它们没有相关性。在这里,我们选择显著性水平为0.01。

```python
1    #导入相关库和模块
2    from scipy.stats import pearsonr
3    import numpy as np
4
5    #生成身高和体重数组,单位分别为厘米和千克
6    Height = np.array([165, 170, 178, 173,158, 180,168])
7    Weight = np.array([59, 65, 71, 75, 53,80,64])
8
9    #计算皮尔逊相关系数
10   r, p_value = pearsonr(Height, Weight)
11
12   #输出相关系数并分析是否相关
13   print(f"皮尔逊相关系数：{r}")
14   if abs(r) >= 0.8:
15       print("身高和体重强相关")
16   elif abs(r) >= 0.5:
17       print("身高和体重中度相关")
18   elif abs(r)>=0.3:
19       print("身高和体重弱相关")
20   else:
```

```
21        print("身高和体重不相关")
22  #判断输出 p 值并分析是否显著
23  print(f"显著性检验 P 值: {p_value}")
24  if p_value<=0.01:
25        print("两个变量在 0.01 水平上显著相关")
26  else:
27        print("两个变量在 0.01 水平上显著不相关")
```

在上述的代码中：

第 2 行代码导入 SciPy 库中的 pearsonr()方法。

第 3 行代码导入 Numpy，并给出一个别名 np。

第 6～7 行代码使用 np.array 生成两个 NumPy 数组，分别表示身高和体重两个变量。

第 10 行代码调用 pearsonr 计算得到的相关系数为 0.94，表明两个变量之间存在强正相关；显著性检验 $p$ 值为 0.001，小于显著性水平 0.01。这意味着从统计学的角度来看，这种相关性显著。

提示：有时可能会出现 $r$ 值显示两个变量之间存在极强相关性，但 $p$ 值不显著。此时，我们不能确定这种相关性在更广泛的总体中是否真实存在。这意味着我们需要进一步的研究或更大的样本量来验证这种关系。

```
皮尔逊相关系数: 0.9438509750411948
两个变量强相关
显著性检验P值: 0.0013919357154296744
两个变量在0.01水平上显著相关
```

程序运行结果如图 7-3 所示。

图 7-3　例 7-2 程序的运行结果

扫描二维码，学习统计学中的假设检验与 P 值的基本概念。

#### 7.3.2.4　使用 pandas 计算多个变量之间的相关系数

使用 Pandas 中 DataFrame 的 corr()方法可以计算多个变量之间的相关系数。其具体语法如下：

**DataFrame.corr(method='pearson', * )**

其中，常见参数的含义：

① method，用于指定计算哪种相关系数，主要包括皮尔逊相关系数、斯皮尔曼秩相关系数等，默认计算皮尔逊相关系数。

② DataFrame 的 corr()方法，返回的是一个相关系数矩阵，矩阵中的每个元素表示相应两列之间的相关系数。

【例 7-3】　使用 corr()方法计算某个 DataFrame 的皮尔逊相关系数。

```
1  import pandas as pd
2
```

```
3    #创建一个简单的 DataFrame
4    df = pd.DataFrame({
5        'A': [1, 2, 3, 4, 5],
6        'B': [5, 4, 3, 2, 1],
7        'C': [7, 3, 9, 1, 2]
8    })
9
10   #计算 DataFrame 对象中三个变量之间的皮尔逊相关系数
11   correlation_matrix = df.corr()
12   print(correlation_matrix)
```

程序运行结果如图 7-4 所示。

```
            A          B          C
A   1.000000  -1.000000  -0.552345
B  -1.000000   1.000000   0.552345
C  -0.552345   0.552345   1.000000
```

图 7-4 例 7-3 程序的运行结果

从图 7-4 中可以看出，$A$ 和 $B$ 的相关系数为 $-1$，表示完全负相关；$A$ 和 $C$ 相关系数为 $-0.552345$，$B$ 和 $C$ 的相关系数为 $0.552345$。变量与变量自身的相关系数都为 $1$。

### 7.3.3　数据可视化变量间的相关性

散点图、折线图和热力图常用于展示变量之间的相关性。下面介绍这些图的绘制方法。

#### 7.3.3.1　散点图的绘制

散点图（Scatter Plot）用于展示两个变量之间的关系。在散点图中，每个观测值都由在坐标图上的一个点来表示，其中横轴代表一个变量，纵轴代表另一个变量。点的位置表示两个变量的具体数值，而点的分布则可以揭示变量之间的关系类型，如正相关、负相关或没有直接相关关系。

**1. 二维散点图的绘制**

在 Python 中，可以使用 matplotlib.pyplot 库绘制二维散点图，其具体语法如下：

**matplotlib.pyplot.scatter(x, y, s=None, c=None, marker=None, alpha=None, ∗)**

其中，常见参数的含义：

① $x$、$y$，绘制散点图的两个数据序列（如列表或 NumPy 数组）。

② $s$，散点图标记的大小（即面积）。可以是单个数值，也可以是与 $x$ 和 $y$ 长度相同的序列，以指定每个点的大小，默认为 20。

③ $c$，散点图标记的颜色，可以是单一颜色格式字符串、颜色序列或 RGB 或 RGBA 数组。如果是一个序列，则它必须与 $x$ 和 $y$ 有相同的长度。

④ cmap，将数据映射到颜色的 Colormap 对象，可选，默认值为 None，用于将参数 $c$ 中的数据映射到颜色。如果 $c$ 是浮点数数组，则 cmap 是必需的。常见的取值包括"viridis"，

表示一种连续的蓝绿色调映射；"coolwarm"，表示从蓝色(冷色调)过渡到红色(暖色调)等。

⑤ marker，散点图标记的样式。例如，'o' 是圆形，'.' 是点，',' 是像素等，默认为 'o'.

⑥ alpha，用于设置透明度，0(完全透明)～1(完全不透明)，默认为 1。

【例 7-4】　使用 Matplotlib 绘制二维散点图。

```
1   #导入相关库
2   import matplotlib.pyplot as plt
3   import numpy as np
4
5   #设置随机种子,用于固定随机模式
6   np.random.seed(111)
7
8   N = 50
9   #生成 50 个[0,1)的随机数
10  x = np.random.rand(N)
11  y = np.random.rand(N)
12  #生成 50 个[0,1)的随机数,用于设置散点图颜色
13  colors = np.random.rand(N)
14  #生成用于控制散点图标记大小的随机数组
15  area = (30 * np.random.rand(N))**2
16  #绘制散点图,并设置颜色、标记和透明度
17  plt.scatter(x, y, s=area, c=colors, alpha=0.5)
18  plt.show()
```

在上面的代码中：

第 6 行代码是设置 numpy 库的随机数生成器的种子，使得每次运行代码时生成的随机数序列都是相同的，这样可以确保结果的可重复性。

第 10～11 行代码生成包含 $N(50)$ 个元素的数组，数组中的元素是从均匀分布[0，1)中随机抽取的浮点数，并将这个数组赋值给变量 $x$ 和 $y$。

第 13 行代码是生成一个包含 $N(50)$ 个元素的数组，数组中的元素用于设置散点图的颜色。

第 15 行代码首先生成一个包含 $N(50)$ 个元素的数组，数组中的元素是从均匀分布[0，1)中随机抽取的浮点数。然后，将每个元素乘以 30，再平方，得到一个新的数组，并赋值给变量 area。这个数组用于控制散点图标记的大小。

第 17 行代码是绘制散点图。其中，$x$ 和 $y$ 分别表示散点的横坐标和纵坐标，$s=$area 表示散点的大小由 area 数组中的值决定，$c=$colors 表示散点的颜色由 colors 数组中的值决定，alpha$=0.5$ 表示散点的透明度为 0.5。

程序运行结果如图 7-5 所示。

### 2. 三维散点图的绘制

在 Python 中，可以使用 matplotlib 库中的 mplot3d 工具包绘制三维散点图，具体绘制方法是 Axes3D.scatter，该方法是 mpl_toolkits.mplot3d 模块中用于在三维空间绘制散点图的方法。其具体语法如下：

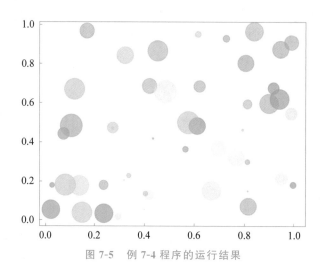

图 7-5　例 7-4 程序的运行结果

```
Axes3D.scatter(xs, ys, zs=0, zdir='z', s=20, c=None,
               depthshade=True, * args, data=None, **kwargs)
```

其中，xs、ys、zs 为绘制散点图的三个数据序列（如列表或 NumPy 数组）。其他常见参数和含义与二维散点图一致。

【例 7-5】　使用 Matplotlib 的 mplot3d 工具包绘制三维散点图。

```
1   import matplotlib.pyplot as plt
2   from mpl_toolkits.mplot3d import Axes3D
3   import numpy as np
4
5   #创建三个数据序列
6   x = np.random.rand(50)
7   y = np.random.rand(50)
8   z = np.random.rand(50)
9   #生成随机数组设置标记颜色
10  c = np.random.rand(50)
11  #生成随机数组设置标记大小
12  s = np.random.rand(50) * 100
13
14  #创建图形和三维坐标轴
15  fig = plt.figure(figsize=(10,6))
16  ax = fig.add_subplot(projection='3d')
17
18  #绘制散点图
19  sc = ax.scatter(x, y, z, c=c, s=s, marker='o')
20
21  #设置坐标轴标签
22  ax.set_xlabel('X轴标签',labelpad=10) #labelpad参数控制标签与轴之间的距离
23  ax.set_ylabel('Y轴标签',labelpad=10)
24  ax.set_zlabel('Z轴标签',labelpad=5)
25
```

```
26  #显示颜色条
27  plt.colorbar(sc)
28
29  #设置 matplotlib 的字体为支持中文的字体
30  plt.rcParams['font.sans-serif'] = ['SimHei']
31
32  #显示图形
33  plt.show()
```

在上面的代码中：

第 16 行代码是向图形 Figure 中添加一个子图 ax,projection 指明创建一个三维的子图。

第 19 行代码是在三维坐标轴上绘制散点图。其中,'x, y, z'是点的坐标,'c'是颜色,'s'是大小,'marker＝'o''表示使用圆形作为标记。

第 22～24 行代码分别为 $X$ 轴、$Y$ 轴和 $Z$ 轴设置了标签和标签与轴之间的距离。

第 27 行代码用于显示颜色条。

程序运行结果如图 7-6 所示。

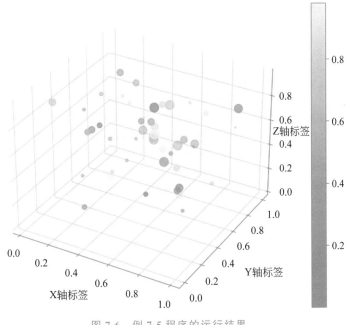

图 7-6　例 7-5 程序的运行结果

### 7.3.3.2　折线图的绘制

折线图(Line Chart)是一种用于显示数据随时间或其他连续变量变化的图表类型。在折线图中,数据点通过线段连接,以表示变量之间的连续变化趋势。每个数据点在折线图上都有一个对应的坐标,横轴通常表示时间或连续的数值变量,而纵轴表示另一个相关的变量。与散点图相比,折线图更注重展示数据随时间或连续变量的连续变化趋势。

在 Python 中,使用 Matplotlib 绘制折线图的具体语法如下：

> **plt.plot(x, y, label,line,color \* )**

其中,常见参数的含义:

① $x$、$y$,分别表示 $x$ 轴和 $y$ 轴的数据。

② label,用于指定对应轴的标签。

③ line,用于指明折线的线型,如 '-'表示实线,'--'表示虚线,'-.'表示点线。

④ color,用单个字母表示颜色,如'b'表示蓝色,'g'表示绿色,'r' 表示红色,'k'表示黑色,'w'表示白色,'y'表示黄色等。

如果要在一个折线图中绘制多条折线,可以多次使用 Matplotlib 的 plot()方法,每次为不同的数据集绘制一条折线。

【例 7-6】 使用 Matplotlib 绘制折线图。

```
1   import matplotlib.pyplot as plt
2
3   #假设有三组数据
4   x = [1, 2, 3, 4, 5]                    #x轴数据,通常是时间或其他连续变量
5   y1 = [1, 4, 9, 16, 25]                 #第一组 y 轴数据
6   y2 = [2, 5, 10, 17, 24]                #第二组 y 轴数据
7   y3 = [300, 350, 320, 250, 270]         #第三组 y 轴数据
8
9   #创建一个新的图形
10  plt.figure()
11
12  #绘制第一条折线
13  plt.plot(x, y1, label='折线 1', color='blue', linestyle='-')
14
15  #绘制第二条折线
16  plt.plot(x, y2, label='折线 2', color='green', linestyle='--')
17
18  #绘制第三条折线
19  plt.plot(x, y3, label='折线 3', color='red', linestyle='-.')
20
21  #设置图表的标题和坐标轴标签
22  plt.title('示例折线图')
23  plt.xlabel('X 变量')
24  plt.ylabel('Y 变量')
25
26  #显示图例
27  plt.legend()
28
29  #显示网格
30  plt.grid(True)
31
32  #显示图形
33  plt.show()
```

程序运行结果如图 7-7 所示。

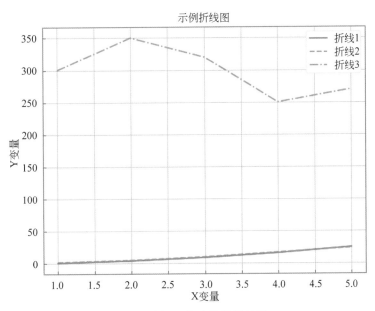

图 7-7　例 7-6 程序的运行结果

　　观察图 7-7 可以看出,第 3 条折线的数据最大相差不到 1 倍,但图中呈现的变化趋势非常明显。而第 1 条折线的数据最大相差 24 倍,但图中却没能有效地呈现出这种变化。这是由于用于绘制两条折线的数据不在一个量级。在未来建立预测模型时,如果数据不在一个量级,会对我们的数据分析工作带来更大的困难。此时,我们需要对数据进行标准化或归一化。关于什么是数据标准化和数据归一化,我们可以寻求 AI 的帮助。

　　问题:

　　什么是数据标准化和数据归一化,如何用 Python 进行数据标准化和归一化?

　　文心一言回答:

　　数据标准化(Standardization)和数据归一化(Normalization)是两种常用的数据预处理技术,它们的目的都是调整数据的尺度,使数据更适合特定的算法或分析。

　　(1) 数据标准化:

　　数据标准化通常是通过减去均值并除以标准差来实现的,这样可以将数据转换为均值为 0、标准差为 1 的分布。标准化对于很多机器学习算法,特别是那些基于梯度下降的优化算法(如逻辑回归、支持向量机、神经网络等)是非常有用的,因为这些算法对特征的尺度比较敏感。

　　(2) 数据归一化:

　　数据归一化则是将数据缩放到一个特定的范围,通常是[0,1]或[-1,1]。归一化对于那些对输入特征的尺度不敏感,或者需要特征值在特定范围内的算法(如某些神经网络层、某些距离度量等)非常有用。

　　(3) 如何用 Python 进行数据标准化和归一化:

　　在 Python 中,可以使用 scikit-learn 库中的 StandardScaler 和 MinMaxScaler 类来分别实现数据标准化和归一化。以下是一个简单的示例:

　　① 确保你已经安装了 scikit-learn 库。

```
pip install scikit-learn
```

② 可以使用以下代码进行数据标准化和归一化。

```
import numpy as np
from sklearn.preprocessing import StandardScaler, MinMaxScaler
#假设我们有一些数据
data = np.array([[1, 2], [3, 4], [5, 6], [7, 8]])
#数据标准化
scaler_standard = StandardScaler()
standardized_data = scaler_standard.fit_transform(data)
print("标准化后的数据:")
print(standardized_data)
#数据归一化
scaler_min_max = MinMaxScaler()
normalized_data = scaler_min_max.fit_transform(data)
print("归一化后的数据:")
print(normalized_data)
```

这段代码首先导入必要的库和函数，然后创建一个 NumPy 数组作为示例数据。接着，分别创建 StandardScaler 和 MinMaxScaler 对象，并使用 fit_transform 方法对数据进行标准化和归一化。最后，打印出标准化和归一化后的数据。

需要注意的是，fit_transform 方法会同时计算转换所需的参数（如均值和标准差，或最小值和最大值），并将这些参数应用到数据上。如果你有一组训练数据和一组测试数据，你应该只在训练数据上调用 fit 方法（以计算参数），然后在训练数据和测试数据上分别调用 transform 方法（以应用这些参数）。这样可以确保测试数据的转换方式与训练数据相同。

下面，我们参考 AI 给出的方法，对例 7-6 中的数据进行归一化后，再绘制折线图。AI 示例程序中的"data = np.array([[1, 2], [3, 4], [5, 6], [7, 8]])"是一个二维数组。例 7-6 中要绘制折线图的数据是一维数组，我们还可以在 AI 的帮助下，继续学习到 Numpy 一维数组的 reshape(−1，1)方法可以将其转换为二维数组，就可以使用 MinMaxScaler() 对其进行归一化了。其具体代码如下：

```
1   import matplotlib.pyplot as plt
2   import numpy as np
3   from sklearn.preprocessing import MinMaxScaler
4
5   #假设有三组数据
6   x = np.array([1, 2, 3, 4, 5])              #x 轴数据,通常是时间或其他连续变量
7   y1 = np.array([1, 4, 9, 16, 25])           #第一组 y 轴数据
8   y2 = np.array([2, 5, 10, 17, 24])          #第二组 y 轴数据
9   y3 = np.array([300, 350, 320, 250, 270])   #第三组 y 轴数据
10
11  #使用 reshape(-1, 1)将 y1、y2、y3 转换为二维数组
12  reshaped_y1 = y1.reshape(-1, 1)
13  reshaped_y2 = y2.reshape(-1, 1)
14  reshaped_y3 = y3.reshape(-1, 1)
```

```
15
16  #创建归一化对象
17  scaler = MinMaxScaler()
18  #对数据进行归一化
19  normalized_y1 = scaler.fit_transform(reshaped_y1)
20  normalized_y2 = scaler.fit_transform(reshaped_y2)
21  normalized_y3 = scaler.fit_transform(reshaped_y3)
22
23  #创建一个新的图形
24  plt.figure()
25
26  #绘制第一条折线
27  plt.plot(x, normalized_y1, label='折线 1', color='blue', linestyle='-')
28
29  #绘制第二条折线
30  plt.plot(x, normalized_y2, label='折线 2', color='green', linestyle='--')
31
32  #绘制第三条折线
33  plt.plot(x, normalized_y3, label='折线 3', color='red', linestyle='-.')
34
35  #设置图表的标题和坐标轴标签
36  plt.title('示例折线图')
37  plt.xlabel('X 变量')
38  plt.ylabel('Y 变量')
39
40  #显示图例
41  plt.legend()
42
43  #显示网格
44  plt.grid(True)
45
46  #显示图形
47  plt.show()
```

在上面的代码中,第 6～9 行代码创建的是 Numpy 类型的一维数据 x、y1、y2 和 y3。第 12～14 行代码是使用 reshape(−1,1)将 y1、y2 和 y3 转换为二维数组。第 19～21 行代码对数据进行了归一化处理。

程序运行结果如图 7-8 所示。从图中可以观察到每一条折线的变化趋势。

### 7.3.3.3　热力图的绘制

热力图(Heatmap)是一种数据的可视化表现形式,通常用于展示大量数据,并且数据点之间的关系通过颜色的深浅来表示,颜色越深表示数值越大,颜色越浅表示数值越小。

在 Python 中,热力图通常使用 Seaborn 库中的 heatmap()方法进行绘制。其具体语法如下:

```
seaborn.heatmap(data, , cmap=None, annot=None, fmt='.2g',
                annot_kws=None, linewidths=0, linecolor='white',
                cbar=True, , square=False, xticklabels='auto',
                yticklabels='auto', *)
```

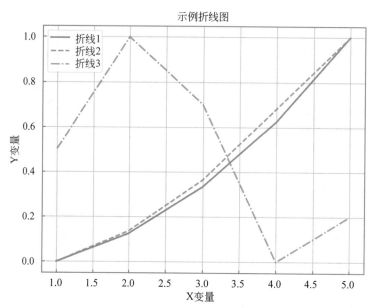

图 7-8　数据归一化后绘制的折线图

常见参数的含义：

① data，表示要绘制的数据集，通常是二维数组或 DataFrame。

② cmap，可选参数，用于定义热力图的颜色映射，可以是预定义的颜色映射名称或自定义的颜色映射对象，如"coolwarm"表示颜色从蓝色渐变到红色，中间经过白色，用于表示从负值到正值的过渡，冷暖色调；"jet"从蓝色通过绿色到红色，再到黄色；"rainbow"彩虹色映射，包括多种颜色；"gray"或"greys"灰色映射，用不同深浅的灰色表示数据值的大小等。

③ annot，可选参数，用于设置是否在热力图中的每个单元格中添加数值。

④ annot_kws：可选参数，类型为字典，用于设置注释文本的属性（如字体大小、颜色等）的字典。

⑤ linewidths，可选参数，用于设置单元格之间的线宽。

⑥ linecolor，可选参数，用于设置单元格之间线的颜色。

⑦ cbar，可选参数，布尔类型，用于设置是否绘制颜色条。

⑧ xticklabels 和 yticklabels，可选参数，用于设置 $x$ 轴和 $y$ 轴刻度标签的列表或数组。

⑨ square，可选参数，布尔类型，用于设置是否使热力图中的每个单元格呈现正方形。

【例 7-7】　使用 seaborn 绘制相关系数热力图。

```
1    #导入库
2    import pandas as pd
3    import seaborn as sns
4    import matplotlib.pyplot as plt
5
6    #创建一个简单的 DataFrame
7    df = pd.DataFrame({
8        'A': [1, 2, 3, 4, 5],
```

```
 9        'B': [5, 4, 3, 2, 1],
10        'C': [7, 3, 9, 1, 2]
11   })
12
13   #计算相关系数矩阵
14   corr_matrix = df.corr()
15
16   #绘制相关系数矩阵的热力图
17   plt.figure(figsize=(10, 8))
18   sns.heatmap(corr_matrix, annot=True, cmap='coolwarm')
19
20   #显示图形
21   plt.show()
```

在上面的代码中,第 18 行代码绘制了 corr_matrix 矩阵的热力图,annot＝True 表示在每个单元格中显示数值,cmap＝'coolwarm'设置颜色映射为冷暖色调。

程序的运行结果如图 7-9 所示。

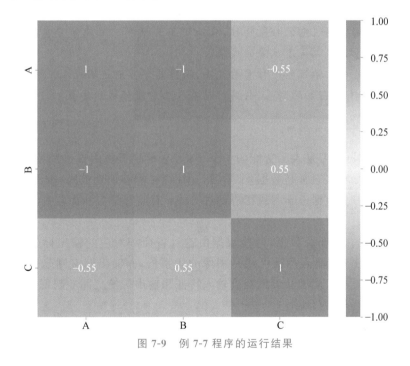

图 7-9　例 7-7 程序的运行结果

### 7.3.4　利用聚类方法观察数据的分布

聚类是机器学习的一种方法。然而什么是机器学习呢?我们可能还听过深度学习,那么什么又是深度学习呢?它们是人工智能吗?虽然我们已经习惯使用 AI 工具了,但很多概念还很模糊。不要忘记,我们随时可以寻求 AI 的帮助。

### 7.3.4.1 AI 助学

问题：

我听说过机器学习、深度学习，它们与人工智能的关系是什么？

文心一言的回答（未删减）：

机器学习、深度学习和人工智能之间的关系可以从以下几个方面来理解：

首先，人工智能（AI）是一个广泛的领域，旨在研究和开发能够模拟、延伸和扩展人类智能的理论、方法和技术。AI 的应用范围非常广泛，包括语音识别、图像识别、自然语言处理、机器人、专家系统等。人工智能的目标是使机器能够胜任一些通常需要人类智能才能完成的复杂工作。

其次，机器学习是人工智能的一个子集，它专注于通过计算机算法让机器从数据中学习并改进其性能。机器学习算法通过对大量数据进行训练，自动找出数据中的模式和规律，并据此做出预测或决策。这种能力使得机器学习成为处理复杂问题和大数据集的有力工具。

最后，深度学习是机器学习的一个分支，它利用深度神经网络模型来实现机器学习的目标。深度神经网络由多个隐藏层组成，能够处理更复杂的数据和模式。通过训练深度神经网络，机器可以学习到更高级别的抽象特征，从而提高其性能。深度学习在图像识别、语音识别、自然语言处理等领域取得了显著的成果。

因此，深度学习是机器学习的一种重要方法，而机器学习则是实现人工智能目标的一种技术手段。三者之间有着密切的联系，共同推动着人工智能领域的发展。

### 7.3.4.2 有监督学习与无监督学习

我们已经知道机器学习是人工智能的一个子集，它专注于使用算法和统计模型让计算机系统能够自动地从经验（通常是数据）中学习，让计算机能够识别模式、做出预测或进行决策。事实上，机器学习从数据中学习规律有两种方式：有监督学习和无监督学习。

**1. 有监督学习**

有监督学习需要一组训练数据，这些数据由输入特征和对应的输出标签或结果组成。例如，在图像分类任务中，输入特征可能是图像的像素值，而输出标签则是图像的类别（如猫、狗等）。在训练过程中，模型会尝试找到输入特征和输出标签之间的映射关系，从而能够准确地对新数据进行分类或预测。

常见的有监督学习算法包括线性回归、逻辑回归、支持向量机（SVM）、决策树和神经网络等。这些算法通过不同的方式学习数据中的规律和模式，以实现对新数据的预测和分类。

**2. 无监督学习**

无监督学习是机器学习中的一种重要方法，与有监督学习相对。它指的是对没有类别标记的样本进行学习，学习目的通常是发现数据内在结构或规律。在无监督学习中，模型不需要依赖已知的输出标签或结果来进行训练，而是通过对输入数据的内在特性进行探索和分析，自动地找出数据中的结构、模式或关联关系。

无监督学习的典型任务包括聚类和降维。聚类是指将相似的数据样本归为一类，使得同一类内的数据样本尽可能相似，而不同类之间的数据样本尽可能不同。降维则是将高维数据转化为低维数据的过程，旨在保留数据的主要特征，同时减少数据的复杂性和计算量。

无监督学习在实际应用中具有广泛的用途。例如,在图像处理中,无监督学习可以用于图像分割和特征提取;在自然语言处理中,它可以用于文本聚类和主题模型提取;在金融领域,无监督学习可以帮助发现异常交易和欺诈行为。

思考:下列问题属于监督学习问题还是无监督学习问题?

(1) 根据用户的购物历史预测其下一次购买的商品是什么。

(2) 对一群顾客进行分群,使得每个群体内的顾客具有相似的购物习惯。

(3) 将一组文档分类到预定义的主题类别中。

(4) 通过分析市场数据,发现不同产品之间的潜在关联性。

**3. 有监督学习与无监督学习相结合进行数据分析**

有监督学习与无监督学习相结合进行数据分析的方法,能够结合无监督学习和监督学习的优点。通过无监督学习进行探索性数据分析,可以更好地理解数据的内在结构和模式;再利用这些信息,通过有监督学习训练机器学习模型,以提高预测和分类的准确性。

### 7.3.4.3　利用聚类算法观察数据的分布

在进行数据分析时,我们通常会面临大量的数据,为了更好地理解这些数据,通常需要先进行探索性数据分析,以了解数据的分布、特征和潜在的结构。

聚类分析(cluster analysis)是一种探索性的分析,是将数据分类到不同的类或者簇的一个过程,使得同一个簇中的对象有很大的相似性,而不同簇间的对象有很大的相异性。聚类分析在分类的过程中,人们不必事先给出一个分类的标准,它能够从样本数据出发,自动进行分类。

提示:聚类分析所使用方法的不同,常常会得到不同的结论。不同研究者对于同一组数据进行聚类分析,所得到的聚类数也未必一致。

聚类能够作为一个独立的工具获得数据的分布状况,观察每一簇数据的特征,集中对特定的聚簇集合做进一步分析。聚类分析还可以作为其他算法(如分类和定性归纳算法)的预处理步骤,如发现潜在群体使得分析人员能够更好地理解数据的多样性和内在结构;聚类结果可以通过可视化工具,如散点图或热力图,帮助展示数据的分布情况,通过不同颜色或标记来区分不同的簇,更容易识别数据中的模式和趋势;可以识别与其他数据点不同的簇,从而有助于检测数据中的异常或离群值。

**1. K-means 算法原理简介**

聚类算法有多种,主要包括基于划分的聚类算法,如 K-means 算法、基于层次的聚类算法和基于密度的聚类算法等。下面仅简单介绍常用的 K-means 算法。感兴趣的读者可以自己进行拓展学习。

K-means 算法中的 K 表示聚类算法中类的个数,Means 表示均值算法。K-Means 算法的目标是把 $n$ 个样本点划分到 $k$ 个类中,使得每个点都属于离它最近的质心(一个类内部所有样本点的均值)对应的类,以它作为聚类的标准。

图 7-10 是 K-Means 聚类过程示意图。

K-Means 算法的计算步骤如下:

(1) 从数据中随机抽取 $k$ 个点作为初始聚类的中心,代表各个类,如图 7-10(a)中的三个黑圆点。

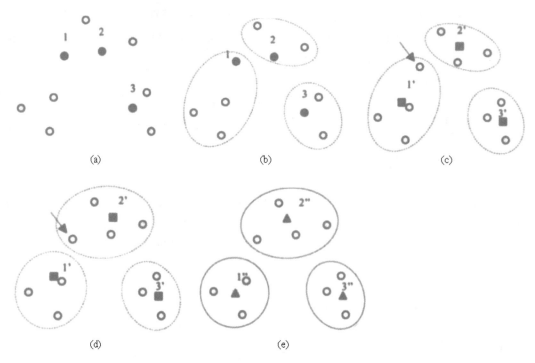

图 7-10　*K*-Means 聚类过程示意图

（2）根据距离最小原则，把每个点划分进与质心距离最近的类中，如图 7-10(b)中的三个椭圆代表不同的类。

（3）根据均值等方法，重新计算第（2）步划分的每个类的质心，如图 7-10(c)中的三个黑方点；

（4）重复第（2）步和第（3）步，如图 7-10(d)所示。直到聚类质心不再发生移动或达到最大迭代次数，如图 7-10(e)所示。

**2. 使用 Python 实现 *K*-means 聚类**

在 Python 中，可以使用 sklearn.cluster 库中的 KMeans 类实现 *K*-means 聚类算法。sklearn 是 scikit-learn 库的简称，它是一个强大而灵活的机器学习库，使得在 Python 中进行机器学习变得简单而高效。无论是初学者还是经验丰富的数据科学家，都可以通过 sklearn 轻松地构建和评估各种机器学习模型。sklearn 的一些主要特点如下：

（1）简单高效。sklearn 的 API 设计得非常直观和一致，使得用户可以轻松地使用不同的机器学习算法。同时，它也经过了高度优化，能够高效地处理大规模数据集。

（2）丰富的算法集。sklearn 包含了几乎所有常见的机器学习算法，包括分类、回归、聚类、降维、模型选择、预处理等。用户可以根据需求选择合适的算法。

（3）易于集成。sklearn 与 Python 的其他科学计算库（如 NumPy、SciPy、matplotlib 等）和数据分析库（如 Pandas）能够无缝集成，使得用户能够在一个统一的环境中完成整个数据分析流程。

（4）良好的文档和社区支持。sklearn 拥有详细的文档和丰富的示例，使得用户能够轻松上手。同时，它也有一个活跃的社区，用户可以在其中寻求帮助和分享经验。

使用 scikit-learn 库实现 *K*-means 聚类的基本流程如下：

（1）导入必要的库。

如果机器中没有安装 scikit-learn 库，需要先安装 scikit-learn 库，然后使用 from sklearn.cluster import K-Means 语句导入 sklearn 库中的 K-Means 类。

（2）准备数据。

输入数据 X 的格式可以是二维列表、DataFrame 对象或其他可以被转换成 Numpy 数组的对象，其中数据的每一行代表一个样本，每一列代表一个特征。

（3）确定聚类数量。

指定要将数据分为多少个聚类（即 K 的值）。

（4）创建 K-Means 对象。

使用 K-Means 类创建一个 K-Means 对象，并设置聚类的数量和其他参数，如初始化方法、迭代次数等，其具体语法如下：

```
sklearn.cluster.KMeans(n_clusters=8, init='k-means++',
                       max_iter=300,  random_state=None, *)
```

其中，常见参数的含义：

① n_clusters，用于设置聚类（或质心）的数量，默认值为 8。

② init，用于指定初始质心的方法，初始化方法包括 k-means＋＋()、random() 等。random() 方法表示从数据点中随机选择初始质心，使用 k-means＋＋() 方法选择的初始质心通常比 random() 随机初始化产生更好的结果。初始化方法默认为 k-means＋＋()。

③ max_iter，用于设置算法的最大迭代次数，默认值为 300。

④ random_state，用于设置随机数生成器的种子，设置后表示每次随机结果均相同，默认值 None。

（5）拟合模型。

使用 K-Means 类中的 fit(X) 方法对输入数据进行聚类，计算每个聚类的质心，并将每个样本分配给最近的质心，其具体语法如下：

```
fit(X, *)
```

其中，X 为要聚类的数据，即步骤（2）准备的数据。

（6）获取聚类标签和质心。

使用 labels_ 属性获取每个样本的聚类标签，使用 cluster_centers_ 属性获取每个聚类的质心。

（7）可视化结果（可选）。

使用散点图等方法可视化聚类结果。

（8）评估聚类结果（可选）。

可以使用轮廓系数等方法评估聚类的效果。关于轮廓系数，感兴趣或有需要的读者可拓展学习。

【例 7-8】　使用 sklearn 进行 K-Means 聚类。

```
1    #导入必要的库
2    import numpy as np
```

```
3    from sklearn.cluster import KMeans
4    import matplotlib.pyplot as plt
5
6    #创建随机数据作为示例
7    np.random.seed(0)                              #设置随机种子,以便结果可复现
8    data = np.random.rand(100, 2)                  #生成100个二维数据点
9
10   #实例化KMeans类,并设置聚类数量为3
11   kmeans = KMeans(n_clusters=3, random_state=0)
12
13   #使用fit方法对数据进行聚类
14   kmeans.fit(data)
15
16   #获取聚类标签和簇质心
17   labels = kmeans.labels_
18   centroids = kmeans.cluster_centers_
19
20   #打印簇质心
21   print("簇质心:")
22   print(centroids)
23
24   #可视化结果
25   plt.scatter(data[:, 0], data[:, 1], c=labels, cmap='viridis')
26   plt.scatter(centroids[:, 0], centroids[:, 1], c='red', s=300, alpha=0.5)
27   plt.title('K-Means 聚类结果图')
28   plt.xlabel('特征1')
29   plt.ylabel('特征2')
30   plt.rcParams['font.sans-serif'] = ['SimHei']   #设置matplotlib支持中文的字体
31   plt.show()
```

在上面的代码中:

第11行代码创建了一个 KMeans 对象 kmeans,并指定聚类的簇的数量为3,设置 random_state 参数确保每次运行代码时都得到相同的结果。

第14行代码,使用 fit($X$) 方法对随机生成的100个二维数据点进行聚类。

第17行代码使用 labels_ 属性获取每个样本所属的簇标签。

第18行代码使用 cluster_centers_ 获取每个簇的中心点的坐标。

第25~31行代码,使用 matplotlib 库来可视化聚类结果,其中数据点根据其聚类标签着色,簇质心以红色显示。

程序运行结果如图 7-11 所示。

**3. 解读聚类结果的可视化图**

观察图 7-11 的聚类结果的散点图时,主要关注以下两方面:

(1)聚类分布。不同颜色或标记的散点表示不同的聚类簇。通过观察聚类分布,我们可以初步了解数据是否可以被划分为明显可区分的组,获得如下对未来分析有帮助的信息:

① 如果有这样明显可区分的组,由于每个簇内的数据具有更强的相似性,我们在后续深入分析时可以分组进行,从而更好地捕捉不同簇内的数据规律。

簇质心：
[[0.53079199  0.16305589]
 [0.22477318  0.67757842]
 [0.75377377  0.63262143]]

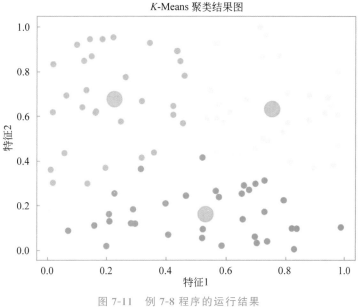

图 7-11　例 7-8 程序的运行结果

② 如果没有这样的分组，那么说明数据点分布相对均匀，使得难以清晰地划分成离散的簇。这类数据在深入分析时针对整体分析即可。

（2）簇中心位置：如果散点图中包含簇中心点的标记，我们可以看到每个簇的中心位置。如果中心点呈线性分布，则表明不同簇之间可能存在某种线性关系或趋势。

## 7.4　Execution——实际动手解决问题

### 7.4.1　探查数据结构与基本的统计信息

**1. 导入数据表 all_data.csv**

具体代码如下：

```
1  import numpy as np
2  import pandas as pd
3  from matplotlib import pyplot as plt
4  import seaborn as sns
5  df = pd.read_csv("d:/project/all_data.csv")
```

**2. 查看数据类型、数据量**

具体代码如下：

```
1  df.info()#查看数据类型,数据量
```

程序运行结果如图 7-12 所示。

```
<class 'pandas.core.frame.DataFrame'>
Index: 25 entries, 1998 to 2022
Data columns (total 7 columns):
 #   Column                          Non-Null Count  Dtype
---  ------                          --------------  -----
 0   temperature                     25 non-null     float64
 1   Value                           25 non-null     float64
 2   CO2_Con_per                     25 non-null     float64
 3   CO2_Con_ppm                     25 non-null     float64
 4   draw_critical_endangered_TOTAL  25 non-null     float64
 5   draw_endangered_TOTAL           25 non-null     float64
 6   draw_vulnerable_TOTAL           25 non-null     float64
dtypes: float64(7)
memory usage: 1.6 KB
```

图 7-12　all_data 数据集的基本概况

由图 7-12 可知,all_data 数据表共有 25 条数据,记录的是 1998—2022 年 25 年的数据;有 7 个数据列,分别对应年度地表温度变化数据、平均海平面高度变化数据、大气二氧化碳浓度同比数据、大气二氧化碳浓度变化数据、极度濒危物种数量、濒危物种数量和易危物种数量,数据类型均为 float 类型;每个字段均不存在空值。

**3. 查看数据的均值、标准差、最大值等统计指标**

具体代码如下:

```
1  df.describe()#查看数据均值、标准差、最大值等统计指标
```

程序运行结果如图 7-13 所示。

| | temperature | Mean Sea Levels Change | CO2_Con_per | CO2_Con_ppm | draw_critical_endangered_TOTAL | draw_endangered_TOTAL | draw_vulnerable_TOTAL |
|---|---|---|---|---|---|---|---|
| count | 25.000000 | 25.000000 | 25.000000 | 25.000000 | 25.000000 | 25.000000 | 25.000000 |
| mean | 1.136600 | 31.248000 | 0.560800 | 391.054400 | 4164.520000 | 6449.480000 | 9934.320000 |
| std | 0.269931 | 24.161067 | 0.118072 | 16.127939 | 2106.593125 | 3893.371312 | 2903.892054 |
| min | 0.728000 | -4.950000 | 0.320000 | 366.840000 | 1820.000000 | 2376.000000 | 6337.000000 |
| 25% | 0.935000 | 12.950000 | 0.470000 | 377.700000 | 2853.000000 | 4328.000000 | 8322.000000 |
| 50% | 1.053000 | 25.870000 | 0.550000 | 390.100000 | 3561.000000 | 5255.000000 | 9529.000000 |
| 75% | 1.394000 | 52.880000 | 0.620000 | 404.410000 | 5210.000000 | 7781.000000 | 11316.000000 |
| max | 1.711000 | 71.820000 | 0.830000 | 418.530000 | 9065.000000 | 16094.000000 | 16300.000000 |

图 7-13　all_data 数据表均值、标准差等统计指标

从图 7-13 中可以看到各数据的均值、标准差、最大值等统计指标。例如,海平面高度变化数据的均值为 31.248,标准差为 24.161,最小值为 -4.95,最大值为 71.82;极度濒危物种变化数据的均值为 4164.52,标准差为 2106.59,最小值为 1820,最大值为 9065 等。

## 7.4.2　探索数据的相关性

**1. 两个变量间的相关性分析**

通过皮尔逊系数可以判断地表温度变化、海平面高度变化、大气二氧化碳浓度与三类濒危物种数量之间的关系。每种气候变化数据与濒危物种数量之间的皮尔逊相关系数计算方法一致,下面计算年度地表温度变化与极度濒危物种数量的皮尔逊相关系数。

```
1    from scipy.stats import pearsonr
2
3    #计算皮尔逊相关系数
4    correlation_coefficient,p_value=pearsonr(df['temperature'],df['draw_
     critical_endangered_TOTAL'])
5    #输出结果
6    print(f"皮尔逊相关系数: {correlation_coefficient}")
7    print(f"显著性检验 P 值: {p_value}")
8    #判断相关性的强度
9    if abs(correlation_coefficient) >= 0.8:
10       print("强相关")
11   elif abs(correlation_coefficient) >= 0.5:
12       print("中度相关")
13   else:
14       print("弱相关或不相关")
```

程序运行结果如图 7-14 所示。

> **皮尔逊相关系数：** 0.810393010663027
> **显著性检验P值：** 9.092700161502469e-07
> **强相关**

图 7-14　地表温度变化与极度濒危物种之间的皮尔逊相关系数

从图 7-14 中可以看出,皮尔逊系数为 0.81,我们认为两个变量是强正相关关系;P-value 为 0.00000090927,远远小于 0.01,这也说明两个变量具有显著的相关性。

动手做一做

请参考上面的代码,判断以下三对变量的相关关系:

(Mean Sea Levels Change <−> draw_critical_endangered_TOTAL)

(CO2_Con_per <−> draw_critical_endangered_TOTAL)

(CO2_Con_ppm <−> draw_critical_endangered_TOTAL)

**2. 多个变量间的相关性分析**

为了一次探查各变量之间的相关性,我们使用 DataFrame 的 corr()方法计算相关系数的方法,并绘制相关系数矩阵热力图可视化呈现相关系数矩阵。具体代码如下:

```
1    import seaborn as sns
2    import matplotlib.pyplot as plt
3
4    #计算相关系数矩阵
5    corr_matrix = df.corr()
6
7    #绘制相关系数矩阵的热力图
8    plt.figure(figsize=(10, 8))
9    sns.heatmap(corr_matrix, annot=True, cmap='coolwarm')
10
11   #显示相关系数矩阵热力图
12   plt.show()
```

程序运行结果如图 7-15 所示。

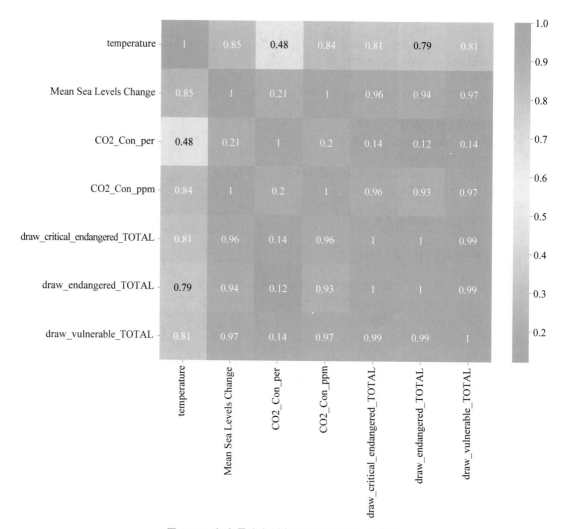

图 7-15　各变量皮尔逊相关系数矩阵的热力图

从图 7-15 中可以直观地看出，CO2_Con_per(二氧化碳浓度同比变化)与三类濒危物种变化的相关性系数均小于 0.2，因此判定为弱相关。temperature(地表温度变化)、Mean Sea Levels Change(海平面高度变化)、CO2_Con_ppm(大气二氧化碳浓度)等与三类濒危物种变化的相关性系数均呈现出非常强的正相关性。另外，三类濒危物种变化的相关性极高，为 0.99。

基于对数据之间相关性的探索，我们将在后续更深入的探索性数据分析中，制订如下分析策略：

（1）CO2_Con_per 这个特征相关性非常弱，可以剔除。

（2）由于三类濒危物种变化的相关性极高，仅选取极度濒危物种变化作为深入研究的对象，分析结果也可代表其他两类濒危物种变化。

## 7.4.3　探索数据的变化趋势

### 1. 探索气候因素数据的变化趋势

为了观察年度地表温度变化数据、海平面高度变化数据和二氧化碳浓度变化数据的逐年变化趋势，我们绘制折线图来直观呈现。其具体代码如下：

```python
import matplotlib.pyplot as plt
import pandas as pd
from sklearn.preprocessing import MinMaxScaler

df = pd.read_csv("d:/project/all_data.csv",index_col=0)
df.reset_index(inplace=True)
#获取数据 x 轴为年份 y 轴为地表温度数据、海平面高度数据和二氧化碳浓度数据
x = df['Year']
y1 = df['temperature'].values                    #第一组 y 轴数据
y2 = df['Mean Sea Levels Change'].values         #第二组 y 轴数据
y3 = df['CO2_Con_ppm'].values                    #第三组 y 轴数据

#使用 reshape(-1, 1)将 y1、y2、y3 转换为二维数组
reshaped_y1 = y1.reshape(-1, 1)
reshaped_y2 = y2.reshape(-1, 1)
reshaped_y3 = y3.reshape(-1, 1)

#创建归一化对象
scaler = MinMaxScaler()
#对数据进行归一化
normalized_y1 = scaler.fit_transform(reshaped_y1)
normalized_y2 = scaler.fit_transform(reshaped_y2)
normalized_y3 = scaler.fit_transform(reshaped_y3)

#创建一个新的图形
plt.figure(figsize=(10,6))

#用蓝色直线绘制年度地表温度变化折线,
plt.plot(x, normalized_y1, label='年度地表温度变化', color='blue', linestyle='-')
#用绿色虚线绘制海平面高度变化折线
plt.plot(x, normalized_y2, label='海平面高度变化', color='green', linestyle='--')
#用红色点画线绘制二氧化碳浓度变化折线
plt.plot(x, normalized_y3, label='二氧化碳浓度变化', color='red', linestyle='-.')

#设置图表的标题和坐标轴标签
plt.title('1998—2022 年年度三类气候因素变化趋势图')
plt.xlabel('年份')
plt.ylabel('气候因素变化数据')
```

```
39  plt.legend()                              #显示图例
40  plt.grid(True)                            #显示网格
41  plt.rcParams['font.sans-serif'] = ['SimHei']
                                              #设置 matplotlib 支持中文的字体
42  plt.show()                                #显示折线图
```

程序运行结果如图 7-16 所示。

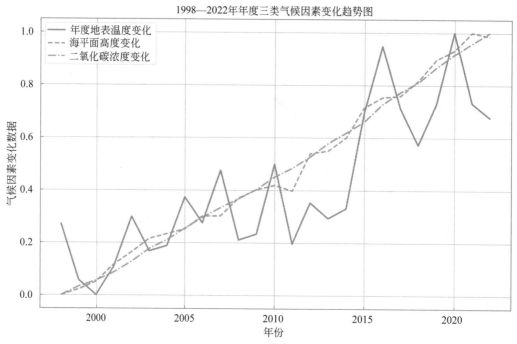

图 7-16　1998—2022 年三类气候因素变化趋势图

从图 7-16 可以直观地看出,三类气候因素整体上都呈现逐年增加的趋势。年度地表温度每年增加的温度波动性较大;海平面每年增加的高度波动比地表温度小;二氧化碳浓度变化则为一条缓慢上升的曲线,说明二氧化碳浓度每年都以基本相同的量在增加。

**2. 探索海平面高度变化和濒危物种变化的趋势**

我们已经知道了海平面高度在逐年加速上升,浏览数据表,我们也可以大致看到濒危物种变化也具有这样的趋势。下面我们对海平面高度变化和极度濒危物种变化做折线图,直观地观察濒危物种变化和代表气候因素的海平面高度变化的趋势是否具有一致性。

从图 7-13 中看到,海平面高度变化数据的均值为 31.248、最小值为 −4.95、最大值为 71.82,而极度濒危物种变化数据的均值为 4164.52,最小值为 1820、最大值为 9065。将两组变量呈现在一张图中,同样需要进行归一化处理。

具体代码如下:

```
1   import matplotlib.pyplot as plt
2   import pandas as pd
3   from sklearn.preprocessing import MinMaxScaler
```

```
4    import numpy as np
5
6    df = pd.read_csv("d:/project/all_data.csv",index_col=0)
7    df.reset_index(inplace=True)
8    #获取数据 x 轴为年份 y 轴为海平面变化数据和极度濒危物种变化数据
9    x = df['Year']
10   y1 = df['Mean Sea Levels Change'].values
11   y2 = df['draw_critical_endangered_TOTAL'].values
12   #使用 reshape(-1, 1) 将 y1、y2 转换为二维数组
13   reshaped_y1 = y1.reshape(-1, 1)
14   reshaped_y2 = y2.reshape(-1, 1)
15
16   #创建归一化对象
17   scaler = MinMaxScaler()
18
19   #对数据进行归一化
20   normalized_y1 = scaler.fit_transform(reshaped_y1)
21   normalized_y2 = scaler.fit_transform(reshaped_y2)

22   #创建一个新的图形
23   plt.figure(figsize=(10,6))
24
25   #用绿色虚线绘制海平面高度变化折线
26   plt.plot(x, normalized_y1, label='海平面高度变化', color='green', linestyle
     ='--')
27   #用红色点画线绘制极度濒危物种变化折线
28   plt.plot(x, normalized_y2, label='濒危物种变化', color='red', linestyle='-.')
29
30   #设置图表的标题和坐标轴标签
31   plt.title('1998—2022 年海平面高度变化和濒危物种变化折线图')
32   plt.xlabel('年份')
33   plt.legend() #显示图例
34   plt.grid(True) #显示网格
35   plt.rcParams['font.sans-serif'] = ['SimHei']    #设置 matplotlib 支持中文的字体
36   plt.show()                                      #显示折线图
```

程序运行结果如图 7-17 所示。

从图 7-17 中我们可以直观地探查到，海平面高度的变化趋势与濒危物种数量的变化趋势非常一致。这也很好地解释了为什么它们的相关系数达到了 0.96。

因此，海平面高度的变化趋势与濒危物种数量的变化趋势有很好的一致性。

🛒 动手做一做

请参考上面的代码，探查另外两个气候因素变化与濒危物种变化的趋势：

（1）地表温度变化数据和极度濒危物种变化数据。

（2）二氧化碳浓度变化数据和极度濒危物种变化数据。

图 7-17　1998—2022 年海平面高度变化和濒危物种变化趋势图

### 7.4.4　探索数据的分布情况

为了确定后续的分析是否需要按簇进行,我们通过聚类方法和散点图来探查地表温度变化数据、海平面高度变化数据和二氧化碳浓度变化数据等气候数据的分布规律。

**1. 绘制数据分布的三维散点图**

具体代码如下:

```
1   import numpy as np
2   import pandas as pd
3   import matplotlib.pyplot as plt
4   from mpl_toolkits.mplot3d import Axes3D
5
6   data = pd.read_csv('d:/project/all_data.csv', index_col=0)
7
8   #提取三个特征列
9   X = data['temperature'].values
10  Y = data['Mean Sea Levels Change'].values
11  Z = data['CO2_Con_ppm'].values
12  #生成随机数组设置 25 个样本的颜色
13  c = np.random.rand(25)
14  #生成数组设置标记(同样大小)
15  s = 40
16
```

```
17   #创建图形和三维坐标轴
18   fig = plt.figure(figsize=(10,6))
19   ax = fig.add_subplot(projection='3d')
20
21   #绘制散点图
22   sc = ax.scatter(X, Y, Z, c=c, s=s, marker='o')
23
24   #设置坐标轴标签
25   ax.set_xlabel('气温',labelpad=10) #labelpad 参数控制标签与轴之间的距离
26   ax.set_ylabel('海平面',labelpad=10)
27   ax.set_zlabel('CO2')
28   ax.set_title('气温变化、海平面高度变化、CO2 浓度变化数据分布')
29
30   #显示颜色条
31   plt.colorbar(sc)
32
33   #设置 matplotlib 的字体为支持中文的字体
34   plt.rcParams['font.sans-serif'] = ['SimHei']
35
36   #显示三维散点图
37   plt.show()
```

程序运行结果如图 7-18 所示。

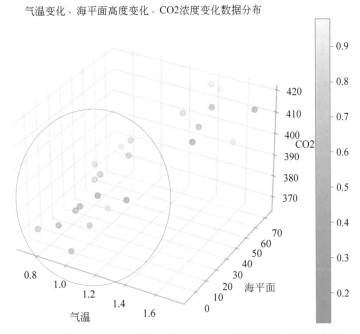

图 7-18　气温变化、海平面高度变化、$CO_2$ 浓度变化数据分布散点图

从图 7-18 中我们可以直观地看到数据点的分布情况。圆圈里面的点是三项数据值都比较低的值。圆圈外的点是三项数据值都比较高的点。

因此，在后面进一步的探索性数据分析中，可以考虑划分不同的簇进行分析。

**2. 绘制聚类结果的二维散点图**

为了更细致地研究不同特征之间的关系,还可以绘制二维散点图。我们以气温变化和海平面高度变化数据为例,先聚类(此处我们先尝试聚类数量为 3),然后再绘制包含聚类结果信息的散点图。其具体代码如下:

```python
import numpy as np
import matplotlib.pyplot as plt
from sklearn.cluster import KMeans

data = pd.read_csv('d:/project/all_data.csv',index_col=0)

#提取特征列
X = data[['temperature', 'Mean Sea Levels Change', 'CO2_Con_ppm']]

#初始化 K-means 模型,指定簇的数量为 3
kmeans = KMeans(n_clusters=3,random_state=42)

#对数据进行聚类
kmeans.fit(X)

#获取每个样本所属的簇标签
labels = kmeans.labels_

#获取每个簇的中心点
centers = kmeans.cluster_centers_

#可视化聚类结果(这里的研究对象是温度变化和海平面高度变化)
plt.scatter(X['temperature'],X['Mean Sea Levels Change'], c=labels)
#绘制中心点
plt.scatter(centers[:,0], centers[:, 1], c='red',s = 100,marker='X',label='Centroids')
plt.title('气温变化和海平面高度变化聚类结果散点图')
plt.xlabel('气温')
plt.ylabel('海平面高度')
plt.legend(loc="upper left")
plt.tight_layout()
plt.show()
```

程序运行结果如图 7-19 所示。

观察图 7-19 可知,数据点明显地可以分为三组,图中的类似乘号的符号是各簇的中心点。

再次印证,在后面进一步的探索性数据分析中,我们可以考虑划分不同的簇进行分析,有可能从数据中挖掘出更多有价值的信息。

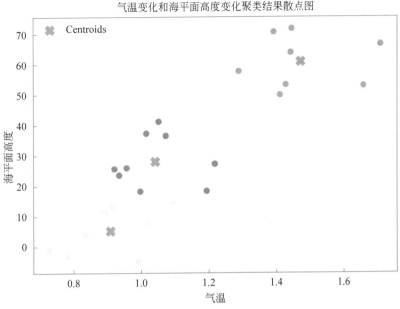

图 7-19  温度变化和海平面高度变化数据分布散点图

## 7.5 Evaluation——评价与反思

　　我们进行了探索性数据分析的部分工作,使用皮尔逊系数和数据可视化手段,探索了地表温度变化、海平面高度变化、二氧化碳浓度变化与濒危物种数之间的相关性;使用散点图和聚类等方法探索了数据的分布情况。

　　(1)通过计算皮尔逊系数,我们发现,相较于地表温度,海平面高度变化与二氧化碳浓度变化这两个变量与濒危物种数的变化有更强的相关性。这意味着在考察濒危物种数量的变化时,我们需要更关注海平面高度变化和二氧化碳浓度变化两个气候条件的影响。另外,三类濒危物种变化的相关系数都几乎为 1。因此,在后续的进一步分析中,我们可以只考虑一类濒危物种变化即可。另外,二氧化碳浓度同比变化变量 CO2_Con_per 与其他变量濒危物种变化呈弱相关,我们在接下来的数据分析中可以将其删除以确保分析的准确性。

　　(2)通过绘制折线图,我们观察到了数据的变化趋势。三类气候因素变化数量的趋势与濒危物种变化数量的趋势相同,总体上都呈现逐年增加的趋势。海平面高度和二氧化碳浓度每年都加速增加,濒危物种变化数量也在加速度增加(即总量在加速度减少)。

　　(3)通过聚类,我们对数据的分布情况进行了可视化,发现数据点有分组的特性。在后面进一步的探索性数据分析中,可以考虑划分不同的簇进行分析,以便从数据中挖掘出更多有价值的信息。

　　虽然我们只有 25 年的数据,但对数据的探索,已经发现了三类表征气候的因素与濒危物种变化有相同的趋势,说明气候变化(主要是变暖)对生物多样性产生了同步的影响。此后,我们还需要进一步探索,通过构建预测模型发现其内在规律,为人类采取措施控制气候变化提供科学依据。

## 7.6 动手做一做

（1）阅读、编辑并运行例 7-1～例 7-8 的程序，了解和掌握一些探索性分析的相关方法，如相关性分析方法、绘制折线图和散点图的方法以及 $K$-means 聚类的方法等。

（2）阅读、编辑并运行 7.4 节的数据分析、可视化和聚类程序，明确未来进行进一步的探索性分析——建模分析的方向。

（3）参考本章的方法，对自己项目的数据集进行初步的探索性分析。

# 第8章 气候变化对生物多样性的影响分析

## ——预测性分析

### 使　命

通过构建机器学习模型，深入探索气候变化因素对生物多样性的影响规律，并使用模型对生物多样性变化趋势进行预测。同时，了解常用的几种机器学习模型的基本构建方法。

## 8.1 Excitation——提出问题

在前面的章节中，我们探索了气候变化因素对濒危物种数量的影响，已经发现了其中的一些规律。这些规律蕴含着过去，却未能展示未来。因此，我们还需要深入识别并捕捉气候变化因素与濒危物种变化数据中的内在规律，从而把握未来的发展趋势。这样，人类才能更好地采取相应措施，降低物种的消失速度，构建人与自然和谐共处的美好地球家园。

那么，如何捕捉气候变化因素对濒危物种种数影响的内在规律，实现对未来发展趋势的预测呢？

## 8.2 Exploration——探寻问题本质

19世纪80年代，英国科学家朗西斯·高尔顿（Francis Galton）在研究人类遗传问题时，提出了"回归"（regression）的概念。高尔顿为了研究父代与子代身高的关系，搜集了1078个家庭（父母亲及其子代）的身高数据。数据统计呈现了一个基本趋势，即父亲的身高增加时，儿子的身高也倾向于增加。以每对夫妇的平均身高作为自变量，取一个成年儿子的身高作为因变量，分析后发现两者拟合出一种线性关系，通过父母的身高可以预测子女的身高。函数表达式：$y = 0.8567 + 0.516 \times x$，其中 $y$ 为儿子身高，$x$ 为父母平均身高。对数据样本进行深入分析后，高尔顿发现子代身高有回归于"中心"的趋势，但实际身高与"中心"存在误差。高尔顿把这一现象称为"向平均数方向的回归"，这是"回归"一词的来源和最初含义。

现代统计学常用的一种分析方法就是回归分析，它用于研究一组随机变量（通常作为因变量)与另一组变量(通常作为自变量)之间的关系,帮助人们了解自变量对因变量的影响程度,预测因变量的未来值,以及探索变量之间的潜在关系。回归分析的方法和模型有很多,每种模型都有其特定的适用场景。在选择使用哪种方法进行回归分析时,需要根据具体的问题和数据特点进行权衡和选择。

这里,三个气候变化数据就是自变量,濒危物种数量变化数据就是因变量。因此,"捕捉气候变化因素对濒危物种种数影响的内在规律,实现对未来发展趋势的预测"这一问题的本质就是进行回归分析并用回归模型进行预测的问题。同时,我们还需要发现每一个自变量对因变量影响的程度,即能够度量特征的重要性。

## 8.3 Enhancement——拓展求解问题必备的知识和能力

我们每个人都是通过对大量已经发生的事件进行学习和研究,然后从中发现和总结出规律(模型),这些学习到的规律(模型)可以指导人类未来的决策和行动。想要预测未来并了解气候变化如何影响生物多样性,需要识别并捕捉数据中的规律。这是一个通过对每个数据进行学习从而获得一种规律(称之为模型)的过程。机器学习模型就是这样的一个一个"模拟人"(计算机),模仿人类学习的过程,通过观察和学习大量的数据来学会数据背后的规律。

### 8.3.1 AI助学——了解常用的机器学习模型

我们已经明确了自己要解决的是回归与预测问题,并需要进行特征重要性的度量,接下来我们就要考虑该用什么样的模型去解决这一类问题。

问题:

在数据分析中,有哪些机器学习模型适合解决回归与预测问题,并能良好地度量特征重要性?

文心一言的回答:

在数据分析中,适合解决回归与预测问题,并能良好地度量特征重要性的机器学习模型主要有以下几种。

(1)线性回归模型:是最基本的回归模型之一,适用于解释自变量和因变量之间的线性关系。通过计算每个特征对模型的贡献,可以评估特征的重要性。

(2)决策树回归模型:是一种基于决策树的回归模型,可以用于解决回归问题并度量特征重要性。决策树通过构建树状结构来预测目标变量的值,并使用特征分裂来评估每个特征的重要性。

(3)随机森林回归模型:是一种基于随机森林的回归模型,也适用于解决回归问题并度量特征重要性。随机森林通过构建多棵决策树并取平均值来预测目标变量的值,并使用特征重要性评分来评估每个特征的重要性。

(4)支持向量机回归模型:是一种基于支持向量机的回归模型,也可以用于解决回归问题并度量特征重要性。支持向量机通过构建超平面来预测目标变量的值,并使用特征权重来评估每个特征的重要性。

（5）神经网络回归模型：是一种基于神经网络的回归模型，也可以用于解决回归问题并度量特征重要性。神经网络通过构建多层神经网络来预测目标变量的值，并使用神经元的权重来评估每个特征的重要性。

这些机器学习模型都具有度量特征重要性的能力，可以通过不同的方式评估每个特征对模型的贡献，从而了解哪些特征对预测结果最为重要。选择适合的模型要根据具体问题的特点和数据特征来决定。

在接下来的深入探索工作中，我们可以尝试学习和使用以上提到的部分模型。

## 8.3.2  基本概念和术语

### 8.3.2.1  机器学习的问题类别

前面我们已经了解了聚类分析。事实上，聚类问题是机器学习的一种问题，机器学习还包含回归问题和分类问题。

**1. 聚类问题**

聚类问题（clustering problem）是机器学习中的无监督学习问题之一。聚类问题不需要预先提供标签或类别信息，而是根据数据样本之间的相似性或距离来自动将数据划分为若干组或簇（clusters）。每个簇内的样本在某种度量标准下彼此相似，而不同簇之间的样本则相对不相似。例如，将消费者划分为不同的群体以便制定更精准的营销策略，将学生划分为不同的群体以便更好地开展教学，这些都属于聚类问题。

**2. 回归问题**

回归问题（Regression Problem）是机器学习中的一种重要任务类型，属于监督学习范畴。在回归问题中，模型的目标是预测一个或多个连续值的输出。这些连续值可以是任何实数，而不仅是离散的类别标签。例如，房价预测、股票价格预测、气温预测等都是回归问题。

**3. 分类问题**

分类问题（Classification Problem）同样是机器学习中的一种重要任务类型，也属于监督学习范畴。在分类问题中，模型通过学习已知样本的特征和对应的标签（类别）来预测新样本的类别。与回归问题不同，分类问题的输出是离散的类别标签，而不是连续的数值。识别图像中猫狗、分析文本的情感倾向（积极、消极或中性）等都是分类问题。

### 8.3.2.2  数据模型相关术语

**1. $X$ 变量（特征）和 $Y$ 变量（目标）**

（1）$X$ 变量是我们用来训练模型的输入数据，也称为特征。例如，如果我们要预测房价，$X$ 变量可能包括房屋的面积、卧室数量等。这些特征是模型学习的依据，它们影响着模型对问题的理解和预测。

（2）$Y$ 变量是我们希望模型预测的输出，也称为目标。在房价预测的例子中，$Y$ 变量就是房价。模型的目标是通过学习输入数据（$X$ 变量）来预测目标变量（$Y$ 变量）。

**2. 训练数据集、验证数据集和测试数据集**

（1）训练数据集简称训练集，是用于训练模型的数据集。在监督学习中，训练集包含了已知输入（特征）和输出（标签）的样本，模型通过这些样本学习如何从输入映射到输出。在无监督学习中，训练集则只包含输入数据，模型学习数据的内在结构和关系。

（2）验证数据集简称验证集，用于在模型训练过程中进行模型选择和调参。验证集并不用于模型最终性能的评估，而是用于在模型训练过程中进行性能监控和参数调整。

（3）测试数据集简称测试集，是用于评估模型性能的数据集，独立于训练集和验证集。测试集的主要目的是提供一个公正、客观的方式来衡量模型在未见过的数据上的表现。

**3. 模型、超参数、训练、测试及预测**

（1）模型是一种数学表达式或算法，是通过对训练数据的学习，建立起输入和输出之间的关系，目的是用这些学到的规律对新数据进行预测。

（2）超参数是在机器学习算法中需要手动设置的参数，用于控制模型的结构和训练过程。这些参数不能直接从数据中学习，而是需要通过经验和试验来选择。常见的超参数包括学习率、正则化参数、批量大小、迭代次数、隐藏层的数量和大小、卷积神经网络中的滤波器大小和数量等。

（3）训练是指将训练数据输入模型，使其能够学习输入和输出之间的关系。通过训练，模型调整自身的参数，以便更好地拟合训练数据。

（4）测试是使用测试数据来评估模型的性能和准确性。通过测试，可以了解模型在处理新数据时的表现，并判断其是否足够可靠。

（5）预测是将已知的输入数据（$X$ 变量）输入模型得到目标数据（$Y$ 变量）的过程。预测是机器学习模型最终的目标，让模型能够对新情况做出有用的判断。

**4. 过拟合和欠拟合**

过拟合（Overfitting）和欠拟合（Underfitting）是机器学习中的两个常见问题，它们通常与模型在训练数据上的表现和在未见过的数据（如测试数据）上的表现之间的差异有关。

（1）过拟合是指模型在训练数据上表现非常好，但在测试数据上表现较差的情况。这通常发生在模型过于复杂，以至于它开始"记住"训练数据中的噪声（不准确、不相关或误导性的信息）和细节，而不是学习数据的内在规律和模式。过拟合的模型对训练数据中的微小变化非常敏感，因此在新数据上泛化能力较差。

（2）欠拟合是指模型在训练数据上的表现就很差，更不用说在测试数据上了。欠拟合通常发生在模型过于简单，以至于它无法捕捉到数据中的复杂关系或规律。欠拟合的模型在训练和测试数据上都会有较差的性能。

### 8.3.3 构建机器学习模型的基本步骤

无论是哪类问题，都需要构建机器学习模型。我们已经了解了构建聚类模型的步骤，这与构建一个回归或分类的机器学习模型的基本步骤大致相同。构建回归或分类的机器学习模型主要包含以下环节。

**1. 明确项目任务**

明确项目任务是回归问题还是分类问题，即希望预测一个数值型的目标变量（回归问题)还是目标类别(分类问题),该变量与一系列自变量(特征)有关。

**2. 数据准备**

(1)收集数据集:收集包含目标变量和一系列自变量的数据集。

(2)数据清洗和预处理:处理数据中的缺失值、异常值、噪声等,确保数据的准确性和可靠性。

(3)特征提取和归一化处理:以便模型能够更好地用于学习和预测。

**3. 模型假设**

根据问题的特点和数据的特征选择合适的模型。对于回归问题,常见的模型包括线性回归、决策树回归、人工神经网络等;对于分类问题,常见的模型包括逻辑回归、决策树、支持向量机、随机森林、人工神经网络等。

**4. 模型训练**

使用训练数据集对选择的模型进行训练。这通常涉及使用优化算法来迭代更新模型的参数,以最小化损失函数。损失函数衡量了模型预测值与实际值之间的差异。为了避免过拟合或欠拟合的问题,可能需要将数据集划分为训练集、验证集和测试集。可以使用验证集来调整模型的超参数(如学习率、迭代次数等),并使用测试集来评估模型的最终性能。

**5. 模型评估**

在模型训练过程中,需要对模型进行评估以确定其性能。评估指标通常包括均方误差(MSE)、均方根误差(RMSE)、$R$ 平方($R^2$)、准确率、精确率、召回率、F1 值等。这些指标可以帮助我们了解模型在训练数据上的表现。

**6. 模型优化**

根据模型评估的结果,可以对模型进行优化以提高其性能。这可能包括调整模型的超参数、尝试不同的模型架构或使用更复杂的模型(如集成方法、神经网络等)。

**7. 模型保存和部署**

当模型训练完成后,需要将其保存下来并将其部署到实际应用中,以便进行预测和分类等任务。

这只是一个基本的流程,具体步骤可能会因问题的复杂性和数据的特性而有所不同。在实践中,一般需要多次迭代上述步骤,以找到最佳的模型和参数配置。

事实上,我们已经完成了前三步。下面我们要进行的工作是模型的选择与训练、评估和优化。

## 8.3.4　使用 Python 对数据集进行划分

在机器学习中,划分数据集是一个非常重要的步骤。我们可以将数据集划分为训练集和测试集。使用 Python 中 sklearn.model_selection 模块的 train_test_split 方法可以实现对数据集的划分。具体语法如下:

```
sklearn.model_selection.train_test_split( * arrays, test_size=None, train_size
=None, random_state=None, shuffle=True, * )
```

其中,常见参数的含义:

① ＊arrays，列表或数组等，表示要拆分的数据集，可以是一个或多个数组（如特征矩阵 **X** 和目标向量 **y**）且所有数组必须具有相同的长度或形状。

② test_size，整型或浮点型，表示测试集的大小。如果为浮点数，则表示测试集占总数据集的百分比；如果为整数，则表示测试集的样本数量。

③ train_size，整型或浮点型，表示训练集的大小。与 test_size 类似，可以是百分比或具体数量。如果同时提供了 train_size 和 test_size，则 train_size 会被忽略。

④ random_state，整型或 None 等，设置此参数可以确保每次拆分的结果都是相同的，适合用于可重复实验。

⑤ shuffle，布尔型，表示是否在拆分数据前对数据进行随机打乱顺序。默认为 True。

该方法返回包含训练集和测试集的拆分结果的列表，包括训练集的特征数据（自变量）和目标数据（因变量）、测试集的特征数据（自变量）和目标数据（因变量）。

【例 8-1】 数据集划分示例。

```
1   #导入相关库和模块
2   import numpy as np
3   from sklearn.model_selection import train_test_split
4   #生成示例身高和体重数组,单位分别为厘米和千克
5   X = np.array([165, 170, 178, 173,158, 180, 168, 155,162,167])
6   y = np.array([59, 65, 71, 75, 53, 80, 64, 60, 62, 73])
7   print("创建的示例身高数组 X 为:")
8   print(X)
9   print("创建的示例体重数组 y 为:")
10  print(y)
11  #划分数据集
12  X_train, X_test, y_train, y_test = train_test_split(X, y, test_size=0.3,
    random_state=42)
13  #查看划分后的数据集
14  print("用于训练的特征变量为:")
15  print(X_train)
16  print("用于训练的目标变量为:")
17  print(y_train)
18  print("用于测试的特征变量为:")
19  print(X_test)
20  print("用于测试的目标变量为:")
21  print(y_test)
```

在上面的代码中，第 12 行代码用于划分数据集，其中测试集比例设置为 0.3，即测试集数量为总数据集数量的 30%；random_state 设置为一个常数，表示每次运行程序划分结果均相同。shuffle 参数未设置，表示取默认值 True，即拆分数据集之前先把数据随机打乱顺序。

程序运行结果如图 8-1 所示。

```
创建的示例身高数组X为:
[165 170 178 173 158 180 168 155 162 167]
创建的示例体重数组y为:
[59 65 71 75 53 80 64 60 62 73]
用于训练的特征变量为:
[165 155 178 167 158 173 168]
用于训练的目标变量为:
[59 60 71 73 53 75 64]
用于测试的特征变量为:
[162 170 180]
用于测试的目标变量为:
[62 65 80]
```

图 8-1 例 8-1 程序的运行结果

### 8.3.5　常用评价模型的指标

#### 8.3.5.1　回归模型的评价指标及 Python 计算方法

在介绍常用的回归模型评价指标之前,我们先了解一个指标残差平方和。残差平方和 (Residual Sum of Squares,RSS)是在回归分析中用来衡量模型拟合数据好坏的一个指标。它表示的是观测值与模型预测值之间的差的平方和。数学上,RSS 定义如下:

$$RSS = \sum_{i=1}^{n}(y_i - \hat{y}_i)^2$$

其中,各参数含义:

① $n$ 为样本数量。

② $y_i$ 为第 $i$ 个样本的实际观测值。

③ $\hat{y}_i$ 为模型对第 $i$ 个样本的预测值。

Python 的 sklearn.linear_model 模块中的 metrics 模块提供了计算回归模型的主要评价指标的函数。假设 y_test 是实际的目标值,y_pred 是模型预测的目标值,表 8-1 是回归模型的主要评价指标及 Python 计算方法。

表 8-1　回归模型的主要评价指标及 Python 计算方法

| 评价指标 | Python 计算方法 | 指标说明 |
| --- | --- | --- |
| 均方误差(Mean Squared Error,MSE) | mean_squared_error(y_test, y_pred) | 残差平方和与样本量的比值,值越小说明模型的拟合效果越好 |
| 均方根误差(Root Mean Squared Error,RMSE) | root_mean_squared_error(y_test, y_pred) | MSE 的算术平方根,其运算的结果与数据是同一量级的,实际应用中更容易被解释和理解 |
| 平均绝对误差(Mean Absolute Error,MAE) | mean_absolute_error(y_test, y_pred) | 所有单个实际值与预测值偏差的绝对值的平均值。直接反映预测值误差的实际情况 |
| $R^2$(决定系数) | r2_score(y_test, y_pred) | 解释模型预测变量对目标变量的解释程度,值为 $0\sim1$。$R^2$ 越接近于 1,说明回归拟合效果越好 |

扫描二维码,可学习评价指标 MSE、RMSE、MAE 和 $R^2$ 的计算公式及解释。

#### 8.3.5.2　分类模型的评价指标

使用混淆矩阵(Confusion Matrix)可以直接观察到模型正确分类和错误分类的样本数量,了解模型是否对某个特定类别有更好的预测能力,是否对某些类别存在持续的预测困难;通过比较不同模型的混淆矩阵,可以直观地比较它们的性能差异。混淆矩阵的构成如

表 8-2 所示。

表 8-2　混淆矩阵

| 实 际 标 签 | 预测为正例 | 预测为负例 |
|---|---|---|
| 实际标签为正例 | 真正例（TP） | 假负例（FN） |
| 实际标签为负例 | 假正例（FP） | 真负例（TN） |

在表 8-2 中：
- TP（True Positive）是指模型预测为正例，实际标签也是正例的样本数量。
- FP（False Positive）是指模型预测为正例，但实际标签为负例的样本数量。
- TN（True Negative）是指模型预测为负例，实际标签也是负例的样本数量。
- FN（False Negative）是指模型预测为负例，但实际标签为正例的样本数量。

Python 的 sklearn.linear_model 模块中的 metrics 模块同样提供了计算分类模型主要评价指标的函数。假设 y_test 是实际的目标值，y_pred 是模型预测的目标值，表 8-3 是分类模型的主要评价指标及 Python 计算方法。

表 8-3　分类模型的主要评价指标及 Python 计算方法

| 评 价 指 标 | Python 方法 | 指 标 说 明 |
|---|---|---|
| 混淆矩阵 | confusion_matrix(y_test, y_pred) | 观察模型正确分类和错误分类的样本数量 |
| 准确率（Accuracy） | accuracy_score(y_test, y_pred) | 模型正确预测的样本数占总样本数的比例：$Accuracy = (TP + TN) / (TP + FP + TN + FN)$ |
| 精确率（Precision） | precision_score(y_test, y_pred) | 模型预测为正例的样本中，实际为正例的比例：$Precision = TP / (TP + FP)$ |
| 召回率（Recall） | recall_score(y_test, y_pred) | 实际为正例的样本中，被模型预测为正例的比例：$Recall = TP / (TP + FN)$ |
| F1 值（F1-Score） | f1_score(y_test, y_pred) | 精确率和召回率的调和平均数，用于综合评估模型的性能：$F1 = 2 * (Precision * Recall) / (Precision + Recall)$ |

提示：这些评价指标在机器学习中各有其应用场景和优缺点，需要根据具体任务和数据特点选择合适的评价指标。

## 8.3.6　常用的几种机器学习模型建模

### 8.3.6.1　示例数据集简介

下面学习各模型要用到的一个示例数据集，存储在"考研人数.csv"文件中。该数据集记录的是我国 2000—2024 年每年的考研人数，数据来源于百度。该数据集中只有两个字段，分别为年份和人数，其中人数的单位为万，数据集部分截图如图 8-2 所示。

| 年份 | 人数（万） |
|---|---|
| 2000 | 39.2 |
| 2001 | 46 |
| 2002 | 62.4 |
| 2003 | 79.7 |
| 2004 | 94.5 |
| 2005 | 117.2 |
| 2006 | 127.12 |
| 2007 | 128.2 |
| 2008 | 120 |
| 2009 | 124.6 |

图 8-2　考研人数数据集（部分）

### 8.3.6.2 线性回归及模型

**1. 基本概念及原理简介**

线性回归(Linear Regression)是一种广泛应用的预测性建模技术,其核心思想是找到一个最佳拟合的直线,使得预测值与真实值之间的差距最小。线性回归模型方程如下:

$$y = b_0 + b_1 \times x_1 + b_2 \times x_2 + \cdots + b_n \times x_n$$

其中,$b_0$ 是截距,$b_1, b_2, \cdots, b_n$ 是回归系数,$x_1, x_2, \cdots, x_n$ 是特征变量(自变量/输入变量),$y$ 是目标变量(因变量/输出变量)。

**2. 使用 Python 构建线性回归模型**

可以使用 Python 的 scikit-learn 库中 sklearn.linear_model 模块构建线性回归模型。注:scikit-learn 库需要安装后才能使用。

(1)创建模型对象。

具体语法如下:

```
sklearn.linear_model.LinearRegression(fit_intercept=True, * )
```

其中,fit_intercept 是布尔类型,默认为 True,表示是否计算该模型的截距(即 $y$ 轴上的截距)。如果将其设置为 False,则模型不会包含截距项,即强制通过原点。

(2)训练模型。

模型对象创建成功后,使用模型的 fit()方法训练数据拟合模型,fit()方法将模型应用到训练数据上,会找到一组权重(回归系数),使得模型的预测值与实际的目标值的残差平方和最小化。具体语法如下:

```
fit(X, y, sample_weight=None)
```

其中,常见参数的含义:

① $X$:训练集中的特征变量。

② $y$:训练集中的目标变量。

③ sample_weight:默认为空,表示每个样本的权重。如果提供了这个参数,那么模型在训练时会考虑到这些权重。

(3)对模型进行测试。

模型训练完成后,使用模型的 predict()方法对模型在测试集上的性能进行测试。predict()方法的输入是测试集的特征数据,输出为测试集目标的预测值。预测完成后,可以选择并计算相应评价指标来评价模型的性能。predict()方法的基本语法如下:

```
predict(X)
```

其中,$X$ 表示输入模型的特征数据,该方法返回特征数据相应目标的预测值。

(4)保存模型。

经过测试达到性能要求的模型,可以通过 joblib 库(第一次使用前需要安装该库)的 dump()方法将模型保存起来,以后就可以用于对新数据的预测了。

使用 joblib 保存模型的 dump()方法基本语法如下：

```
joblib.dump(value,filename, * )
```

其中，常见参数的含义：

① value：要保存的对象，可以是任何 Python 对象，但通常用于保存机器学习模型或大型数据集。

② filename：保存对象的文件名或文件路径，如果文件已经存在，它将被覆盖。

（5）使用模型进行预测。

对于保存的模型可以使用 joblib.load()方法加载，该方法是 joblib.dump 的配对方法，用于从文件中加载已保存的对象，加载完成后便可使用 predict()方法对新数据进行预测。

【例 8-2】 对考研人数数据集构建线性回归模型，并对模型性能进行测试。

具体代码如下：

```
1    import pandas as pd
2    Import numpy as np
3    from sklearn.linear_model import LinearRegression        #导入线性回归模块
4    from sklearn.metrics import mean_squared_error, r2_score  #导入计算指标函数
5    from sklearn.model_selection import train_test_split      #导入数据集划分函数
6
7    #读取数据集
8    data = pd.read_csv('d:/project/考研人数.csv')
9    #提取特征和目标变量
10   X = data['年份'].values.reshape(-1, 1)                    #将年份列转换为二维数组
11   y = data['人数(万)'].values                               #考研人数列
12
13   #划分训练集和测试集
14   X_train, X_test, y_train, y_test = train_test_split(X, y, test_size=0.2,
     random_state=42)
15
16   #创建并训练线性回归模型
17   model = LinearRegression()
18   model.fit(X_train, y_train)
19
20   #预测测试集的结果
21   y_pred = model.predict(X_test)
22
23   #评估模型
24   rmse = np.sqrt(mean_squared_error(y_test, y_pred))
25   r2 = r2_score(y_test, y_pred)
26   print('使用线性回归模型对考研数据集进行拟合,拟合效果如下:')
27   print(f'均方根误差为: {rmse:.2f}')
28   print(f'R2 决定系数为: {r2:.2f}')
```

在上面的代码中：

第 3~5 行代码分别引入了 sklearn 库中用于线性回归的 LinearRegression 类，用于评估模型性能的均方误差 mean_squared_error 和 $R^2$ 决定系数 r2_score()方法，用于数据集

划分的 train_test_split() 方法。

第 10 行代码使用 reshape() 方法将特征年份转换为二维数组,这是因为 scikit-learn 的 API 接口被设计为能够同时处理单特征和多特征的情况,以维持接口的一致性。

第 14 行代码使用 train_test_split() 方法划分数据集,并且设置测试集比例为 0.2。

第 17 行代码创建了一个线性回归模型。

第 18 行代码调用模型的 fit() 方法训练模型。

第 21 行代码调用模型的 predict() 方法对测试集进行预测。

第 24、25 行代码计算模型的均方根误差 RMSE 和决定系数 $R^2$。

程序运行结果如图 8-3 所示。

使用线性回归模型对考研数据集进行拟合,拟合效果如下:
均方根误差为: **63.27**
R2决定系数为: **0.82**

图 8-3　线性回归模型在测试集上的表现

由图 8-3 可知,线性回归模型的 RMSE 均方根误差为 63.27,误差较大;$R^2$ 为 0.82,表示此线性回归模型可以基于特征变量解释 82% 的目标变量。

### 8.3.6.3　决策树

#### 1. 基本概念及原理简介

决策树(Decision Tree)是一种常见的机器学习算法,既可以用作分类也可以用作回归。决策树模型基于树状结构进行决策,每个节点代表一个特征,每个分支代表一个特征值的判断,每个叶子节点代表一个输出结果。模型通过对数据进行逐步分割,选择最佳的特征和特征值来构建这棵树,未来就可以通过这棵树对未知数据进行预测。

图 8-4 示意了一棵判断西瓜好坏的决策树。一个西瓜有纹理、根蒂、触感、色泽 4 个特征。决策树的树根是"判断纹理特征",共有 3 根树枝,分别是清晰、模糊和稍微模糊。如果纹理模糊,则直接判断为坏瓜,此时到来树叶,不再分叉;如果纹理清晰,则继续进入判断根蒂特征的树枝,重复此过程,直到到达树叶,从而得到判断结果。

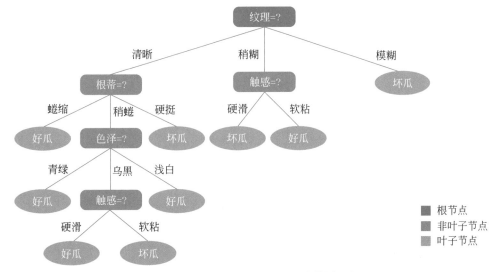

图 8-4　判断西瓜是否为好瓜的决策树示例

**2. 使用 Python 构建决策树**

在 Python 中,同样可以使用 scikit-learn 库构建决策树模型。sklearn.tree 模块中的 DecisionTreeRegressor 类用于完成回归任务,DecisionTreeClassifier 类用于完成分类任务。此处仅介绍 DecisionTreeRegressor 类的用法,对于 DecisionTreeClassifier 类有兴趣或有需要的读者可自行查阅相关资料。

DecisionTreeRegressor 的具体语法如下:

```
sklearn.tree.DecisionTreeRegressor( criterion='squared_error', splitter=
'best', max_depth=None,  random_state=None, *)
```

其中,常见参数的含义:

① criterion,指定了用于选择最佳分割点的标准。默认值为 'squared_error'。对于回归树,通常使用 'squared_error'(均方误差)。

② splitter,指定如何选择划分点。默认值为'best',是在所有的特征和所有可能的划分点上进行评估,选择最优的划分点。

③ max_depth,指定树的最大深度。默认值为 None,树会尽可能地生长,直到每个叶子节点只包含尽可能少的不同观测值或相同观测值。最大深度是调整决策树模型的关键参数之一,选择适当的最大深度可以帮助平衡模型的性能,并确保在训练和测试数据上都取得好的结果。

④ random_state,用于控制随机性的参数,其值为整数或 None。

【例 8-3】 对考研人数数据集构建决策树回归模型,并对模型性能进行测试。

具体代码如下:

```
1    import pandas as pd
2    from sklearn.model_selection import train_test_split
3    from sklearn.tree import DecisionTreeRegressor
4    from sklearn.metrics import mean_squared_error, r2_score
5    import numpy as np
6
7    #读取数据集
8    data = pd.read_csv('d:/project/考研人数.csv')
9
10   #提取特征和目标变量
11   X = data['年份'].values.reshape(-1, 1)          #将年份列转换为二维数组
12   y = data['人数(万)'].values                      #考研人数列
13
14   #划分训练集和测试集
15   X_train, X_test, y_train, y_test = train_test_split(X, y, test_size=0.2,
     random_state=42)
16
17   #创建决策树回归模型
18   regressor = DecisionTreeRegressor(random_state=42)
19
20   #训练模型
21   regressor.fit(X_train, y_train)
```

```
22
23  #预测测试集的结果
24  y_pred = regressor.predict(X_test)
25
26  #评估模型
27  rmse = np.sqrt(mean_squared_error(y_test, y_pred))
28  r2 = r2_score(y_test, y_pred)
29  print('使用决策树模型对考研数据集进行拟合,拟合效果如下:')
30  print(f'均方根误差为: {rmse:.2f}')
31  print(f'R2决定系数为: {r2:.2f}')
```

在上面的代码中:

第 3 行代码导入了 sklearn.tree 模块中的 DecisionTreeRegressor 类,用于后续创建决策树回归模型。

第 18 行代码创建了决策树回归模型对象,常见参数 criterion 采取默认值均方误差,max_depth 树的最大深度采用默认值 None。

程序运行结果如图 8-5 所示。

使用决策树模型对考研数据集进行拟合,拟合效果如下:
均方根误差为: 11.57
R2决定系数为: 0.99

图 8-5　决策树模型在测试集上的表现以及预测的新数据

由图 8-5 可知,决策树模型 RMSE 的均方误差为 11.57,对测试集的误差远远低于线性回归模型;$R^2$ 为 0.99,证明了此决策树模型比前面的线性回归模型更好地把握了数据的规律。

### 8.3.6.4　XGBoost

**1. 基本概念**

XGBoost(eXtreme Gradient Boosting)是一种基于决策树的集成学习模型。它通过多次训练决策树,每次训练都纠正前一轮训练的误差,最终得到一个强大的预测模型。具体原理涉及梯度提升、决策树、正则化等概念,感兴趣的读者可以扫描二维码自己学习。

扫描二维码,可学习 XGBoost 的基本概念和原理。

**2. 使用 Python 构建 XGBoost**

在 Python 中,可以通过 xgboost 库构建 XGBoost 模型。XGBoost 库(第一次使用前需要安装该库)中的 XGBClassifier 类用于实现分类任务,XGBRegressor 类用于实现回归任务。此处仅介绍 XGBRegressor 类的用法,关于 XGBClassifier 类有兴趣或有需要的读者可自行查阅相关资料。

XGBRegressor 提供了大量的参数,允许用户调整模型的行为以优化性能。其具体语法如下:

---

**XGBRegressor(objective, learning_rate, max_depth, n_estimators, random_state, ∗)**

---

其中,常见参数的含义:

① objective(目标函数),默认值是 'reg: squarederror',表示使用均方误差作为损失函数,适合回归问题。

② learning_rate(学习率),默认值为 0.1,用于控制模型在每次迭代中对权重的更新幅度。

③ max_depth(树的最大深度),默认值为 3,控制每棵树的深度。深度越大,模型越复杂,可能捕捉到更多的细节,但也更容易过拟合。

④ n_estimators(迭代次数或树的数量),默认值为 100,要构建的树的数量(或提升轮数)。更多的树通常会提高模型的性能,但也会增加计算时间和过拟合的风险。

【例 8-4】 对考研人数数据集构建 XGBoost 回归模型,并对模型性能进行测试。

具体代码如下:

```
1   import pandas as pd
2   from xgboost import XGBRegressor
3   from sklearn.model_selection import train_test_split
4   from sklearn.metrics import mean_squared_error, r2_score
5   import numpy as np
6
7   #读取数据集
8   data = pd.read_csv('d:/project/考研人数.csv')
9
10  #提取特征和目标变量
11  X = data['年份'].values.reshape(-1, 1)        #将年份列转换为二维数组
12  y = data['人数(万)'].values                   #考研人数列
13
14  #划分训练集和测试集
15  X_train, X_test, y_train, y_test = train_test_split(X, y, test_size=0.2,
    random_state=42)
16
17  #创建 XGBoost 回归模型
18  xgb_regressor = XGBRegressor(random_state=42)
19
20  #训练模型
21  xgb_regressor.fit(X_train, y_train)
22
23  #预测测试集的结果
24  y_pred = xgb_regressor.predict(X_test)
25
26  #评估模型
27  rmse = np.sqrt(mean_squared_error(y_test, y_pred))
28  r2 = r2_score(y_test, y_pred)
29  print('使用 XGBoost 模型对考研数据集进行拟合,拟合效果如下:')
30  print(f'均方根误差为: {rmse:.2f}')
31  print(f'R2 决定系数为: {r2:.2f}')
```

在上面的代码中：

第 2 行代码引入 xgboost 库中的 XGBRegressor 类。

第 18 行代码创建了一个 XGBRegressor 对象，常见参数均取默认值。

程序运行结果如图 8-6 所示。

使用**XGBoost**模型对考研数据集进行拟合，拟合效果如下：
均方根误差为：11.57
R2决定系数为：0.99

图 8-6　**XGBoost** 模型在测试集上的表现以及预测的新数据

由图 8-6 可知，XGBoost 在测试集上的表现和决策树相同，说明两者均较好地捕捉到了考研人数数据集中的模式，但 XGBoost 的默认参数设置并没有明显优于决策树的默认参数设置。如果想要优化 XGBoost 的训练效果，可能需要继续调整某些关键的超参数，如学习率、树的数量和树的深度等。

### 8.3.6.5　随机森林

**1. 基本概念**

随机森林（Random Forest）是一种集成学习方法，它结合了多个决策树来执行分类或回归任务。随机森林的基本思想是通过构建多个决策树，并对这些决策树的输出进行投票或平均，以提高预测的准确性和稳定性。在随机森林中，每个决策树都是基于原始数据的一个随机子集进行训练的，并且每个决策树在构建过程中都会随机选择一部分特征进行划分。这种随机性有助于减少过拟合，并提高模型的泛化能力（模型在未知数据上的表现）。

 扫描二维码，可学习随机森林的基本概念和原理。

**2. 使用 Python 构建随机森林**

在 Python 中，同样可以使用 scikit-learn 库构建随机森林模型。sklearn.ensemble 模块中的 RandomForestRegressor 类用于完成回归任务，RandomForestClassifier 类用于完成分类任务。此处仅介绍 RandomForestRegressor 类的用法，对于 RandomForestClassifier 类有兴趣或有需要的读者可自行查阅相关资料。其具体语法如下：

```
sklearn.ensemble.RandomForestRegressor(n_estimators=100, max_depth=None, random_state=None, *)
```

其中，常见参数的含义：

① n_estimators，默认值为 100，表示随机森林中树的数量，增加树的数量可以提高模型的性能，但也会增加计算时间和内存消耗。

② max_depth，默认值为 None，表示树的最大深度。

树的数量（n_estimators）和树的最大深度（max_depth）是两个重要参数，它们直接影响着模型的复杂度和泛化能力。通过合理地调整这些参数，有望提升随机森林模型的拟合精度，使其更好地适应数据集的特性。

【例 8-5】 对考研人数数据集构建随机森林模型，并对模型性能进行测试。

具体代码如下：

```
1   import pandas as pd
2   from sklearn.model_selection import train_test_split
3   from sklearn.ensemble import RandomForestRegressor
4   from sklearn.metrics import mean_squared_error, r2_score
5   import numpy as np
6
7   #读取数据集
8   data = pd.read_csv('d:/project/考研人数.csv')
9
10  #提取特征和目标变量
11  X = data['年份'].values.reshape(-1, 1)        #将年份列转换为二维数组
12  y = data['人数(万)'].values                    #考研人数列
13
14  #划分训练集和测试集
15  X_train, X_test, y_train, y_test = train_test_split(X, y, test_size=0.2,
    random_state=42)
16
17  #构建随机森林模型
18  rf = RandomForestRegressor(n_estimators=100, random_state=42)
19
20  #训练模型
21  rf.fit(X_train, y_train)
22
23  #使用模型进行预测
24  y_pred = rf.predict(X_test)
25
26  #评估模型性能
27  rmse = np.sqrt(mean_squared_error(y_test, y_pred))
28  r2 = r2_score(y_test, y_pred)
29  print('使用随机森林模型对考研数据集进行拟合,拟合效果如下:')
30  print(f'均方根误差为: {rmse:.2f}')
31  print(f'R2决定系数为: {r2:.2f}')
```

在上面的代码中：

第 3 行代码引入了 sklearn.ensemble 模块中的 RandomForestRegressor 类，用于后续创建随机森林回归模型。

第 18 行代码使用 RandomForestRegressor 类创建了一个随机森林回归模型 rf，且森林中树的数量设置为 100。

程序运行结果如图 8-7 所示。

使用随机森林模型对考研数据集进行拟合，拟合效果如下：
均方根误差为：**18.46**
R2决定系数为：**0.98**

图 8-7　随机森林在测试集上的表现以及预测的新数据

由图 8-7 可知，随机森林模型的 RMSE（均方根误差）比决策树和 XGBoost 模型大，$R^2$

比决策树和 XGBoost 模型低。这一结果表明,在当前的参数下,随机森林模型的拟合效果相较于其他两种模型表现欠佳。

对于考研数据集,各个模型的表现如表 8-4 所示。

表 8-4　各模型在考研数据集上的表现

| 数 学 模 型 | 均方根误差 RMSE | $R^2$ 决定系数 |
|---|---|---|
| 线性回归 | 63.27 | 0.82 |
| 决策树 | 11.57 | 0.99 |
| XGBoost | 11.57 | 0.99 |
| 随机森林 | 18.46 | 0.98 |

由表 8-4 可知,决策树和默认参数设置下的 XGBoost 模型在考研数据集上的表现相同,我们可以选择保存其中一个模型用于对未来的数据进行预测。

【例 8-6】　保存例 8-3 构建的决策树模型。

在例 8-3 的代码中增加以下几行代码,使用 joblib 的 dump()方法保存决策树模型,将模型保存至 d:/project 目录中,具体代码如下:

```
1  import joblib
2  #使用 joblib 保存模型
3  joblib_filename = 'd:/project/DecisionTree.joblib'
4  joblib.dump(regressor, joblib_filename)
5  print(f'模型保存至 {joblib_filename}')
```

【例 8-7】　使用保存的决策树模型预测 2025 年的考研人数。

使用 joblib 的 load()方法加载保存好的决策树模型,最后对 2025 年的考研人数进行预测,具体代码如下:

```
1  import joblib
2  #使用 joblib 加载模型
3  loaded_model = joblib.load('d:/project/DecisionTree.joblib')
4
5  #现在可以使用加载的模型进行预测
6  year_to_predict = 2025
7  X_new = [[year_to_predict]]
8  predicted_entrants = loaded_model.predict(X_new)
9  print(f'使用决策树回归模型预测的 2025 年考研人数为: {predicted_entrants[0]:.
   0f}万')
```

在上面的代码中:

第 3 行代码将已存储的模型加载为 loaded_model 对象。

第 8 行代码使用 loaded_model 对象的 predict()方法,对 2025 年的考研人数进行预测。

程序运行结果如图 8-8 所示。

使用决策树回归模型预测的2025年考研人数为: 438万

图 8-8　决策树回归模型预测的 2025 年考研人数

### 8.3.7 寻找最佳模型参数

选择合适的超参数对于获得良好的模型性能至关重要。网格搜索是一种通过系统地搜索超参数空间,找到最佳超参数组合的方法。

**1. 网格搜索的步骤**

(1)定义超参数范围:首先需要确定哪些超参数可能对模型性能产生影响。

(2)创建参数网格:将每个超参数的可能取值组合成一个网格。例如,如果有两个超参数 $A$ 和 $B$,它们的可能取值分别是 $[1, 2, 3]$ 和 $[0.1, 0.2, 0.3]$,那么网格搜索将尝试这两个超参数的所有组合。

(3)训练模型:对于每个超参数组合,使用交叉验证或验证集评估模型性能。这一步会训练模型多次,每次使用不同的超参数组合。

(4)选择最佳超参数组合:网格搜索通过比较模型性能,找到在验证集上性能最好的超参数组合。

(5)应用最优模型:最终使用在验证集上性能最好的超参数组合来训练最终的模型,并在测试集上进行性能评估。

**2. $K$ 折交叉验证**

当数据集太小,例如我们一直使用的历年考研人数数据集,$K$ 折交叉验证($K$-fold Cross-Validation)是一种有效使用数据的方法,通过将数据集划分为多个折,可以确保每个折都作为验证集使用一次,从而充分利用有限的数据。

$K$ 折交叉验证是将数据分成 $K$ 个子集,称为折。模型将在 $K$ 次迭代中进行训练和测试,每次使用 $K-1$ 个折进行训练,剩余的一个折用于测试。这个过程重复 $K$ 次,模型性能的评估是所有 $K$ 次迭代中性能指标的平均值。

 扫描二维码,可拓展学习 Python 中进行 $K$ 折交叉验证的相关方法。

**3. 使用 Python 实现网格搜索**

在 Python 中,可以使用 scikit-learn 库中的 GridSearchCV 类实现网格搜索。

(1)创建一个 GridSearchCV 对象。其具体语法如下:

```
sklearn.model_selection.GridSearchCV(estimator, param_grid, scoring=None, cv=None, * )
```

其中,常见参数的含义:

① estimator,估计器对象,即某个模型,如某个分类模型或回归模型。

② param_grid,字典或字典列表,指定要搜索的参数及其候选值。

③ scoring,用于评估估计器性能的评分策略或评分器对象/函数。

④ cv,指定交叉验证的折数。

（2）使用 GridSearchCV 类的 **fit** 方法搜索最佳参数组合。其具体语法如下：

```
fit(X, y)
```

其中，常见参数的含义：

① $X$：训练模型的数据。

② $y$：与 $X$ 中每个样本对应的目标值（标签）。

GridSearchCV 的 fit()方法的返回值是 grid_scores_ 数组，包含每个候选参数设置的交叉验证得分。运行 fit()方法后，GridSearchCV 对象的 best_params_ 中会保存交叉验证中得分最高的参数设置组合；best_estimator_ 保存交叉验证中得分最高的模型；best_score_ 保存交叉验证中的最高得分。

【例 8-8】　使用网格搜索找到对考研数据集进行拟合的最佳决策树模型，并使用最佳模型预测 2025 年的考研人数。

具体代码如下：

```
1   import pandas as pd
2   from sklearn.model_selection import train_test_split
3   from sklearn.tree import DecisionTreeRegressor
4   from sklearn.metrics import mean_squared_error, r2_score
5   import numpy as np
6   #利用 GridSearchCV 确定最佳模型
7   from sklearn.model_selection import GridSearchCV
8   #读取数据集
9   data = pd.read_csv('d:/project/考研人数.csv')
10
11  #提取特征和目标变量
12  X = data['年份'].values.reshape(-1, 1)          #将年份列转换为二维数组
13  y = data['人数(万)'].values                       #考研人数列
14
15  #划分训练集和测试集
16  X_train, X_test, y_train, y_test = train_test_split(X, y, test_size=0.2,
    random_state=42)
17
18  #创建决策树回归模型
19  estimator = DecisionTreeRegressor(random_state=42)
20  #设置模型备选超参数
21  param_grid = {
22      'max_depth': [1,2,3,4,5, 10, 15],
23  }
24  #创建网格搜索对象
25  grid_search = GridSearchCV(estimator, param_grid, cv=3, scoring='r2')
26  #在训练数据上执行网格搜索
27  grid_search.fit(X_train, y_train)
28  #输出最优超参数
29  print("最佳参数: ", grid_search.best_params_)
30  #获取最优模型
31  best_model = grid_search.best_estimator_
```

```
32   #预测
33   y_test_pred = best_model.predict(X_test)
34
35   #评估模型性能
36   rmse = np.sqrt(mean_squared_error(y_test, y_test_pred))
37   r2 = r2_score(y_test, y_test_pred)
38   print(f'均方根误差 RMSE: {rmse}')
39   print(f'R2 决定系数 : {r2}')
40
41   #现在可以使用最好的模型进行预测
42   year_to_predict = 2025
43   X_new = [[year_to_predict]]
44   predicted_entrants = best_model.predict(X_new)
45   print(f'使用调参后的决策树回归模型预测的 2025 年考研人数为：{predicted_entrants
     [0]:.0f}万')
```

在上面的代码中：

第 21～23 行代码定义了一个字典，定义超参数的取值。

第 25 行代码使用 scikit-learn 中的 GridSearchCV 类创建了一个网格搜索对象 grid_search，它接收一个决策树回归器 estimator 和一个 param_grid 超参数，cv 参数设置为 3，scoring 参数设置为决定系数 $R^2$。

第 27 行代码使用 grid_search 对象的 fit()方法在训练数据上进行网格搜索，在超参数的取值组合中进行穷举搜索，以找到最佳的模型性能。

第 29 行代码使用 best_params_ 输出网格搜索得到的得分最高的参数设置。

第 31 行代码使用 best_estimator_ 获取最佳超参数组合下训练的最佳模型。

第 44 行代码用最佳模型对 2025 年的考研人数进行预测。

程序运行结果如图 8-9 所示。

最佳参数： {'max_depth': 5}
均方根误差RMSE: 11.373122702230901
R2决定系数 : 0.9941184933439281
使用调参后的决策树回归模型预测的2025年考研人数为: 438万

图 8-9　使用决策树和网格搜索后的预测结果

由图 8-9 可知，经过网格搜索优化后，均方根误差（RMSE）从例 8-3 的 11.57 降低到 11.37；同时，$R^2$ 值也有所提升。这说明通过 GridSearchCV 得到的最优模型对数据的拟合能力得到了增强。

### 8.3.8　模型预测效果可视化

通过可视化手段，可以更好地理解模型的性能和对数据的拟合情况。对机器学习模型进行可视化涉及多个方面，常见的可视化包括：绘制真实值与预测值的关系图（散点图或折线图），绘制性能指标（如准确率、召回率、F1-Score）的条形图、饼图，绘制损失和准确率随迭代次数的变化曲线等。

【例 8-9】　绘制例 8-8 利用最佳决策树拟合考研人数测试集上预测值和真实值对比折

线图。

具体代码如下：

```
1  import matplotlib.pyplot as plt
2
3  #绘制真实值与预测值的对比图,并增加连线
4  plt.figure(figsize=(10, 6))
5
6  #绘制真实值的点和线
7  plt.plot(range(len(y_test)), y_test, color='blue', marker='o', label='真实
   值', linewidth=2)
8
9  #绘制预测值的点和线
10 plt.plot(range(len(y_test_pred)), y_test_pred, color='red', marker='x',
   label='预测值', linewidth=2)
11
12 #添加图例、标题和坐标轴标签
13 plt.xlabel('测试集样本')
14 plt.ylabel('考研人数(万人)')
15 plt.title('考研人数真实值与预测值对比图')
16 plt.legend()
17
18 #显示图表
19 plt.show()
```

在上面的代码中：

第 7 行代码中的 y_test 为测试集上考研人数的真实值。

第 10 行代码中的 y_test_pred 为例 8-8 使用最佳决策树模型预测的考研人数数值。

程序运行结果如图 8-10 所示。

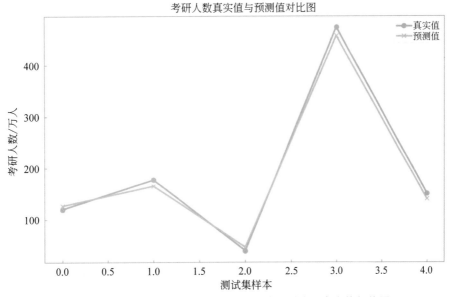

图 8-10 决策树模型对考研人数数据集的预测值和真实值折线图

由图 8-10 可知,决策树拟合的效果非常好。

### 8.3.9 度量特征的重要性

在机器学习中,度量特征的重要性是一个关键步骤,有助于理解数据集中每个特征对目标变量的影响程度,从而选择最相关的特征,提高模型的性能。度量特征重要性的方法有很多,如基于树模型的特征重要性、基于线性模型的特征重要性、基于模型的特征选择方法、基于排列重要性、基于 SHAP 值的方法、基于神经网络的特征重要性评估等。在实际应用中,通常会结合多种方法来度量特征的重要性,以便更全面地了解数据集中每个特征的作用。同时,度量特征重要性也有助于在建模过程中选择最相关的特征,减少模型的复杂性,提高模型的泛化能力。感兴趣或有需要的读者可以在 AI 的帮助下拓展学习和使用。

feature_importances_ 是 sklearn 中许多模型,特别是基于树的模型(如决策树、随机森林、梯度提升树等)对象的属性。这个属性用于评估每个特征对于模型预测结果的重要性。接下来,以 sklearn 中的 feature_importances_ 属性为例,介绍随机森林度量特征重要性的方法。

【例 8-10】 对于薪资、学历和工作经验示例数据集,使用随机森林模型的 feature_importances_ 属性度量学历和工作经验对薪资的重要性,并绘制特征重要性柱状图。

具体代码如下:

```
1    import pandas as pd
2    import numpy as np
3    from sklearn.model_selection import train_test_split
4    from sklearn.ensemble import RandomForestRegressor
5    import matplotlib.pyplot as plt
6
7    #创建一个虚拟数据集
8    np.random.seed(42)                          #设置随机种子以便结果可复现
9    data = {
         #假设薪资服从正态分布,平均值为 50000,标准差为 10000
10       '薪资': np.random.normal(50000, 10000, 1000),
         #工作年限随机生成 1~19 的整数
11       '工作年限': np.random.randint(1, 20, 1000),
         #学历随机选择 4 个选项之一
12       '学历': np.random.choice(['高中', '本科', '硕士', '博士'], 1000)
13   }
14
15   #将数据转换为 DataFrame
16   df = pd.DataFrame(data)
17
18   #由于机器学习的大部分模型只能处理数值特征,所以需要将学历转换成数值
19   #对学历进行编码(假设按照教育程度的高低进行编码)
20   df['学历'] = df['学历'].map({'高中': 1, '本科': 2, '硕士': 3, '博士': 4})
21
22   #选择特征和目标变量
23   X = df[['工作年限', '学历']]
```

```
24  y = df['薪资']
25
26  #划分训练集和测试集
27  X_train, X_test, y_train, y_test = train_test_split(X, y, test_size=0.2,
    random_state=42)
28
29  #创建随机森林回归模型
30  rf = RandomForestRegressor(n_estimators=100, random_state=42)
31
32  #训练模型
33  rf.fit(X_train, y_train)
34
35  #获取特征重要性
36  importances = rf.feature_importances_
37
38  #获取特征名称
39  feature_names = X.columns
40
41  #将特征重要性和特征名称结合
42  feature_importances = pd.DataFrame(list(zip(feature_names, importances)),
43  columns=['特征', '重要性'])
44
45  #根据特征重要性对特征进行排序
46  feature_importances = feature_importances.sort_values(by='重要性',
    ascending=False)
47
48  plt.rcParams['font.sans-serif'] = ['SimHei']
                                    #设置默认字体为 SimHei 显示中文
49  #绘制特征重要性的条形图
50  plt.figure(figsize=(10, 6))
51  plt.bar(feature_importances['特征'], feature_importances['重要性'], align=
    'center')
52  #设置 x 轴刻度标签的字体大小
53  plt.tick_params(axis='x', labelsize=12)        #调整 x 轴刻度标签字体大小
54  plt.xlabel('特征',fontsize=14)
55  plt.ylabel('重要性',fontsize=14)
56  plt.title('特征重要性柱状图',fontsize=18)
57  plt.show()
```

在上面的代码中：

第 20 行代码使用 Pandas 库中的 DataFrame 对象的 map()方法对'education'列中的值进行映射(转换)。具体来说，它将 df['education']列中的文本值('高中'，'本科'，'硕士'，'博士')映射为对应的整数(1，2，3，4)。

第 36 行代码使用 rf.feature_importances_ 获取特征重要性数组。重要性的值越高，表示该特征在模型中的贡献越大。

第 42 行代码中的 zip()方法用于将对象中对应的元素打包成元组，然后返回由这些元组组成的对象，接着通过 list()方法将返回的对象转换成列表，最后通过 pd.DataFrame 将特征名称和对应的特征重要性数值转换成 DataFrame 对象。

第 48～57 行代码,将特征名称和对应的特征重要性数值绘制为柱状图。

程序运行结果如图 8-11 所示。

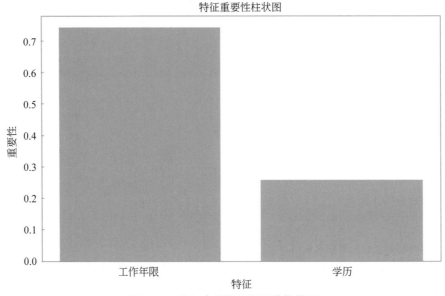

图 8-11    随机森林特征重要性柱状图

由图 8-11 可知,示例数据中工作年限和学历两个因素中,工作年限对薪资的重要性更高。

## 8.4    Execution——实际动手解决问题

我们的目的是利用地表温度变化数据、海平面高度变化数据、二氧化碳浓度变化数据预测濒危物种的数量,这是一个回归问题。8.3 节介绍的 4 个模型都适用于解决回归问题。我们可以依次构建 4 个模型,选取拟合效果最好的模型,然后对各个特征重要性进行度量,最后选择最好的模型和最重要的特征对濒危物种进行预测。另外,由第 7 章可知,我们在预测濒危物种数量时可以剔除二氧化碳浓度同比变化这个因素,故后续分析过程中我们把特征变量选为'temperature'、'Mean Sea Levels Change'和'CO2_Con_ppm'。

### 8.4.1    模型选择

#### 8.4.1.1    设置模型超参数范围

8.3 节已经介绍了机器学习模型的部分常见参数。在使用网格搜索法对模型进行优化时,我们重点关注的是模型的关键参数。下面将依次确定不同模型的参数网格。

**1. 线性回归**

fit_intercept 是线性回归模型的关键参数,该参数有两种取值(True 和 False),这决定了模型是否考虑截距。

对应的参数网格如下：

```
1   param_grid = {
2       'fit_intercept': [True, False],    #是否拟合截距
3   }
```

#### 2. 决策树、XGBoost

对于决策树与 XGBoost，树的最大深度是关键参数。考虑到本案例是一个小数据集，过大的深度可能会导致过拟合，故将参数网格定义如下：

```
1   param_grid = {
2       'max_depth': [1,2,3,4,5, 10, 15],
3   }
```

#### 3. 随机森林

随机森林的关键参数有两个，分别是树的最大深度和决策树的数量。对于树的最大深度，我们采取与决策树相同的策略。对于决策树的数量，一般是越多越好，但考虑到具体机器的运算性能，在这里我们不选取特别大的值。综上所述，参数网格如下：

```
1   param_grid = {
2       'n_estimators': [20,50,100,200,500],
3       'max_depth': [1,2,3,4,5, 10, 15],
4   }
```

#### 8.4.1.2　设置训练模型参数

我们规定以下模型共有的参数，这样使各模型的性能有可比性。

（1）在使用 train_test_split 对数据集进行划分时，选定 test_size＝0.3，即 70％用作训练集，30％用作测试集；传入 random_state＝42，保证划分的可重复性。

（2）在创建模型时，除线性回归外，都要传入 random_state＝42，以保证模型使用的可重复性。注意，线性回归不支持 random_state 参数。

（3）在使用 GridSearchCV 创建网格搜索对象时，指定 cv＝3，scoring＝'r2'，将交叉验证折数设定为 3 折，并根据 $R^2$ 决定系数选择最佳参数。

#### 8.4.1.3　使用网格搜索训练模型

使用线性回归、决策树、XGBoost 和随机森林模型对气候变化和濒危物种数据集 all_data 进行网格搜索，并寻找最佳模型和最佳超参数，其具体代码如下：

```
1   #************导入库和数据************#
2   import numpy as np
3   import pandas as pd
4   from sklearn.model_selection import train_test_split
5   from sklearn.linear_model import LinearRegression
6   from sklearn.tree import DecisionTreeRegressor
```

```
7    from xgboost import XGBRegressor
8    from sklearn.ensemble import RandomForestRegressor
9    from sklearn.metrics import mean_squared_error, r2_score
10   from sklearn.model_selection import GridSearchCV
11
12   data = pd.read_csv('d:/project/all_data.csv')
13
14   #*************模型训练*************#
15   #指定 X、y
16   X = data[['temperature','Mean Sea Levels Change','CO2_Con_ppm']]
17   y = data['draw_critical_endangered_TOTAL']
18   #划分数据集为训练集和测试集
19   X_train, X_test, y_train, y_test = train_test_split(X, y, test_size=0.3,
     random_state=42)
20
21   #创建 4 类模型对象
22   linear_model = LinearRegression()
23   decision_model = DecisionTreeRegressor(random_state=42)
24   XGB_model = XGBRegressor(random_state=42)
25   random_forest = RandomForestRegressor(random_state=42)
26
27   #定义线性回归超参数
28   linear_param_grid = {
29       'fit_intercept': [True, False],
30   }
31   #定义决策树和 XGBoost 超参数
32   param_grid = {
33       'max_depth': [1,2,3,4,5, 10, 15],
34   }
35   #定义随机森林超参数
36   random_param_grid = {
37       'n_estimators': [20,50,100,200,500],
38       'max_depth': [1,2,3,4,5, 10, 15],
39   }
40
41   #创建线性回归 GridSearchCV 对象并进行网格搜索
42   linear_grid_search = GridSearchCV(estimator = linear_model,param_grid=
     linear_param_grid, cv=3, scoring='r2')
43   linear_grid_search.fit(X_train, y_train)
44
45   #创建决策树网格搜索对象并进行网格搜索
46   decision_grid_search = GridSearchCV(decision_model, param_grid, cv=3,
     scoring='r2')
47   decision_grid_search.fit(X_train, y_train)
48
49   #创建 XGBoost 网格搜索对象并进行网格搜索
50   XGB_grid_search = GridSearchCV(XGB_model, param_grid, cv=3, scoring='r2')
51   XGB_grid_search.fit(X_train, y_train)
52
53   #创建随机森林网格搜索对象并进行网格搜索
```

```
54  random_grid_search = GridSearchCV(random_forest, random_param_grid, cv=3,
    scoring='r2')
55  random_grid_search.fit(X_train,y_train)
56
57  #获取线性回归的最佳模型评分
58  linear_best_params = linear_grid_search.best_params_
59  linear_best_scores = linear_grid_search.best_score_
60  print('----------------------------------------------')
61  print("线性回归的最佳 R2 为:",linear_best_scores )
62
63  #获取决策树的最佳模型评分
64  decision_best_scores = decision_grid_search.best_score_
65  print('----------------------------------------------')
66  print("决策树的最佳 R2 为:",decision_best_scores )
67
68  #获取 XGBoost 的最佳模型评分
69  XGB_best_scores = XGB_grid_search.best_score_
70  print('----------------------------------------------')
71  print("XGBoost 的最佳 R2 为:",XGB_best_scores )
72
73  #获取随机森林的最佳模型评分
74  random_best_scores = random_grid_search.best_score_
75  print('----------------------------------------------')
76  print("随机森林的最佳 R2 为:",random_best_scores )
```

程序运行结果如图 8-12 所示。

```
----------------------------------------------
线性回归的最佳R2为: 0.8305807227147642
----------------------------------------------
决策树的最佳R2为: 0.8280713252601477
----------------------------------------------
XGBoost的最佳R2为: 0.6234601236266871
----------------------------------------------
随机森林的最佳R2为: 0.8132927399616193
```

图 8-12　各模型最佳评分

由图 8-12 可知,在比较不同模型的拟合效果时,我们通过计算决定系数 $R^2$ 来进行评估。除 XGBoost 模型外,线性回归、决策树模型和随机森林模型在训练数据集上均展现出了较高的拟合能力,其 $R^2$ 均在 0.8 以上,这表明这三类模型捕捉的数据中的内在规律和模式可以接受。

## 8.4.2　使用最佳模型进行预测

为了评估各类模型在未见数据上的预测能力,接下来将使用这些模型对测试集进行预测,并同时采用均方根误差(RMSE)和 $R^2$ 作为评估指标,以量化分析模型在测试集上的预测性能。其具体代码如下:

```
1  #获取各最优模型
2  linear_best_model = linear_grid_search.best_estimator_
```

```
 3  decision_best_model = decision_grid_search.best_estimator_
 4  XGB_best_model = XGB_grid_search.best_estimator_
 5  random_best_model = random_grid_search.best_estimator_
 6  #对测试集进行预测
 7  linear_y_test_pred = linear_best_model.predict(X_test)
 8  decision_y_test_pred = decision_best_model.predict(X_test)
 9  XGB_y_test_pred = XGB_best_model.predict(X_test)
10  random_y_test_pred = random_best_model.predict(X_test)
11
12  #评估线性回归模型性能
13  print('----------------------------------------------')
14  print('最佳线性回归模型的性能如下')
15  linear_mse = mean_squared_error(y_test, linear_y_test_pred)
16  linear_r2 = r2_score(y_test, linear_y_test_pred)
17  print("均方根误差 RMSE:", np.sqrt(linear_mse))
18  print(f'R2 决定系数 : {linear_r2}')
19
20  #评估决策树模型性能
21  print('----------------------------------------------')
22  print('最佳决策树模型的性能如下')
23  decision_mse = mean_squared_error(y_test, decision_y_test_pred)
24  decision_r2 = r2_score(y_test, decision_y_test_pred)
25  print("均方根误差 RMSE:", np.sqrt(decision_mse))
26  print(f'R2 决定系数 : {decision_r2}')
27
28  #评估 XGBoost 模型性能
29  print('----------------------------------------------')
30  print('最佳 XGBoost 模型的性能如下')
31  XGB_mse = mean_squared_error(y_test, XGB_y_test_pred)
32  XGB_r2 = r2_score(y_test, XGB_y_test_pred)
33  print("均方根误差 RMSE:", np.sqrt(XGB_mse))
34  print(f'R2 决定系数 : {XGB_r2}')
35
36  #评估随机森林模型性能
37  print('----------------------------------------------')
38  print('最佳随机森林模型的性能如下')
39  random_mse = mean_squared_error(y_test, random_y_test_pred)
40  random_r2 = r2_score(y_test, random_y_test_pred)
41  print("均方根误差 RMSE:", np.sqrt(random_mse))
42  print(f'R2 决定系数 : {random_r2}')
```

程序运行结果如图 8-13 所示。

由图 8-13 可以得出以下结论：

从均方根误差（RMSE）的角度来看，决策树模型和随机森林模型均展现了较小的预测误差，其 RMSE 取值均保持在 310 以下。相比之下，XGBoost 模型的 RMSE 值为 418，而线性回归模型的 RMSE 值则高达 641，显示出了较大的预测误差。

另一方面，从 $R^2$ 的角度来看，所有模型的 $R^2$ 值均超过 0.9，表明它们均对测试集数据具有良好的拟合效果。其中，决策树模型和随机森林模型的 $R^2$ 值更是高达 0.97，进一步说

```
--------------------------------------------
最佳线性回归模型的性能如下
均方根误差RMSE: 641.2429760831017
R2决定系数 ： 0.903209815677878
--------------------------------------------
最佳决策树模型的性能如下
均方根误差RMSE: 308.39906675442455
R2决定系数 ： 0.9776121604815964
--------------------------------------------
最佳XGBoost模型的性能如下
均方根误差RMSE: 418.59029670469766
R2决定系数 ： 0.9587556571479117
--------------------------------------------
最佳随机森林模型的性能如下
均方根误差RMSE: 302.4042937235049
R2决定系数 ： 0.9784740671433069
```

图 8-13　各模型性能

明了这两个模型在测试集上表现出更高的性能。

综合以上两个评估指标,我们得出结论:尽管所有模型在 $R^2$ 方面均展现出良好的拟合效果,但在 RMSE 方面,随机森林模型在气候和濒危物种数据集上表现出最佳的预测能力。因此,我们选择随机森林模型作为未来的预测模型。

## 8.4.3　特征重要性度量

为了更好地了解地表温度变化、海平面高度变化和二氧化碳浓度变化对濒危物种的影响程度,我们使用随机森林的 feature_importances_ 属性,获取特征的重要性,从而选择最相关的特征进行模型训练,以便进一步提高模型的预测性能。其具体代码如下:

```
1  #随机森林获取特征重要性
2  importances = pd.DataFrame({'Feature': X.columns, 'Importance': random_
   best_model.feature_importances_})
3  importances_sorted = importances.sort_values('Importance', ascending=
   False)
4
5  #打印特征重要性
6  print(importances_sorted)
```

在上面的代码中,第 2 行代码中的 $X$ 和 random_best_model 为 8.4.1 节中的特征数据和训练得到的最佳随机森林模型。

程序运行结果如图 8-14 所示。

```
         Feature  Importance
1  Mean Sea Levels Change    0.430911
2         CO2_Con_ppm    0.402573
0         temperature    0.166516
```

图 8-14　随机森林度量的特征重要性

由图 8-14 可知,特征重要性依次为海平面高度、二氧化碳浓度和地表温度,这与第 7 章的结论一致。

### 8.4.4　构建随机森林预测模型

为了进一步提高随机森林模型对气候数据和濒危物种数据的拟合能力，我们选择海平面高度和二氧化碳浓度两个特征重新构建森林预测模型。

具体代码如下：

```
1    #************导入库和数据************#
2    import pandas as pd
3    import numpy as np
4    from sklearn.model_selection import train_test_split
5    from sklearn.ensemble import RandomForestRegressor
6    from sklearn.metrics import mean_squared_error,r2_score
7    from sklearn.model_selection import GridSearchCV
8
9    data = pd.read_csv('d:/project/all_data.csv')
10
11   #************模型训练************#
12   #重新设定特征、目标变量
13   X_2 = data[['Mean Sea Levels Change','CO2_Con_ppm']]
14   y_2 = data['draw_critical_endangered_TOTAL']
15   #划分数据集为训练集和测试集
16   X_train, X_test, y_train, y_test = train_test_split(X_2, y_2, test_size=0.3,
     random_state=42)
17
18   #创建随机森林模型对象
19   random_forest2 = RandomForestRegressor(max_depth=1, random_state=42,
     n_estimators=10)
20
21   #定义超参数的取值范围
22   random_param_grid2 = {
23       'n_estimators': [20,50,100,200,500],
24       'max_depth': [1,2,3,4,5, 10, 15],
25   }
26   #创建网格搜索对象并进行网格搜索
27   randomg_grid_search2 = GridSearchCV(random_forest2, random_param_grid2,
     cv=3, scoring='r2')
28   randomg_grid_search2.fit(X_train,y_train)
29   #输出最优超参数
30   print('--------------------------------------------')
31   print("重构特征之后随机森林的最佳参数为：", randomg_grid_search2.best_params_)
32   #输出最优模型
33   random_best_model2 = randomg_grid_search2.best_estimator_
34   #预测
35   random_y_test_pred2 = random_best_model2.predict(X_test)
36
37   #评估模型性能
38   #使用基本评价指标进行模型评估
```

```
39  print('------------------------------------------------')
40  print('选择特征之后的最佳随机森林模型预测效果')
41  random_rmse2 = np.sqrt(mean_squared_error(y_test, random_y_test_pred2))
42  random_r2_2 = r2_score(y_test, random_y_test_pred2)
43  print(f'均方根误差 RMSE: {random_rmse2}')
44  print(f'R2决定系数：{random_r2_2}')
```

程序运行结果如图 8-15 所示。

```
------------------------------------------------
重构特征之后随机森林的最佳参数为：{'max_depth': 5, 'n_estimators': 500}
------------------------------------------------
重构特征之后的最佳随机森林模型预测效果
均方根误差RMSE: 216.61624844295474
R2决定系数 : 0.9889549385891999
```

图 8-15　重选特征之后的随机森林拟合结果

由图 8-15 可知，选择特征之后训练的随机森林模型，在测试集上，RMSE 由原先的302.40 降低至 216.61，$R^2$ 也由 0.9784 提升到 0.9889，这表明模型预测的精确性得到了大幅提升。因此，经过特征选择后构建的最优随机森林模型，非常好地拟合了气候变化和濒危物种变化之间的关系，为后续进一步的预测、分析和研究打下良好的基础。

为了后续方便使用训练好的随机森林模型，我们可以通过 joblib 的 dump()方法，将训练好的模型保存至本地，以供后续预测分析使用。其具体代码如下：

```
1  #使用 joblib 保存模型
2  import joblib
3  joblib_filename = 'd:/project/random_best_model.joblib'
4  joblib.dump(random_best_model2, joblib_filename)
5  print(f'模型保存至 {joblib_filename}')
```

## 8.4.5　随机森林模型预测效果可视化

为进一步了解 8.4.4 节训练得到的随机森林模型对数据的拟合情况，我们对测试数据绘制以极度濒危物种实际数量为横坐标，预测数量为纵坐标的折线图，其具体代码如下：

```
1  import matplotlib.pyplot as plt
2
3  plt.rcParams['font.sans-serif']=['SimHei']
4  #绘制预测值和真实值的散点图
5  plt.figure(figsize=(10, 6))                #设置图形大小
6
7  plt.plot(range(len(y_test)), y_test, color='blue', marker='o', label='真实值', linewidth=2)
8  plt.plot(range(len(random_y_test_pred2)), random_y_test_pred2, color='red', marker='x', label='预测值', linewidth=2)
9  #设置图表标题和坐标轴标签
10  plt.title('随机森林预测值和真实值折线图')
11  plt.xlabel('真实值')
```

```
12    plt.ylabel('预测值')
13
14    #显示图形
15    plt.show()
```

在上面的代码中,第 7 行和第 8 行代码中的 y_test 和 random_y_test_pred2 均为 8.4.4 节的测试集真实值和预测值。

程序运行结果如图 8-16 所示。

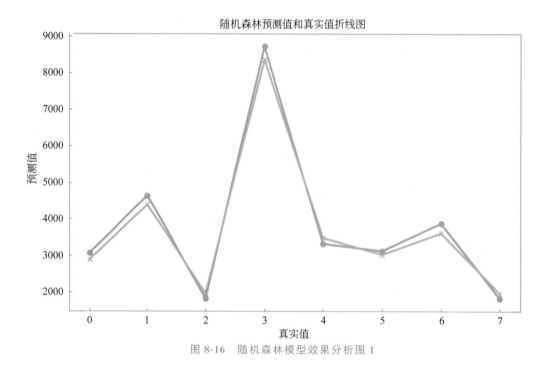

图 8-16　随机森林模型效果分析图 1

接下来,以年份为横坐标,以极度濒危物种数量为纵坐标,建立 8.4.4 节随机森林模型拟合效果图,其具体代码如下:

```
1     import matplotlib.pyplot as plt
2
3     #数据准备
4     X_2 = data[['Mean Sea Levels Change','CO2_Con_ppm']]
5     cri_endanger_real = data['draw_critical_endangered_TOTAL']
6     year = range(1998, 2023)
7     cri_endanger_predict = random_best_model2.predict(X_2)
8     #创建图表和坐标轴对象
9     fig, ax = plt.subplots(figsize=(10, 5))
10
11    #画第一条折线图:实际濒危物种数
12    ax.plot(year, cri_endanger_real, label='极度濒危物种真实值', color='blue')
13
14    #画第二条折线图:预测
```

```
15  ax.plot(year, cri_endanger_predict, label='极度濒危物种预测值', color='red')
16
17  #添加图例
18  ax.legend()
19
20  #添加标题和坐标轴标签
21  ax.set_title('极度濒危物种真实值与预测值折线图')
22  ax.set_xlabel('年份',fontsize=8)
23  ax.set_ylabel('极度濒危物种数量',fontsize=8)
24  plt.tight_layout()
25  #显示图表
26  plt.show()
```

程序运行结果如图 8-17 所示。

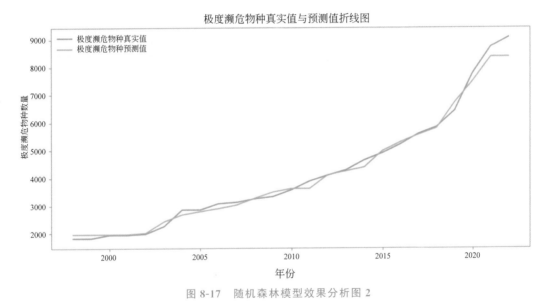

图 8-17 随机森林模型效果分析图 2

通过图 8-17,可以看出重选特征之后的随机森林模型拟合的效果很好,基本可以准确地预测气候变化对濒危物种数目带来的影响。然而观察 2020 年以后的几年,发现预测值略低于真实值,说明近几年濒危物种增加的速度比预估的速度稍快,即生物多样性的丧失的速度比预想的要更糟糕。

## 8.5 Evaluation——评价与反思

我们针对气候变化和濒危物种变化数据集建立了多种机器学习模型,通过交叉验证和网格搜索得到了最佳模型,通过 RMSE 和 $R^2$ 决定系数评估了模型性能,通过 feature_importances_ 属性度量了随机森林模型的特征重要性,通过可视化手段直观地展现了模型的拟合效果。

(1)通过交叉验证和网格搜索,我们发现相较于线性回归和 XGBoost 模型,决策树和随机森林模型对气候变化和濒危物种数量变化数据集拟合的效果更好;通过 RMSE 指标我们发现随机森林的拟合效果优于决策树,所以最后选择随机森林作为最佳的模型进行预测。

(2)通过度量随机森林的特征重要性,我们发现相较于地表温度,海平面高度和二氧化碳浓度对随机森林预测结果的贡献更高,这与第 7 章的结论一致。

我们的工作还存在以下明显不足:

(1)只使用了一种网格搜索发现最优模型的方法。对于一个合格的数据分析者来说,应该了解更多不同的模型调优技术,能够基于不同的数据知道如何选择适当的超参数,以进一步提高模型性能。

(2)虽然在前面我们已经发现了数据有分簇特性,但在进行预测性分析时,并没有按照不同的簇进行建模分析。这主要是由于我们的数据集规模太小,不足以支撑进一步深入的分簇研究。聚类分析作为一种无监督学习方法,通常要求较为充足的数据量,以确保聚类结果的准确性和可靠性。在数据量不足的情况下,聚类分析可能难以有效地识别出数据中的内在结构和模式,从而导致分析结果的不稳定或偏差。

(3)根据决策树的原理,我们可以断定决策树是基于树状结构进行预测的,它倾向于产生分段常数的预测,这可能无法准确拟合目标变量的连续变化。我们进一步对例 8-8 构建的最优决策树模型进行可视化分析。在运行了例 8-8 代码后,再运行下面可视化模型的代码:

```
1    #可视化最优决策树模型
2    import matplotlib.pyplot as plt
3    from sklearn.tree import plot_tree
4    plt.figure(figsize=(30,10))
5    plot_tree(best_model, filled=True, feature_names=['年份'],
         class_names=['人数(万)'], rounded=True, fontsize=10)
6    plt.rcParams['font.sans-serif']=['SimHei']
7    plt.show()
```

在上面的代码中:

第 3 行代码导入了 sklearn.tree 模块中的 plot_tree,用于绘制树的图。

第 5 行代码,使用 plot_tree 将前面得到的最优决策树模型 best_model 绘制出来。

最优决策树模型的可视化结果如图 8-18 所示。

观察图 8-18,我们发现:

- 当将一个年份值输入树中后,该树会通过不断对年份的判断(如果小于分支节点的年份值,则进入左分支继续判断;否则,进入右分支继续判断),最后到达叶子节点,得到该年份对应的考研人数值。

- 再仔细观察矩形框中的部分,我们发现,对于大于 2023 的年份,该模型都会输出 438。

因此,我们构建的决策树回归模型能够较好地把握过去的考研人数与年份之间的规律。但由于其先天的缺陷,即该树没有学习到 2024 年以后的数据,无法对 2024 年以后多年的数据进行预测。这并没有解决我们预测未来考研人数的问题。

因此,我们也知道了决策树回归模型在某些情况下可能不太适合用于未来趋势预测,例如与年份直接相关的考研人数预测,因为决策树本身并不直接考虑时间依赖性或序列相关

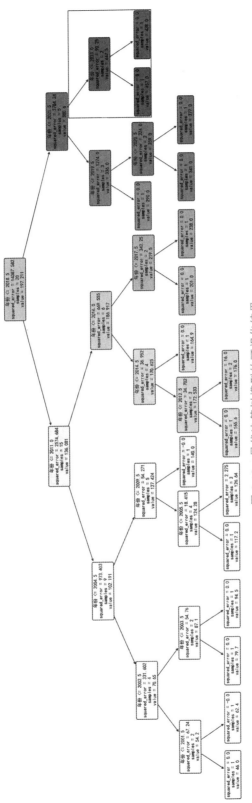

图 8-18　最优决策树模型的可视化结果

性。通过询问 AI,我们知道,对于未来趋势预测,更常用的方法可能包括时间序列分析、线性或非线性回归、神经网络(如循环神经网络 RNN、长短时记忆网络 LSTM 等)、支持向量机(SVM)等。这些方法通常能够更好地捕获目标变量与输入特征之间的复杂关系,并产生更平滑、更准确的预测结果。

(4)我们仅学习了 4 种机器学习算法解决一个简单的回归问题,还未学习解决分类问题。未来我们可以在 AI 的帮助下,使用相关建模方法和对分类模型的评估方法,尝试用机器学习方法解决一个分类问题。

(5)我们已经知道大模型是近几年 AI 技术快速发展与应用的发动机。大模型是深度学习模型,而深度学习模型的基础就是计算机模拟人脑的组成和交互方式进行分析、记忆和处理的人工神经网络。在前面学习和使用的机器学习方法中,还没有涉及人工神经网络。在未来的学习和工作中,我们同样可以寻求 AI 的帮助,用人工神经网络乃至深度学习模型来解决回归和分类等问题。

## 8.6 动手做一做

(1)阅读、编辑并运行例 8-1~例 8-10 的程序,了解和掌握常用的机器学习模型使用方法。

(2)阅读、编辑并运行 8.4 节利用常见机器学习模型对气候数据进行建模的程序,分析不同模型的拟合效果,掌握模型选择和优化的方法。

(3)参考下面二维码中的方法,尝试用机器学习算法解决一个分类问题。

扫描二维码,拓展学习使用决策树解决一个分类问题的示例。

(4)参考下面二维码中的方法,尝试用人工神经网络解决一个回归预测问题。

扫描二维码,拓展学习使用人工神经网络解决一个回归预测问题的示例。

(5)参考本章的方法,对自己项目的数据集进行机器学习建模,并进行预测性分析。

# 第9章 气候变化对生物多样性的影响分析

## ——指导性分析

> ### 使　命
>
> 　　研究表明，人类活动产生的二氧化碳排放是导致地表温度升高、海平面高度升高，进而导致生物物种数量减少的根本原因。 为了控制和减少二氧化碳排放，本章通过数据分析发现影响二氧化碳排放的主要相关因素，构建模型预测未来二氧化碳的排放趋势，同时学习一种时间序列预测模型——ARIMA。

## 9.1 Excitation——提出问题

　　在分析气候变化因素对濒危物种种数的影响时,我们发现海平面高度的变化和二氧化碳浓度的变化对濒危物种数量产生了更为显著的影响。各项研究表明,由于二氧化碳排放量的持续增加,全球变暖现象进一步加剧,进而导致了极端天气事件的频发、海平面的显著上升以及生物多样性的严重损失等一系列不良后果。因此,我们必须高度重视二氧化碳排放对生态环境和生物多样性的潜在威胁,采取切实有效的措施来减少排放,以保护我们的生态环境。

　　那么,有哪些因素影响二氧化碳的排放? 未来二氧化碳的排放趋势如何呢?

## 9.2 Exploration——探寻问题本质

　　联合国政府间气候变化专门委员会(IPCC)发布的第六次评估综合报告《气候变化2023》明确指出:人类活动主要通过排放温室气体,尤其是二氧化碳,已毋庸置疑引起了全球变暖,导致大气、海洋、冰冻圈及生物圈产生了广泛而迅速的变化。这一变化已经对全球各个区域的人类和自然系统产生了广泛的不良影响。报告指出,2011—2020 年全球地表温度相比 1850—1900 年上升了 1.1℃,这一趋势与全球温室气体排放的持续增长密切相关,其根源在于不可持续能源的使用,土地利用及利用方式的变化,以及不同区域的国家、国家内部以及个人的生活方式、消费和生产模式的转变。

面对全球气候变化的严峻挑战,减少碳排放已成为刻不容缓的任务。联合国气候变化框架公约(UNFCCC)为此设定了明确的减排目标,各国均需积极响应,共同推动绿色低碳可持续发展。作为全球最大的温室气体排放国,中国已制定了"双碳"行动计划,明确提出了到2030年实现碳排放达峰,并力争在2060年前实现碳中和的目标。这一行动计划的实施,不仅体现了中国对全球气候变化应对的坚定承诺,也为全球气候治理提供了有力支持。

因此,我们将深入分析影响中国二氧化碳排放的关键因素,并从全球视角预测未来二氧化碳排放情况。

**1. 时间序列**

时间序列:是按照时间顺序排列的一系列观测值或数据点,时间顺序可以是每天、每月、每季度甚至是每年。时间序列有可能为我们揭示某一变量随时间变化的规律。图9-1是一个时间序列示意图,数据是我国某城市2019—2024年的月平均温度变化折线图。从图9-1中我们可以明显看出,该市的月平均温度有规律地随时间发生变化。

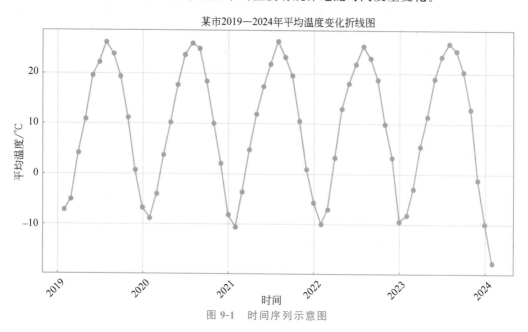

图 9-1　时间序列示意图

**2. 时间序列预测**

时间序列预测:是利用历史数据中的模式和规律来预测未来的趋势和变化。时间序列预测被广泛地应用在环境科学、经济学、金融学等众多领域中,例如,经济学中的股票价格预测、金融学中的汇率预测、销售预测等。

我们可以采集历史上每年二氧化碳排放量的数据,通过历年二氧化碳排放量随时间变化的规律,预测未来二氧化碳的排放趋势。因此,我们可以将对未来二氧化碳排放量预测问题看成一个时间序列预测问题。

因此,我们的问题可以归纳为:

(1) 分析与二氧化碳排放相关的因素。

(2) 预测未来二氧化碳的排放趋势。

## 9.3　Enhancement——拓展求解问题必备的知识和能力

### 9.3.1　AI 助学——了解常用的时间序列预测模型

我们已经明确了要尝试使用时间序列预测的方法来预测未来二氧化碳排放的趋势问题。那么,如何进行时间序列预测呢? 我们先寻求 AI 工具的帮助。

问题:

在数据分析中,有哪些机器学习模型适合解决时间序列预测问题?

文心一言的回答:

在数据分析中,有多种机器学习模型适合解决时间序列预测问题。以下是一些常用的模型。

(1) 循环神经网络(RNN): RNN 是一种专门用于处理序列数据的神经网络,其结构允许它记住之前的信息,这使得它在处理时间序列数据时特别有效。其中,长短时记忆网络(LSTM)和门控循环单元(GRU)是 RNN 的两种变体,它们通过引入门控机制来更好地捕捉长期依赖关系。

(2) 自回归模型(AR)和自回归积分滑动平均模型(ARIMA): 这些统计模型在时间序列预测中非常常见。它们通过拟合过去的数据点来预测未来的值。ARIMA 模型还考虑了数据中的趋势和季节性因素。

(3) 支持向量机(SVM): 主要用于分类问题,但也可以用于时间序列预测。在时间序列预测中,通常需要将时间序列数据转换为固定长度的特征向量,然后将其作为 SVM 的输入。

(4) 决策树和随机森林: 基于树的模型如决策树和随机森林也可以用于时间序列预测。它们通过构建树状结构来捕捉数据中的复杂关系,并基于这些关系进行预测。

(5) Transformer 模型: 最初是为自然语言处理任务设计的,但也可以用于时间序列预测。Transformer 模型通过自注意力机制,能够捕捉序列中的长期依赖关系,这对于时间序列预测非常有用。

(6) N-BEATS 模型: 是一种基于深度学习的时间序列预测模型,它使用基础估计器和趋势估计器来分别捕捉时间序列中的全局和局部模式。

在选择适合的时间序列预测模型时,需要考虑数据的特性、预测问题的需求以及模型的性能。不同的模型可能适用于不同的场景,因此需要进行适当的实验和验证来选择最佳的模型。

在 AI 的帮助下,我们了解了一些相关模型的概况。下面,我们就先学习较为常见的 ARIMA 模型,并尝试用它来解决我们的时序数据预测问题。

### 9.3.2　ARIMA 模型基本原理

ARIMA 模型,全称是差分自回归移动平均模型(Autoregressive Integrated Moving

Average Model），是一种广泛应用于时间序列数据预测和建模的统计方法。该模型通过差分运算将非平稳时间序列转化为平稳时间序列，然后利用因变量对其滞后值以及随机误差项的现值进行回归，从而建立预测模型。

**1. 平稳时间序列**

平稳时间序列是指在时间上均匀分布的随机变量序列，其各个时间点的统计性质是相等的，即在任何时间点，随机变量的平均值、方差和协方差都是恒定的。同时，它们的自相关函数仅依赖于时间间隔，而不依赖于时间点本身。在时间序列分析中，平稳时间序列是分析和预测的基础，因为它们的行为相对稳定，易于建模和预测。

**2. ARIMA 模型参数**

ARIMA 模型包含 3 个主要参数：$p$、$d$ 和 $q$。其中，$p$ 代表自回归项数，即模型中用到的过去观测值的数量；$d$ 代表差分次数，即为了让时间序列数据变得平稳而进行的差分运算的次数；$q$ 代表移动平均项数，即模型中用到的预测误差的数量。下面是对应的模型和运算。

（1）AR($p$)自回归：一种利用当前观测值与前一时期观测值之间的依存关系的回归模型。自回归(AR($p$))成分指的是在时间序列的回归方程中使用过去的值。

（2）I($d$)积分：利用观测值的差分(从上一时间步的观测值中减去一个观测值)使时间序列静止。差分法是将序列的当前值减去其之前的值的 $d$ 倍。通过适当的差分次数，可以有效地将非平稳时间序列转换为平稳时间序列。差分运算的次数需要根据数据的实际情况来确定。

（3）MA($q$)移动平均法：一种利用观测值与应用于滞后观测值的移动平均模型的残余误差之间的依存关系的模型。移动平均分量将模型误差描述为先前误差项的组合。阶数 $q$ 代表模型中包含的项数。

## 9.3.3　ARIMA 模型建模步骤

使用 ARIMA 模型进行时间序列预测，主要包括以下步骤。

**1. 数据获取和预处理**

（1）获取时间序列数据。

（2）对数据进行清洗，检查并处理缺失值、异常值等。

（3）确保数据是连续的，并且适用于时间序列分析。

**2. 平稳时间序列数据检验及处理**

（1）使用图表(如折线图)来可视化时间序列数据，初步判断数据是否有明显的趋势或周期性。

（2）使用单位根检验(如 ADF 检验、PP 检验等)来检查数据的平稳性。

（3）如果数据不平稳，需要通过差分法使其平稳。

**3. 确定模型的阶数(自回归项数 $p$、差分次数 $d$ 和移动平均项数 $q$)**

（1）可以通过计算自相关系数(ACF)和偏自相关系数(PACF)来初步判断 $p$ 和 $q$ 的值。

（2）确定 $d$ 值是一个迭代的过程，需要多次尝试和调整。

**4. 建模、模型检验与优化**

（1）根据确定的阶数（$p$、$d$、$q$），使用历史时间序列数据建立 ARIMA 模型。

（2）模型检验是确保模型准确性和可靠性的重要步骤。几种常见的模型检验方法包括白噪声（即实际值与预测值之间的差异）检验、残差的正态性检验、残差的平稳性检验、自相关图和偏相关图的查看、模型诊断图、交叉验证、比较不同模型（$p$、$d$、$q$ 不同）的性能等。

（3）如果有必要，可以对模型进行优化，如增加或减少自回归项、差分项和移动平均项等。

**5. 使用模型预测**

使用构建好的 ARIMA 模型对未来趋势进行预测。

## 9.3.4　使用 Python 实现 ARIMA 模型的构建

在 Python 中，我们可以使用 statsmodels 库（第一次使用前需要安装该库）来实现 ARIMA 模型的构建。

下面，我们通过对我国老龄化人口数据集构建时间序列预测模型，预测未来 5 年我国的老龄化人口比例，学习如何使用 ARIMA 模型。

中国老龄化人口比例数据来源于世界银行数据库，数据集中记录了我国 1960—2022 年 65 岁及以上人口占总人口的比例。该数据集存储在"d：\project\中国老龄化人口比例.xlsx"文件中。数据集中部分数据如图 9-2 所示。

| 年份 | 65岁及以上人口比例 |
|---|---|
| 1960 | 3.967301626 |
| 1961 | 3.883273162 |
| 1962 | 3.825778595 |
| 1963 | 3.756319255 |
| 1964 | 3.685324658 |
| 1965 | 3.642306138 |
| 1966 | 3.630256273 |
| 1967 | 3.642355712 |
| 1968 | 3.664656742 |
| 1969 | 3.687489736 |
| 1970 | 3.712521342 |

图 9-2　中国老龄化人口比例（部分）

**1. 导入相关工具**

具体代码如下：

```
1   import numpy as np
2   import pandas as pd
3   #导入绘图库
4   import matplotlib.pyplot as plt
5   import seaborn as sns
6
7   #导入绘制自相关图、偏自相关图方法
8   from statsmodels.graphics.tsaplots import plot_acf,plot_pacf
9   #导入 ARIMA 模型
10  from statsmodels.tsa.arima.model import ARIMA
```

**2. 读入老龄化人口比例数据**

具体代码如下：

```
11   #读入数据集
12   aging_data = pd.read_excel('d:\project\中国老龄化人口比例.xlsx',
                                 index_col=0,parse_dates=[0])
```

在上面代码中，第12行代码使用 read_excel 方法读取存储在 excel 文件中的数据，使用方法与读取 csv 类似；index_col 参数用于设置索引列，0 代表设置读取的第 0 列为索引；parse_dates=[0]表示将第 0 列数据转换成日期类型。

由于数据中不存在缺失值、重复值、异常值等情况，所以不需要进行数据清洗工作。

**3. 平稳时间序列数据检验及处理**

（1）绘制原始数据的折线图，观察数据走势。其具体代码如下：

```
13   #解决中文乱码问题
14   plt.rcParams['font.sans-serif'] = ['Simhei']
15   #解决坐标轴刻度负号乱码
16   plt.rcParams['axes.unicode_minus'] = False
17
18   plt.figure(figsize=(10,5))
19   aging_data.plot()
20   plt.show()
```

程序运行结果如图 9-3 所示。

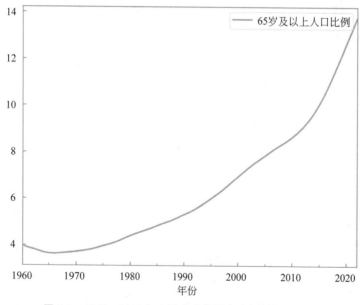

图 9-3　1960—2022 年中国老龄化人口比例数据折线图

由图 9-3 可知，1966 年以后，我国人口老龄化比例呈逐年递增趋势，是非平稳时间序列。所以，我们要通过差分运算，将非平稳时间序列转换成平稳时间序列。

（2）差分运算。Pandas 库中的 Series 对象和 DataFrame 对象均提供了 diff( ) 方法，用于计算一阶差分。

对非平稳时间序列数据进行一阶差分运算，绘制差分后的数据走势图，观察差分后的数据是否是平稳时间序列数据。如果不是平稳时间序列数据，则在一阶差分的基础上再进行一次一阶差分，即二阶差分，再观察数据走势，以此类推，直到数据转化为平稳时间序列数据为止。

对于我们的老龄化人口数据，进行三阶差分后数据即转换为了平稳时间数据，其具体代码如下：

```
21  d1_aging_data = aging_data.diff().dropna()
22  d2_aging_data = d1_aging_data.diff().dropna()
23  d3_aging_data = d2_aging_data.diff().dropna()
24  #创建一个 1 行 3 列的子图网格
25  fig, axs = plt.subplots(1, 3, figsize=(15, 5))
26  #在第一个子图上绘制 d1_aging_data，并添加标题
27  axs[0].plot(d1_aging_data)
28  axs[0].set_title('一阶差分走势图')
29  #在第二个子图上绘制 d2_aging_data，并添加标题
30  axs[1].plot(d2_aging_data)
31  axs[1].set_title('二阶差分走势图')
32  #在第三个子图上绘制 d3_aging_data，并添加标题
33  axs[2].plot(d3_aging_data)
34  axs[2].set_title('三阶差分走势图')
35  #显示图表
36  plt.tight_layout()                    #调整子图之间的间距
37  plt.show()
```

在上面的代码中：

第 21～23 行代码中的 dropna( ) 是指差分计算后如果出现空值，则直接做删除处理，当然也可以采用填充的方法。

第 25 行代码使用 plt（matplotlib.pyplot）的 subplots( ) 方法绘制了一个 1 行 3 列的网格，用于将三个图表绘制在一行上。

程序运行结果如图 9-4 所示。

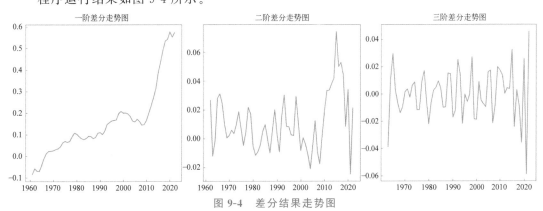

图 9-4　差分结果走势图

由图 9-4 可知，三阶差分后的老龄化人口比例时间序列转变成了一个较为平稳的时间序列，所以 ARIMA($p,d,q$)模型中的 $d$ 取 3。当然我们只是从图片上主观的判断三阶差分序列为平稳序列，为了更精确地判断一个序列是否为平稳序列，我们还可以使用统计学上的 ADF 检验和 PP 检验等方法，这里不再详细描述，有兴趣或有需求的读者可以自行查阅相关资料。

**4. 确定 ARIMA 模型中的 $p$ 和 $q$**

$p$ 和 $q$ 值的确定方法有多种，这里仅采用通过 ACF 图和 PACF 图确定 $p$ 和 $q$ 的方法。
（1）绘制 ACF 和 PACF 图。其具体代码如下：

```
38  #自相关图
39  plot_acf(d3_aging_data,lags=10).show()
40  #解读:有短期相关性,但趋向于零。
41  #偏自相关图
42  plot_pacf(d3_aging_data,lags=10).show()
```

在上面的代码中，第 39 行和第 42 行代码中的参数 **lags** 指定了自相关函数计算时要考虑的滞后（lag）的数量。滞后是一个时间单位，表示当前观测值与过去某个时间点的观测值之间的时间差。"lags＝10"意味着 plot_acf、plot_pacf 函数将计算并绘制从滞后 0（即当前观测值与自身之间的相关性，总是 1）到滞后 10 的自相关函数值。同样，lags 参数的值需要根据具体数据和分析目标进行权衡。可以尝试不同的值，并查看它们对我们的模型选择和预测性能的影响。

程序运行结果如图 9-5 所示。

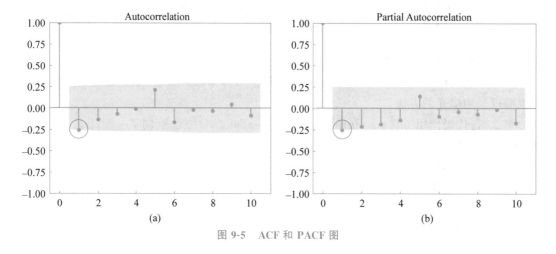

图 9-5  ACF 和 PACF 图

（2）确定 $p$ 和 $q$。

在 ACF 图中，横轴表示滞后阶数，纵轴表示自相关系数。在 PACF 图中，横轴表示滞后阶数，纵轴表示偏自相关系数。我们可以简单地通过观察 ACF 和 PACF 图来确定 $p$ 和 $q$。在 ACF 图中，如果第 $q$ 个滞后的点在图中阴影区域内，则此时 $q$ 可以作为移动平均项（MA 项）的数量。在 PACF 图中，如果第 $p$ 个滞后的点在图中阴影区域内，则此时 $p$ 可以作为自回归项（AR 项）的数量。

观察图 9-5,在 ACF 图中,$q=1$(图中已手动标出)之后所有的点都落在图中阴影区域内,故 $q$ 的值也取 1。在 PACF 图中,$p=1$(图中已手动标出)之后的所有点都落在图中阴影区域内,故 $p$ 的值取 1。图中的阴影区域是置信区间,有兴趣或有需求的读者可以自行查阅相关资料。

**5. 建模及预测**

(1) 建模。

$p$、$d$、$q$ 的值确定以后,就可以创建 ARIMA 模型对象并训练模型。其具体语法如下:

**statsmodels.tsa.arima_model.ARIMA(endog, order, *)**

其中,常见参数的含义:

① endog,进行建模的时间序列数据。

② order,模型的($p$,$d$,$q$)阶数,分别表示使用的自回归参数数量、差分次数和移动平均参数数量。

具体代码如下:

```
43  model = ARIMA(aging_data, order=(1, 3, 1))
44  #使用 fit()方法训练模型
45  results = model.fit()
```

(2) 模型残差检验。

一个比较好的 ARIMA 模型需要满足一定的条件,即 ARIMA 模型的残差需为平均值为 0,且方差为常数的正态分布。可以通过 statsmodels 库中的 plot_diagnostics()方法生成模型诊断图,包括残差图、直方图、QQ 图和自相关图等,用于评估模型的拟合效果。

① 残差图(Residuals Plot):展示了模型拟合后的残差随时间变化的趋势。理想情况下,残差应该围绕零值随机波动,没有明显的趋势或模式。

② 直方图(Histogram):展示了标准化残差的分布。理想情况下,直方图应该呈现出正态分布的形状。

③ QQ 图(Quantile-Quantile Plot):用于比较标准化残差的正态分布。理想情况下,图中的点大致沿直线分布。

④ 自相关图(Autocorrelation Plot):展示了残差在不同时间间隔下的相关性。理想情况下,图中不同时间没有依赖关系。

具体代码如下:

```
46  #绘制残差分析图
47  results.plot_diagnostics(figsize=(16, 12));
```

程序运行结果如图 9-6 所示,从(a)~(d)依次为残差图、直方图、QQ 图和自相关图。

观察图 9-6 可以发现,残差图满足围绕零值随机波动;直方图基本呈现正态分布;QQ 图呈现一条直线;自相关图没有长期依赖,自相关系数在几个延迟期数后就迅速衰减到零附近,并且保持在这个水平或附近波动,这通常表示没有长期依赖。所以,我们建立的 ARIMA 模型效果比较好,可以用来预测。

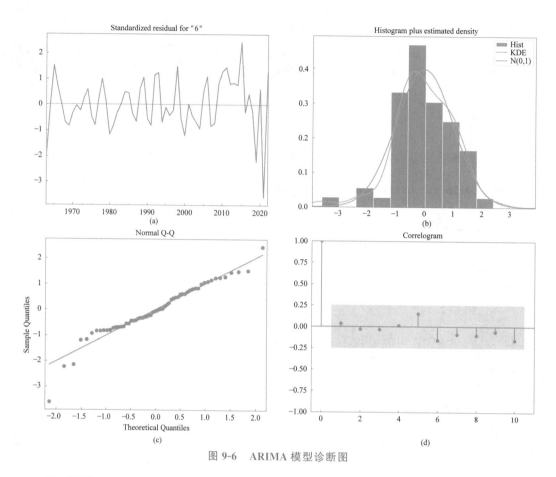

图 9-6　ARIMA 模型诊断图

（3）预测。

使用 ARIMA 模型进行预测的语法如下：

**ARMAResults.forecast(steps=1, ＊)**

其中，step 参数为整数，用于指定从时间序列末尾开始预测的未来的观测值的数量。

下面预测 2023 年至 2027 年未来 5 年的老年人口比例数据，具体代码如下：

```
48  pred = results.forecast(5) #预测
49  pred
```

程序运行结果如图 9-7 所示。

```
2023-01-01    14.314867
2024-01-01    14.927001
2025-01-01    15.558633
2026-01-01    16.209731
2027-01-01    16.880285
Freq: AS-JAN, Name: predicted_mean, dtype: float64
```

图 9-7　ARIMA 模型预测的未来 5 年老龄化人口比例

（4）可视化预测结果。

为了直观地观察现有数据和预测数据的趋势情况,我们可以使用 concat()方法将现有数据 aging_data 和预测数据 pred 连接在一起,绘制一个折线图。其具体代码如下:

```
50  data=pd.concat([aging_data,pred],axis=0)
51  data.columns=['现有老龄化人口比例','未来 5 年老龄化人口比例']
52  plt.figure(figsize=(10,5))
53  data.plot()
54  plt.show()
```

程序运行结果如图 9-8 所示。

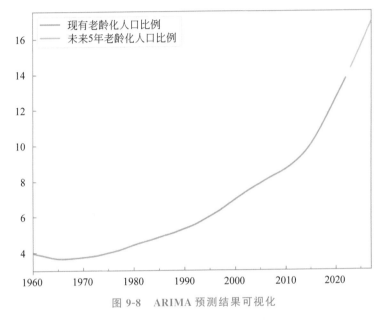

图 9-8　ARIMA 预测结果可视化

由图 9-8 可知,在未来 5 年,我国的老龄化人口比例将持续加速上升。这一预测结果与我国人口老龄化越来越严重的趋势相吻合。

## 9.4 Execution——实际动手解决问题

我们的分析目的,是分析影响二氧化碳排放的主要因素,并预测未来 10 年的二氧化碳排放情况,为制定更为精准有效的气候政策提供科学依据。关于影响因素的分析,我们可以使用前面章节学习到的皮尔逊相关系数;预测未来 10 年二氧化碳排放数据,我们可以使用 ARIMA 模型。

### 9.4.1　分析数据的采集

**1. 用于分析影响二氧化碳排放主要因素的数据**

我们首先采集了我国 2000—2020 年的二氧化碳人均年排放数据,以及与之相关的通电率、森林面积、可再生能源发电量、人口增长、人均 GDP、人均能源消费等数据。这些数据来源于世界银行组织、中国国家统计局、中国国家能源局等权威机构。采集到的数据存储在"china_data.csv"中，各数据字段的含义见表 9-1。

表 9-1　数据集各字段名称、含义或单位

| 字 段 名 称 | 数据含义或单位 |
| --- | --- |
| 年份 | 年 |
| 通电率 | 占总人口百分比 |
| 农业用地 | 占土地面积百分比 |
| 年度淡水抽取总量 | 占国内资源百分比 |
| 可耕地 | 占土地面积百分比 |
| 森林面积 | 占土地面积百分比 |
| 可再生能源发电量 | 占总发电量的百分比 |
| 可再生能源消费 | 占总最终能源消费的百分比 |
| 人口增长 | 年增长率 |
| 人均 GDP | 现价美元 |
| 人均能源消费量 | 千克标准煤 |
| 人均电力消费量 | 千瓦时 |
| 二氧化碳排放量 | 人均吨数 |

**2. 用于预测二氧化碳排放趋势的数据**

为了了解全球过去二氧化碳排放趋势，并基于历史时序数据预测未来二氧化碳的排放趋势。我们从 Our World in Data 网站 https://ourworldindata.org/co2-emissions 下载了世界各国自 1750—2022 年的 $CO_2$ 年排放量数据集"annual-co2-emissions-per-country"。我们只截取了其中 1970 年以后 $CO_2$ 的排放数据，统计了每年 $CO_2$ 全球排放数据，形成了用于分析的数据集，包括年份和二氧化碳排放量两个字段，存储在"世界 $CO_2$ 排放.csv"文件中。

## 9.4.2　相关性分析

对数据集中的通电率、农业用地、人均 GDP 等人类活动数据与二氧化碳排放量之间的关系进行相关性分析，以发现影响二氧化碳排放量的主要因素。其具体代码如下：

```
1    import pandas as pd
2    import matplotlib.pylab as plt
3    import seaborn as sns
4    #读入数据
5    china_data = pd.read_csv('d:\project\china_data.csv')
6    #截取所有相关因素数据
```

```
7    new_data = china_data.iloc[:,1:]
8    #使用 corr()方法计算皮尔逊相关系数
9    corr_matrix = new_data.corr()
10   #绘制相关系数矩阵的热力图
11   plt.figure(figsize=(10, 8))
12   plt.rcParams['font.sans-serif'] = ['SimHei']
13   plt.rcParams['axes.unicode_minus'] = False
14   sns.heatmap(corr_matrix, annot=True, cmap='coolwarm')
15   plt.show()
```

程序运行结果如图 9-9 所示。

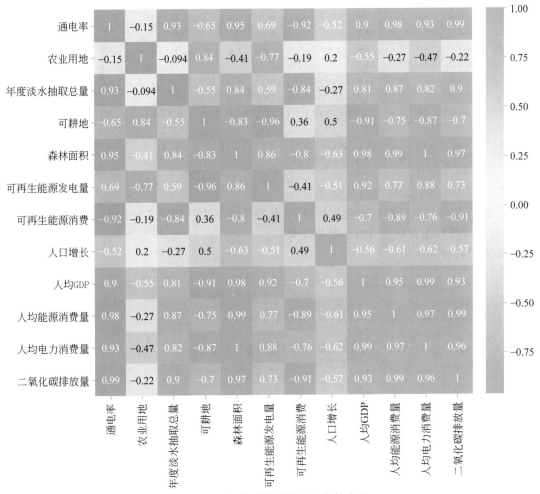

图 9-9　二氧化碳排放相关系数热力图

由图 9-9 我们可以看出，通电率、年度淡水抽取总量、森林面积、可再生能源消费、人均 GDP、人均能源消费量以及人均电力消费量等因素与二氧化碳排放量的相关系数均在 0.9 以上，显示出这些指标与二氧化碳排放有极大的相关性。可耕地面积、可再生能源发电量与二氧化碳排放量的相关系数在 0.7 以上，显示出这些指标与二氧化碳排放有较大的相关性。人口增长率与二氧化碳排放量的相关系数为 0.57。农业用地与二氧化碳排放量的相关系数仅为 0.22，表明其与二氧化碳排放量的相关性较小。

## 9.4.3 构建 ARIMA 模型预测未来二氧化碳的排放趋势

使用"世界 CO2 排放.csv"数据集，构建 ARIMA 模型预测全球 2023—2032 年 $CO_2$ 排放趋势。

**1. 导入相关模块和数据**

在读入二氧化碳排放量相关数据时，需要通过 index_col 将第一列年份列设置为索引，并将该列通过 parse_dates 转换成日期格式。

具体代码如下：

```
1  import pandas as pd
2  import matplotlib.pylab as plt
3  import seaborn as sns
4  import statsmodels.api as sm
5  from statsmodels.tsa.arima.model import ARIMA
6  from statsmodels.graphics.tsaplots import plot_acf, plot_pacf
7
8  data = pd.read_csv('d:\project\世界 CO2 排放.csv',index_col=0,parse_dates=[0])
9  co2 = data.loc[:,'二氧化碳排放量']
```

**2. 平稳时间序列数据检验及处理**

绘制 $CO_2$ 排放量随时间变化的折线图，如果是非平稳时间序列，则通过 diff() 方法进行差分，并通过折线图查看差分后的数据走势。

具体代码如下：

```
10  co2.plot(figsize=(12,8))
11  plt.legend()
12  plt.rcParams['font.sans-serif'] = ['SimHei']
13  plt.rcParams['axes.unicode_minus'] = False
14  plt.title("1970—2022 年全球二氧化碳历史排放情况")
15  plt.show()
```

上面代码的运行结果如图 9-10 所示。

由图 9-10 可知，$CO_2$ 随时间变化的排放量是非平稳时间序列。下面使用 diff() 方法将序列转换成平稳时间序列，分别进行一阶、二阶和三阶差分，观察和确定 $d$ 的取值。

具体代码如下：

```
16  d1_co2 = co2.diff().dropna()
17  d2_co2= d1_co2.diff().dropna()
18  d3_co2= d2_co2.diff().dropna()
19  #创建一个 1 行 3 列的子图网格
20  fig, axs = plt.subplots(1, 3, figsize=(15, 5))
21  #在第一个子图上绘制 d1_co2，并添加标题
22  axs[0].plot(d1_co2)
23  axs[0].set_title('一阶差分走势图')
```

```
24  #在第二个子图上绘制 d2_co2,并添加标题
25  axs[1].plot(d2_co2)
26  axs[1].set_title('二阶差分走势图')
27  #在第三个子图上绘制 d3_co2,并添加标题
28  axs[2].plot(d3_co2)
29  axs[2].set_title('三阶差分走势图')
30  #显示图表
31  plt.tight_layout()
```

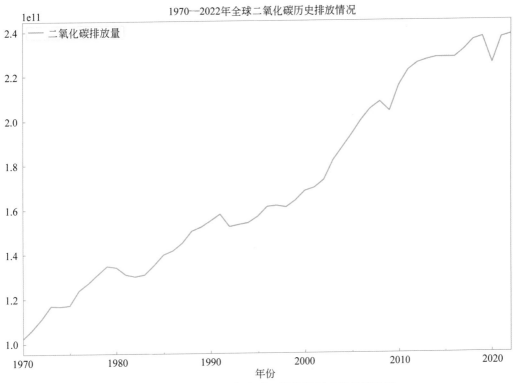

图 9-10　1970—2022 年全球二氧化碳历史排放情况图

上面代码运行结果如图 9-11 所示。

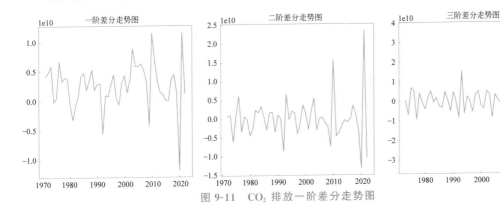

图 9-11　$CO_2$ 排放一阶差分走势图

我们从图 9-11 可以直观地看出,三阶差分后的 $CO_2$ 排放量已是一个平稳时间序列,因此,我们的 ARIMA($p$,$d$,$q$)模型中的 $d$ 取 3。

**3. 确定 ARIMA 模型中的 $p$ 和 $q$**

首先绘制二阶差分后的 ACF 图和 PACF 图。

具体代码如下:

```
32  acf = plot_acf(d3_co2, lags=10)
33  plt.title("ACF")
34  acf.show()
35  pacf = plot_pacf(d3_co2, lags=10)
36  plt.title("PACF")
37  pacf.show()
```

上面代码的运行结果如图 9-12 所示。

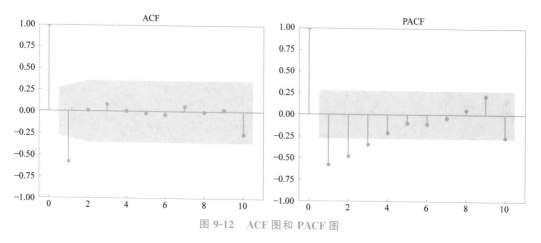

图 9-12　ACF 图和 PACF 图

我们观察 ACF 图,$q=2$ 之后的所有的点都落在图中阴影区域(置信区间)内,故 $q$ 取 2;观察 PACF 图,$p=4$ 之后的所有的点落在阴影区域(置信区间)内,故 $p$ 取 4。

**4. 建模**

下面进行建模、训练与残差检验。

具体代码如下:

```
38  model = ARIMA(co2, order=(4, 3, 2))
39  #拟合模型
40  results = model.fit()
41  #残差分析 正态分布 QQ图线性
42  results.plot_diagnostics(figsize=(16, 12));
```

上面代码的运行结果如图 9-13 所示。

由图 9-13 可知,残差图(见图 9-13(a))基本满足在 0 附近随机波动,但在 2020 年呈现较大波动。观察图 9-10,在 2020 年二氧化碳排放低于 2019 和 2021 年,主要原因应该是全球受新冠疫情的影响,因此,2020 年的数据可以看成一个异常值;直方图(见图 9-13(b))基本满足正态分布;QQ 图(见图 9-13(c))接近一条直线;自相关图(见图 9-13(d))无长期依赖

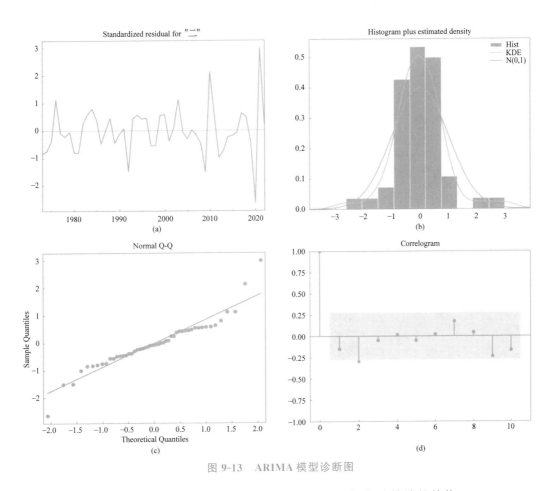

图 9-13　ARIMA 模型诊断图

性。所以，我们创建的 ARIMA 模型可以用于预测未来二氧化碳排放的趋势。

5. 预测未来 10 年二氧化碳排放

（1）预测。

具体代码如下：

```
43  n_steps = 10
44  pred = results.forecast(steps=n_steps)
45  pred
```

上面代码的运行结果如图 9-14 所示。

```
2023-01-01    2.435195e+11
2024-01-01    2.477794e+11
2025-01-01    2.530018e+11
2026-01-01    2.575885e+11
2027-01-01    2.628675e+11
2028-01-01    2.677116e+11
2029-01-01    2.730081e+11
2030-01-01    2.781009e+11
2031-01-01    2.834589e+11
2032-01-01    2.887502e+11
Freq: AS-JAN, Name: predicted_mean, dtype: float64
```

图 9-14　预测未来 10 年的 $CO_2$ 排放值

（2）可视化预测结果。

将 1970—2022 年 $CO_2$ 的排放量和 2023—2032 年预测的结果放在一张图中，可视化未来 $CO_2$ 排放的趋势。

具体代码如下：

```
46  #绘制两个序列
47  plt.figure(figsize=(10,5))
48  plt.plot(co2.index, co2.values, label='1970—2022 年 CO2 历史排放')
49  plt.plot(pred.index, pred.values, label='2023—2032 年 CO2 预测排放')
50  plt.legend()
51  plt.show()
```

上面代码的运行结果如图 9-15 所示。

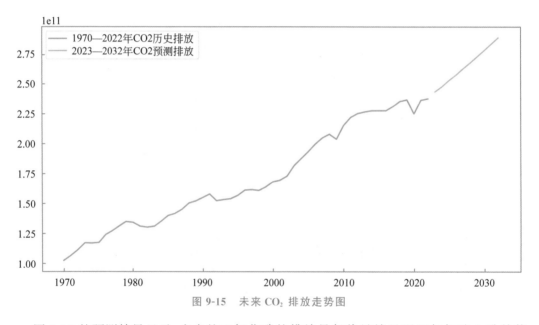

图 9-15　未来 $CO_2$ 排放走势图

图 9-15 的预测结果显示，未来的二氧化碳的排放量仍将继续呈现逐年加速上升趋势，这对生物多样性将产生更加严重的影响。因此，需要加强 $CO_2$ 等导致气温升高的温室气体排放的控制。

## 9.5 Evaluation——评价与反思

在前面的分析中知道，二氧化碳排放量的增加是导致生物种类减少的主要原因。在指导性分析中，我们聚焦二氧化碳排放的相关分析：①对我国 2000—2020 年的二氧化碳排放数据进行了相关性分析；②对历史上全球二氧化碳排放总量数据集构建了 ARIMA 时序预测模型并预测了 2023—2032 年 10 年的二氧化碳排放趋势。经过分析与预测我们发现：

（1）在我国影响二氧化碳排放的因素中，通电率、年度淡水抽取总量、森林面积、可再生能源消费、人均 GDP、人均能源消费量以及人均电力消费量等因素对二氧化碳排放具有显著影响;其次是可耕地面积与可再生能源发电量与二氧化碳排放的相关性;人口增长率与二氧化碳排放量的相关性更差一些;农业用地与二氧化碳排放量的相关性最低。

(2)在没有考虑各国正在采取的控制措施的情况下,仅通过历史上全球二氧化碳排放总量数据预测 2023—2032 年 10 年二氧化碳的排放量,结果显示未来 10 年仍将持续增加,增速还有增加的趋势。因此,需要加强对 $CO_2$ 等导致气温升高的温室气体排放的控制。例如,我国就积极履行承诺,采取各项非常严格的控制措施,为人与自然的和谐相处和构建人类命运共同体贡献大国的担当和使命。

然而,我们的工作还存在以下明显的缺陷:

(1)在分析影响我国二氧化碳排放的因素中,虽然尽可能采集了与人类生产生活相关数据,但还存在因素不完整的情况。在未来的分析中,还要尽可能全面采集相关因素。

(2)ARIMA 模型是一种经典且广泛应用于时间序列预测的统计方法,我们只是初步尝试使用该模型。例如,在模型参数选择过程中,仅依赖图表的主观推测来确定模型参数,这导致我们的分析存在一定的局限性,预测结果也可能存在偏差。为了确保预测结果的准确性和可靠性,我们还要采用更为严谨和科学的方法来明确模型参数,更精确地确定ARIMA 模型的参数,从而提高预测的准确性。

(3)事实上,仅凭借历史上的一维时序数据做预测本身就有非常大的局限性。预测未来二氧化碳排放量,涉及很多因素,特别是很多人类活动的不确定因素,而且这些因素与二氧化碳的排放量也往往不是简单的线性关系。在机器学习领域预测,还有多种先进的模型和技术,这些模型和技术更适合处理复杂的非线性关系和长期依赖性问题。例如,基于神经网络的 RNN(循环神经网络)和 LSTM(长短时记忆网络)等模型,都以其强大的非线性拟合能力和记忆机制而广泛应用于时间序列预测领域。这些模型在处理复杂的时间序列数据时,往往能够取得比传统统计模型更好的预测效果。因此,在未来的研究中,我们可以拓展学习和应用更多的时间序列预测模型和技术,更加准确地预测二氧化碳排放趋势,为制定更有效的环境保护政策和措施提供更为科学和可靠的依据。

## 9.6　动手做一做

(1)阅读、编辑并运行 9.3.4 节利用 ARIMA 模型预测我国老龄化人口比例的程序,预测我国未来 5 年的老龄化人口占比情况。

(2)阅读、编辑并运行 9.4 节利用 ARIMA 模型预测未来 10 年二氧化碳排放的程序,预测未来 10 年二氧化碳排放情况。

(3)如果需要,可对自己项目进行预测性分析。

# 第10章 气候变化对生物多样性的影响分析

## ——撰写数据分析报告

### 使 命

撰写完成气候变化对生物多样性的影响的分析报告。了解和初步掌握根据数据分析结果撰写数据分析报告的基本方法，提升对数据分析过程中重要信息的整合能力和讲解数字背后"故事"的能力。

## 10.1 Excitation——提出问题

围绕分析气候变化对生物多样性的影响的主题，我们进行了数据采集、数据预处理、探索性分析、预测性分析和指导性分析，并得到了一些分析结果和结论。

那么，如何有效地呈现这些分析结果和结论呢？

## 10.2 Exploration——探寻问题本质

事实上，在完成了一项数据分析任务以后，都需要以文档的形式呈现数据分析的结果和结论。因此，上述问题的本质就是撰写数据分析报告。

关于什么是数据分析报告，我们先寻求 AI 工具的帮助。

问题：

什么是数据分析报告？

文心一言的回答：

数据分析报告是一种基于特定目的，采用科学方法对收集来的大量数据进行统计、分析、解释和说明的书面报告。这种报告旨在通过数据的分析来揭示出某种现象、问题或趋势，从而帮助决策者更好地理解和解决问题。

数据分析报告的主要内容包括但不限于以下几方面。

（1）数据来源：明确说明数据的来源，确保数据的准确性和可靠性。

（2）数据分析方法：详细介绍所使用的数据分析方法，如描述性统计分析、预测性分析、数据挖掘等。

（3）数据结果：以图表、表格等形式直观地展示数据分析的结果，方便读者理解和比较。

（4）数据解读：对数据分析结果进行解释和说明，揭示出数据背后的现象、问题或趋势。

（5）结论与建议：基于数据分析的结果，提出相应的结论和建议，为决策者提供决策支持。

在编写数据分析报告时，需要注意以下几点。

（1）目的明确：明确报告的目的和受众，确保报告的内容符合读者的需求和期望。

（2）逻辑清晰：报告的结构和内容应该逻辑清晰、条理分明，方便读者理解和接受。

（3）数据准确：确保数据的准确性和可靠性，避免因为数据错误或误导而导致错误的结论。

（4）语言简洁：使用简洁明了的语言来描述数据和分析结果，避免使用过于复杂或专业的术语。

（5）可视化展示：尽可能地使用图表、表格等可视化方式来展示数据和分析结果，提高报告的易读性和可理解性。

在 AI 工具的帮助下，我们能够清楚地知道撰写数据分析报告的目的、数据分析报告包含的主要内容和需要注意的地方。

## 10.3　Enhancement——拓展求解问题必备的知识和能力

### 10.3.1　AI 助学——数据分析报告的基本结构

一个好的数据分析报告不局限于对数据分析的总结，更是对于数据背后故事的讲述和解释，这使得数据分析工作能够产生真正的价值。同样，我们借助 AI 工具来初步了解数据分析报告的基本结构。

问题：

数据分析报告的基本结构？

文心一言的回答：

数据分析报告的基本结构通常遵循"总—分—总"的逻辑，主要包括开篇、正文和结尾三大部分。以下是每个部分的详细解释。

（1）开篇部分：

● 标题页。包含报告的标题、作者信息、报告日期等基本信息。

● 目录。列出报告的主要章节和页码，方便读者快速定位所需内容。

● 前言。简要介绍报告的背景、目的、研究范围、数据来源和分析方法。这部分旨在为读者提供对整个报告内容的概览。

（2）正文部分：

● 数据收集和描述。详细说明数据的来源、收集方法、时间范围以及数据集的基本情况

（如样本量、变量类型等）。同时，对数据进行描述性统计分析，以展示数据的基本特征和分布。

- 数据分析方法和模型选择。介绍用于分析的方法和模型的选择原因和依据。这部分应说明为何选择这些方法或模型，以及它们如何帮助解答研究问题。
- 数据分析结果。展示数据分析的详细结果。这部分可以包括图表、表格等可视化形式以及文字解释。结果应准确、清晰、易于理解。
- 结果分析和解读。对数据分析结果进行进一步讨论和解释。这部分应探讨结果的意义、局限性以及可能的影响因素。

（3）结尾部分：

- 结论和建议。基于数据分析的结果，提出明确的结论和建议。结论应简洁明了，建议应具有针对性和可操作性。
- 参考文献和附录。列出报告中引用的所有文献和参考资料，以及其他可能需要的补充材料（如原始数据、调查问卷等）。

整个数据分析报告应结构清晰、逻辑严密、内容完整。同时，报告的语言应准确、简洁、易于理解，以便读者能够快速把握报告的核心内容和价值。

AI 工具已经较为清晰地告诉我们数据分析报告的基本结构和各部分内容，同时我们认为这样的结果是合理的。下面，就可以按照 AI 工具给出的结构完成我们的《气候变化对生物多样性的影响分析报告》。

## 10.3.2  AI 助学——生成数据分析报告的封面图片

我们希望在数据分析报告的封面中有一张与数据分析主题相关的图片，并且希望 AI 工具能够帮助我们生成这样的图片。因此，我们需要尽量详细地向 AI 工具描述自己的需求。

问题：

请为我做一张图片，主题为气候变化对生物多样性的影响，表现出极地冰川融化、北极熊无家可归的景象。

文心一言（E 言易图）的回答：

## 10.4　Execution——实际动手解决问题

### 10.4.1　封面与目录

封面至少需要包含报告的标题、作者信息、报告日期等基本信息。图 10-1 是我们为报告设计的一个封面的截图。

目录可在完成报告各部分内容后自动生成,在此不详细描述。

气候变化对生物多样性的影响分析报告

报告人:诸葛亮工作组
2024 年 3 月 20 日
图 10-1　数据分析报告封面

### 10.4.2　前言

#### 10.4.2.1　研究背景和目的

生物多样性与人类之间存在着密不可分的关系。然而,随着人类活动区域的不断扩张,生物多样性正面临着严重的威胁。土地和海洋资源利用方式的改变、生物资源利用不当、气候变化、污染加剧以及外来物种入侵等因素,都在加速物种灭绝和生态系统退化的速度。因此,保护生物多样性已成为全球面临的紧迫任务。

许多研究表明,气候变化已经对地球上的生物多样性构成严重威胁,甚至加速物种灭绝。联合国政府间气候变化专门委员会(IPCC)预估,一旦全球平均气温超过工业化前水平的 2~3℃,全球将有 20%~30% 的物种面临在 21 世纪内灭绝的风险。

因此,负责完成报告的工作组(诸葛亮工作组)用数据分析的手段探究气候变化与生物多样性之间的关系,探究气候变化对生物多样性产生影响的规律,以及人类活动导致气候变化的主要原因,为控制气候变化采取相关措施提供了科学依据。

#### 10.4.2.2　研究范围

我们的研究主题聚焦在探究气候变化如何影响生物多样性。经过对案例背景信息的分析,我们发现,生物多样性的锐减主要受地表温度、海平面高度和大气二氧化碳浓度三个气候相关因素的影响。有关生物多样性,我们用濒危物种数量作为衡量指标。因此,本案例用地表温度、大气二氧化碳浓度、海平面高度三个指标衡量气候变化,用濒危物种数量衡量生物多样性。最终,要进行的数据分析问题为:地表温度变化、大气二氧化碳浓度变化、海平面高度变化对濒危物种数量有何影响?

我们将该数据分析问题具体划分为以下三个子问题:

(1)发现地表温度变化、二氧化碳浓度变化、海平面高度变化这些指标与濒危物种数量的相关性,通过数据可视化了解特征的趋势或行为。

(2)捕捉气候变化因素对濒危物种种数影响的内在规律,实现对未来发展趋势的预测。

（3）分析影响二氧化碳的排放因素，发现未来二氧化碳的排放趋势。

### 10.4.2.3　研究方法

研究步骤和方法如下：
（1）数据采集与数据预处理。
（2）对数据进行探索性分析和数据可视化。
（3）对数据进行预测性分析。
（4）对数据进行指导性分析。
（5）撰写数据分析报告。

## 10.4.3　数据收集和描述

### 10.4.3.1　气候变化和濒危物种数据

表 10-1 给出了气候变化和濒危物种数据来源。

表 10-1　气候变化和濒危物种数据来源

| 数　据　集 | 来　　源 | 网　　址 |
| --- | --- | --- |
| 年度地表温度变化数据 | 国际货币基金组织（International Monetary Fund，简称 IMF）网站 | https://climatedata.imf.org/pages/climate-and-weather |
| 世界月度大气二氧化碳浓度数据 | | |
| 平均海平面高度变化数据 | | |
| 濒危物种数量变化数据 | 世界自然保护联盟红色名录 | https://www.iucnredlist.org/en |

其中，年度地表温度变化数据集存储在"Annual_Surface_Temperature_Change.csv"文件中，采集时间范围为 1961—2022 年，测量频度为每年一次。数据集共搜集了 225 条数据，72 个字段，每个字段的含义和数据类型如表 10-2 所示。

表 10-2　"Annual_Surface_Temperature_Change.csv"数据集的数据结构

| 字段名称 | 字段含义 | 字段数据类型 |
| --- | --- | --- |
| ObjectId | 序号 | 字符串 |
| Country | 国家 | 字符串 |
| ISO2 | 国家的 ISO 3166-1 alpha-2 编码 | 字符串 |
| ISO3 | 国家的 ISO 3166-1 alpha-3 编码 | 字符串 |
| Indicator | 基准指标 | 字符串 |
| Unit | 温度单位，摄氏度 | 字符串 |
| Source | 数据来源 | 字符串 |
| CTS_Code | CTS 编码 | 字符串 |
| CTS_name | CTS 名称 | 字符串 |

续表

| 字 段 名 称 | 字 段 含 义 | 字段数据类型 |
| --- | --- | --- |
| CTS_Full_Descriptor | CTS 完整描述 | 字符串 |
| F1961 | 1961 年平均温度变化 | 双精度浮点数(小数) |
| F1962 | 1962 年平均温度变化 | 双精度浮点数(小数) |
| … | … | … |
| F2022 | 2022 年平均温度变化 | 双精度浮点数(小数) |

世界大气二氧化碳浓度数据集存储在"Atmospheric_CO2_Concentrations.csv"文件中,采集时间范围为 1958—2022 年,测量频度为每月一次。数据集共搜集了 1570 条数据,12 个字段,每个字段的含义和数据类型如表 10-3 所示。

表 10-3 "Atmospheric_CO2_Concentrations.csv"数据集的数据结构

| 字 段 名 称 | 字 段 含 义 | 字段数据类型 |
| --- | --- | --- |
| ObjectId | 序号 | 字符串 |
| Country | 国家 | 字符串 |
| ISO2 | 国家的 ISO 3166-1 alpha-2 编码 | 字符串 |
| ISO3 | 国家的 ISO 3166-1 alpha-3 编码 | 字符串 |
| Indicator | 基准指标 | 字符串 |
| Unit | 浓度单位 | 字符串 |
| Source | 数据来源 | 字符串 |
| CTS_Code | CTS 编码 | 字符串 |
| CTS_name | CTS 名称 | 字符串 |
| CTS_Full_Descriptor | CTS 完整描述 | 字符串 |
| Date | 日期,格式为"年 M 月" | 字符串 |
| Value | CO2 浓度值 | 双精度浮点数(小数) |

平均海平面高度变化数据集存储在"Change_in_Mean_Sea_Levels.csv"文件中,采集时间范围为 1992—2022 年,测量频度为每月一次。数据集共搜集了 35 604 条数据,13 个字段,每个字段的含义和数据类型如表 10-4 所示。

表 10-4 "Change_in_Mean_Sea_Levels.csv"数据集的数据结构

| 字 段 名 称 | 字 段 含 义 | 字段数据类型 |
| --- | --- | --- |
| ObjectId | 序号 | 字符串 |
| Country | 国家 | 字符串 |
| ISO2 | 国家的 ISO 3166-1 alpha-2 编码 | 字符串 |

续表

| 字 段 名 称 | 字 段 含 义 | 字 段 数 据 类 型 |
|---|---|---|
| ISO3 | 国家的 ISO 3166-1 alpha-3 编码 | 字符串 |
| Indicator | 基准指标(提供数据卫星名称) | 字符串 |
| Unit | 单位 | 字符串 |
| Source | 数据来源 | 字符串 |
| CTS_Code | CTS 编码 | 字符串 |
| CTS_name | CTS 名称 | 字符串 |
| CTS_Full_Descriptor | CTS 完整描述 | 字符串 |
| Measure | 受测地理区域 | 字符串 |
| Date | 测量日期,格式为"D 月/日/年" | 字符串 |
| Value | 海平面高度较上个月变化 | 双精度浮点数(小数) |

物种数量变化数据集包括三个类别的数据,分别是极度濒危物种数量变化数据、濒危物种数量变化数据和易危物种数量变化数据,数据采集时间是 1996—2022 年,测量频度为每年一次。三张数据表的结构完全相同,都有 22 条记录,分别是不同年份的数据。数据表有 12 个字段,每个字段的含义和数据类型如表 10-5 所示。

表 10-5　物种数量变化数据表各字段含义

| 字 段 名 称 | 字 段 含 义 | 字 段 类 型 |
|---|---|---|
| Year | 年份 | 数值 |
| Mammals | 哺乳动物濒危数目 | 数值 |
| Birds | 鸟类濒危数目 | 数值 |
| Reptiles | 爬行动物濒危数目 | 数值 |
| Amphibians | 两栖动物濒危数目 | 数值 |
| Fishes | 鱼类濒危数目 | 数值 |
| Insects | 昆虫濒危数目 | 数值 |
| Molluscs | 软体动物濒危数目 | 数值 |
| Other invertebrates | 其他无脊椎动物濒危数目 | 数值 |
| Plants | 植物濒危数目 | 数值 |
| Fungi & protists | 真菌与原核生物濒危数目 | 数值 |
| TOTAL | 濒危物种总数 | 数值 |

### 10.4.3.2　我国二氧化碳排放及相关影响因素数据

我国二氧化碳排放及相关因素数据来源于世界银行、中国国家统计局和中国国家能源局。采集时间范围为 2000—2020 年,测量频度为每年一次。数据集中共有 21 条数据,13 个字段,各数据字段的含义如表 10-6 所示。

表 10-6　数据集各字段名称、含义或单位

| 字 段 名 称 | 数据含义或单位 |
|---|---|
| 年份 | 年 |
| 通电率 | 占总人口百分比 |
| 农业用地 | 占土地面积百分比 |
| 年度淡水抽取总量 | 占国内资源百分比 |
| 可耕地 | 占土地面积百分比 |
| 森林面积 | 占土地面积百分比 |
| 可再生能源发电量 | 占总发电量的百分比 |
| 可再生能源消费 | 占总最终能源消费的百分比 |
| 人口增长 | 年增长率 |
| 人均 GDP | 现价美元 |
| 人均能源消费量 | 千克标准煤 |
| 人均电力消费量 | 千瓦时 |
| 二氧化碳排放量 | 人均吨数 |

### 10.4.3.3　全球二氧化碳排放数据

全球二氧化碳排放数据来源于 Our World in Data 网站 https://ourworldindata.org/ co2-emissions,下载的世界各国自 1750—2022 年的 $CO_2$ 年排放量数据集"annual-co2-emissions-per-country"。我们只截取了其中 1970 年以后 $CO_2$ 的排放数据,统计了每年 $CO_2$ 全球排放数据,形成了用于分析的数据集,包括年份和二氧化碳年排放量两个字段,测量频度为每年一次,数据集中共有 52 条数据。

### 10.4.3.4　数据分析方法和模型选择

首先,对数据预处理后的气候和濒危物种数据进行了描述和探索性分析,并使用热力图和折线图等直观地展现了分析结果。

其次,采用线性回归、决策树、XGBoost 和随机森林模型预测气候变化对生物多样性的影响。在比较了这 4 个模型的性能后,基于其捕捉复杂的相互作用的能力并综合其预测的准确性,随机森林被选为最佳预测模型。

最后,采用相关系数和热力图等方式评估影响我国二氧化碳排放的因素,构建 ARIMA 模型预测了未来 10 年世界二氧化碳的排放趋势。

## 10.4.4 数据分析结果

### 10.4.4.1 气候变化对生物多样性影响的整体趋势

**1. 气候因素变化趋势**

地表温度、二氧化碳浓度和海平面高度的变化趋势,如图 10-2 所示。

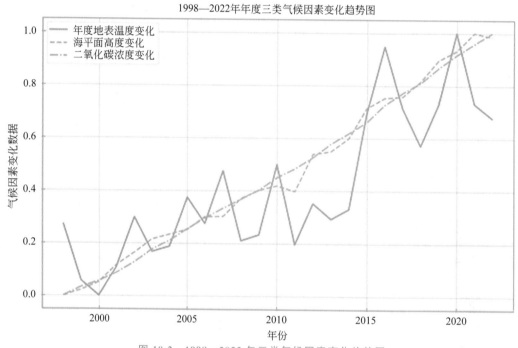

图 10-2　1998—2022 年三类气候因素变化趋势图

从图 10-2 可以直观地看出,1998—2022 年间,三类气候因素整体呈现逐年增加的趋势。年度地表温度变化的曲线波动性较大;海平面高度变化的曲线比年度地表温度变化的曲线波动小;二氧化碳浓度变化则为一条缓慢上升的曲线,说明二氧化碳浓度每年增加的量基本相同。

**2. 濒危物种变化趋势**

图 10-3 中,更靠近年份轴的曲线是极度濒危物种数量的变化趋势,另一条曲线是同期海平面变化趋势。

从图 10-3 中可以直观地看到,1998—2022 年间极度濒危物种变化(减少)数量呈现逐年上升的趋势,这与表征气候因素的海平面高度逐年上升的趋势相同,另外两类濒危物种变化趋势与其相似。

### 10.4.4.2 气候变化与生物多样性的相关性

各气候因素和濒危物种数量的相关性热力图如图 10-4 所示。

图 10-3　1998—2023 年极度濒危物种数量和海平面高度变化趋势图

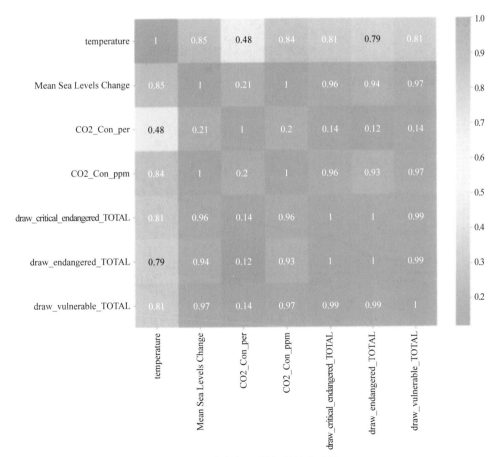

图 10-4　各气候因子相关性热力图

由图 10-4 可知,除二氧化碳浓度同比变化因素外,二氧化碳浓度变化、地表温度变化、海平面高度变化与三类濒危物种变化的相关性系数均呈现出较强的正相关性。此外,三类濒危物种变化的相关性极高,其相关系数为 0.99。

### 10.4.4.3 气候变化对生物多样性影响内在规律的探索

**1. 气候变化特征重要性度量**

图 10-5 是我们构建的随机森林模型对三类气候特征对濒危物种变化预测的重要性进行度量的结果。

```
                    Feature  Importance
1   Mean Sea Levels Change    0.430911
2              CO2_Con_ppm    0.402573
0              temperature    0.166516
```

图 10-5 随机森林模型度量的特征重要性

从图 10-5 中可以看出,海平面高度变化和二氧化碳浓度变化对濒危物种变化预测的重要性较强。

**2. 最佳濒危物种预测模型——随机森林预测**

如图 10-6 所示,图中的两条曲线分别呈现的是我们所构建的随机森林回归模型预测的结果值与真实值。

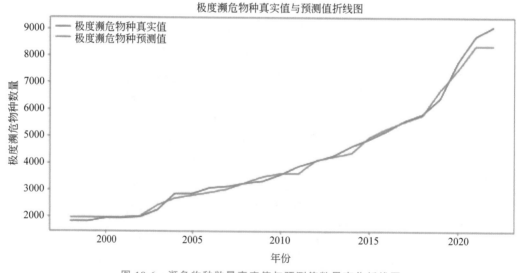

图 10-6 濒危物种数量真实值与预测值数量变化折线图

由图 10-6 可以看出,我们所构建的模型通过海平面高度变化和二氧化碳浓度变化两个特征,能够非常好地把握和预测极度濒危物种的变化趋势。

### 10.4.4.4 影响我国二氧化碳排放的关键因素

我国存在的多种因素(通电率、农业用地、人均 GDP 等)与二氧化碳排放量相关系数热力图如图 10-7 所示。

由图 10-7 可以看出,通电率、年度淡水抽取总量、森林面积、可再生能源消费、人均

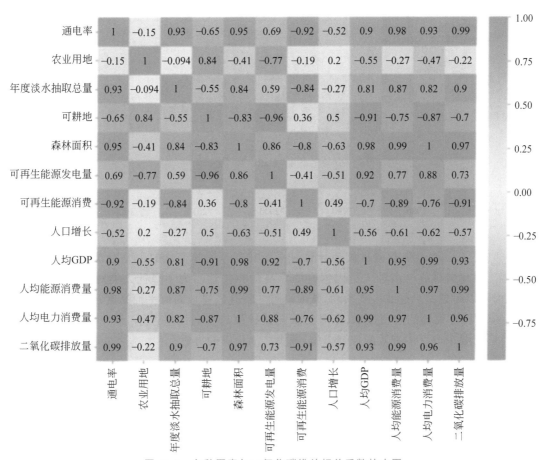

图 10-7　多种因素与二氧化碳排放相关系数热力图

GDP、人均能源消费量以及人均电力消费量等因素与二氧化碳排放有极大的相关性,相关系数均在 0.9 以上;可耕地面积、可再生能源发电量与二氧化碳排放有较大的相关性,相关系数在 0.7 以上;人口增长率、农业用地与二氧化碳排放量相关性较小,相关系数在 0.5以下。

### 10.4.4.5　未来全球二氧化碳的排放趋势

使用 1970—2022 年的全球二氧化碳排放数据建立的 ARIMA 预测模型,预测 2023—2032 年共 10 年的二氧化碳排放情况,预测结果如图 10-8 后段的曲线段所示。

图 10-8 的预测结果显示,未来的二氧化碳的排放量仍将持续呈现逐年加速上升趋势。

### 10.4.4.6　结果分析和解读

(1) 生物数量的减少与气温升高、海平面高度升高、二氧化碳浓度的增加等气候因素的变化有高度的相关性,且变化趋势相同,即气候变化是导致生物多样性数量减少的重要原因。

(2) 生物多样性变化预测模型可以较好地把握海平面高度升高、二氧化碳浓度增加等气候变化因素对生物多样性的影响规律。因此,我们通过控制海平面高度升高、二氧化碳浓度增加等气候变化因素,可以有效地降低濒危物种数量增加的速度。

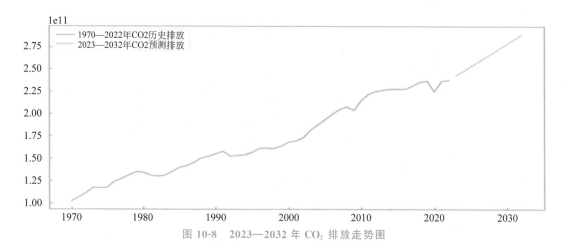

图 10-8　2023—2032 年 $CO_2$ 排放走势图

（3）研究表明，二氧化碳排放是导致海平面升高等气候变化的主要因素。我们通过分析发现二氧化碳排放与多种人类因素有非常高的相关性。为了降低人类对气候变化的影响，我们可以考虑减少这些人类活动，从而降低二氧化碳排放对海平面高度升高的影响。

（4）时间序列预测模型显示，未来二氧化碳排放趋势仍然呈逐年上升的趋势。这表明人类社会需要采取更多有效的控制措施，减少二氧化碳的排放。

### 10.4.5　结论与建议

#### 10.4.5.1　结论

我们的数据分析结果证实，气候变化导致的地表温度升高、海平面高度升高等因素，对生物物种数量的减少有着直接的关系。而生物多样性与人类之间有着密不可分的关系。例如，生态平衡、自然资源、气候调节以及生物多样性还会为人类的精神文化生活提供丰富的素材。为了人类的持续健康发展，我们必须采取必要的措施从而减缓气候变化，维持生物物种的数量。

二氧化碳浓度增加是导致气候升高的重要原因。时间序列预测模型预测结果表明，未来 10 年全球二氧化碳排放量仍将持续增加。因此，我们需要在全球范围内共同应对气候变化问题，各国需要加强合作，共同制定并执行减少以二氧化碳为代表的温室气体排放的措施，从而实现可持续发展并保护我们共同的地球家园。例如，我国已提出的碳中和与碳达峰战略，彰显大国担当。

#### 10.4.5.2　建议

减少二氧化碳的排放不是一个简单的问题，涉及人类发展和生态环境保护平衡的问题，既要保证人类生活水平，又要考虑人类的可持续发展，涉及的因素非常多。我们分析了我国部分可能与二氧化碳排放相关的因素，得到我国与二氧化碳排放相关性较高（相关系数在 0.7 以上）的因素，包括通电率、年度淡水抽取总量、森林面积、可再生能源消费、人均 GDP、人均能源消费量、人均电力消费量、可耕地面积、可再生能源发电量等。我们的分析和探索还停留在表面，还有很大的局限性。

　　对上述复杂的人类发展和生态环境保护平衡的问题还需要进行大量的分析和探索,建议在未来的分析中:

　　(1)关于分析数据。要全面考虑多种因素,包括人类活动因素、人类科技进步因素、气候因素、自然因素、政策因素等。同时还要采集更多的历史数据,例如,目前的 25 条气候和濒危物种数据。如果我们没有采集足够的数据,就无法全面地反映真实情况。我国二氧化碳排放及相关因素数据和全球二氧化碳排放数据也存在着类似问题。我们需要从一个地球和人类发展的视角来进行研究和分析。

　　(2)关于分析方法。使用更多的机器学习模型,甚至采用大模型等最新进展的 AI 技术,以捕捉地球世界更复杂的人与自然的内在运行规律。

## 10.5　Evaluation——评价与反思

　　我们基于前面的各类分析结果,在了解数据分析报告的主要内容和基本结构的基础上,完成了一个简单、示意性的"气候变化对生物多样性的影响分析报告"。

　　(1)撰写封面和引言的过程,让我们理解了,一个优质报告要确保读者能够清晰理解研究的背景、目的和意义。这为我们今后在工作中进行数据分析和报告撰写提供了有力的指导。

　　(2)对气候变化对生物多样性整体趋势的分析,让我们对大规模数据的处理和可视化有了更深刻的认识。通过运用统计工具和图表,我们能够客观地呈现气候变化对生态系统的影响,使研究结果更具可信度和易于理解。

　　(3)构建气候变化对濒危物种数量影响的模型和构建预测全球未来的二氧化碳排放的模型,加深了我们对数据内在模式和关联性的理解。这对于预测未来的生物多样性变化具有重要的意义,也为制定有效的保护措施提供了科学依据。

　　(4)在结论和建议部分,我们认识到数据分析不仅仅是对数字和图表的处理,更是对问题本质的深入思考和解释。我们要发现数据背后的故事,并将数据分析的结果应用于实际问题。

　　总之,通过数据分析报告的撰写,我们能深刻体会到数据分析在解决现实问题中的价值。数据分析为我们提供了一个深入理解问题并做出有效应对的工具。

## 10.6　动手做一做

　　(1)根据对"气候变化对生物多样性影响分析"这一主题的数据分析结果,参考 AI 工具给出的数据分析报告的基本结构,请对分析结果进行解读,撰写一份完整的数据分析报告。

　　(2)完成自己项目的数据分析报告。

# 图 书 资 源 支 持

感谢您一直以来对清华版图书的支持和爱护。为了配合本书的使用，本书提供配套的资源，有需求的读者请扫描下方的"书圈"微信公众号二维码，在图书专区下载，也可以拨打电话或发送电子邮件咨询。

如果您在使用本书的过程中遇到了什么问题，或者有相关图书出版计划，也请您发邮件告诉我们，以便我们更好地为您服务。

## 我们的联系方式：

清华大学出版社计算机与信息分社网站：https://www.shuimushuhui.com/

地　　址：北京市海淀区双清路学研大厦 A 座 714

邮　　编：100084

电　　话：010-83470236　010-83470237

客服邮箱：2301891038@qq.com

QQ：2301891038（请写明您的单位和姓名）

资源下载：关注公众号"书圈"下载配套资源。

资源下载、样书申请

书圈

图书案例

清华计算机学堂

观看课程直播